单片机应用技术项目化教程

主　审：江路明

主　编：张建荣

副主编：邬金萍　陈磊　罗国虎

余秋香　钟炜　赖武军

北京理工大学出版社

BEIJING INSTITUTE OF TECHNOLOGY PRESS

内 容 提 要

本书以 9 个项目为载体，采用任务驱动式编写，以 51 单片机为背景，全书采用 C 语言编程，用 Proteus 进行仿真实现。以任务的实施为主线，系统介绍了 MCS-51 单片机硬件结构、指令系统、中断、定时器、程序设计和单片机的接口技术等，通过教、学、做一体的教学思路，使学生掌握单片机原理、单片机应用系统设计与制作技能。

本书可作为高等院校电子电气类各专业的教学和实验用书，也可供学生进行课程设计、毕业设计和参加大学生电子设计竞赛时阅读参考。

图书在版编目（CIP）数据

单片机应用技术项目化教程 / 张建荣主编. —北京：北京理工大学出版社，2019.3

ISBN 978-7-5682-6846-2

Ⅰ. ①单… Ⅱ. ①张… Ⅲ. ①单片微型计算机 – 高等职业教育 – 教材 Ⅳ. ①TP368.1

中国版本图书馆 CIP 数据核字（2019）第 046889 号

出版发行 / 北京理工大学出版社有限责任公司
社　　址 / 北京市海淀区中关村南大街 5 号
邮　　编 / 100081
电　　话 /（010）68914775（总编室）
　　　　　（010）82562903（教材售后服务热线）
　　　　　（010）68948351（其他图书服务热线）
网　　址 / http://www.bitpress.com.cn
经　　销 / 全国各地新华书店
印　　刷 / 唐山富达印务有限公司
开　　本 / 787 毫米 ×1092 毫米　1/16
印　　张 / 16.5　　　　责任编辑 / 张鑫星
字　　数 / 387 千字　　文案编辑 / 张鑫星
版　　次 / 2019 年 3 月第 1 版　2019 年 3 月第 1 次印刷　　责任校对 / 周瑞红
定　　价 / 64.00 元　　责任印制 / 施胜娟

图书出现印装质量问题，请拨打售后服务热线，本社负责调换

近几年来，国家示范性和国家骨干院校的课程改革、探索与实践，基于工作过程导向的项目引领、任务驱动课程教学模式成功应用于课程教学，取得了良好的效果。其主要做法是：按企业相关职业岗位工作能力需求将课程内容重构为若干个典型项目，各项目又根据功能和要求分解为若干任务。“项目引领”使学生明确学习目标，知道自己要做什么，“任务驱动”使学生知道怎么做。教师围绕具体的实际项目组织和开展教学活动，学生带着任务边学边做，直接参与项目实施的全过程，通过教师引导、学生探究、小组合作、讲解讨论、总结提高等多种形式完成从理论知识到职业能力的转化。

“单片机应用技术项目化教程”是电子电气类专业的一门专业核心课程，具有十分突出的实践性。大部分学生在学习单片机时都是第一次接触到这种器件，对其没有任何感性的认识，因此在学习中存在非常大的困难。传统的教学方式是在教室内由教师按照书本传授系统的理论知识，然后通过若干验证性的实验进行知识的巩固加强。这种方式易造成理论与实践的脱离，许多学生学完单片机后仍然不能掌握它的基本使用方式，所以必须对单片机的教学方式进行改革，探索引入“项目化教学”方式，迫切需要一本校企合作开发的工学结合教材。

本书以项目化模块方式进行编写，以51单片机为背景，全书采用C语言编程，用Proteus进行仿真实现。本书共有9个项目，每个项目都包括任务导入、知识链接、任务实施、任务总结与评价、知识拓展、习题训练等部分。全部任务以单片机在实际工程应用中的典型技术为背景，以单片机典型控制电路为载体，以工作任务为导向，由任务入手引入相关的理论知识，通过技能训练引出相关概念、硬件设计、软件设计，体现“做中学、学中做”的教学思路。任务设计要具有针对性、扩展性、系统性和实用性，贴近职业岗位需求。

本书可作为高等院校电子电气类各专业的教学和实验用书，也可供学生进行课程设计、毕业设计和参加大学生电子设计竞赛时阅读参考。

本书由张建荣任主编，项目1、9由张建荣编写，项目2、3由邬金萍编写，项目4、5由罗国虎编写，项目7、8由陈磊编写，项目6由余秋香编写。最后由张建荣统稿并对各任务进行了适当补充。江路明教授对本书进行了审阅，赖武军老师、东莞市隆盛智能装备有限公司钟炜工程师提出了许多宝贵意见，在此表示感谢。

由于编者水平有限，书中难免存在不足之处，还望广大读者批评指正。

编　者

目录 Contents

项目1 闪烁灯的设计与制作

【任务导入】

本项目通过单片机闪烁灯的设计与制作，使学生了解单片机的基本概念、发展历史及其应用；了解单片机的基本结构及硬件系统；理解其工作原理、工作时序；了解单片机最小系统的结构及工作原理，掌握单片机常用开发工具、仿真软件、编程器的使用。与此同时，在设计电路并安装印制电路板、进行电路元器件安装、进行电路参数测试与调整的过程中，进一步锻炼学生印制板制作、焊接技术等技能；加深对电子产品生产流程的认识。项目1学习目标见表1.1。

表1.1 项目1学习目标

序号	类别	目标
一	知识点	1. 单片机的特点及应用 2. 单片机的硬件系统 3. 单片机最小系统 4. Keil C集成开发软件的使用 5. Proteus仿真软件的使用
二	技能	1. 单片机闪烁灯硬件电路元件识别与选取 2. 单片机闪烁灯的安装、调试与检测 3. 单片机闪烁灯电路参数测量 4. 单片机闪烁灯故障的分析与检修
三	职业素养	1. 学生的沟通能力及团队协作精神 2. 良好的职业道德 3. 质量、成本、安全、环保意识

一、单片机概述

1. 微型计算机简介

微型计算机（microcomputer）简称微机，是计算机的一个重要分类。微型计算机不但具有其他计算机快速、精确、程序控制等特点，最突出的是它还具有体积小、质量轻、功耗低、价格便宜等优点。个人计算机简称 PC（Personal Computer），是微型计算机中应用最为广泛的一种，也是近年来计算机领域中发展最快的一个分支。

微型计算机系统由硬件系统和软件系统两大部分组成。硬件系统是指构成微机系统的实体和装置，通常由运算器、控制器、存储器、输入接口电路和输入设备、输出接口电路和输出设备等组成，如图 1.1 所示。其中，运算器和控制器一般做在一个集成芯片上，统称中央处理器（Central Processing Unit，CPU），是微机的核心部件。CPU 配上存放程序和数据的存储器、输入 / 输出（Input/Output，I/O）接口电路以及外部设备，即构成微机的硬件系统。

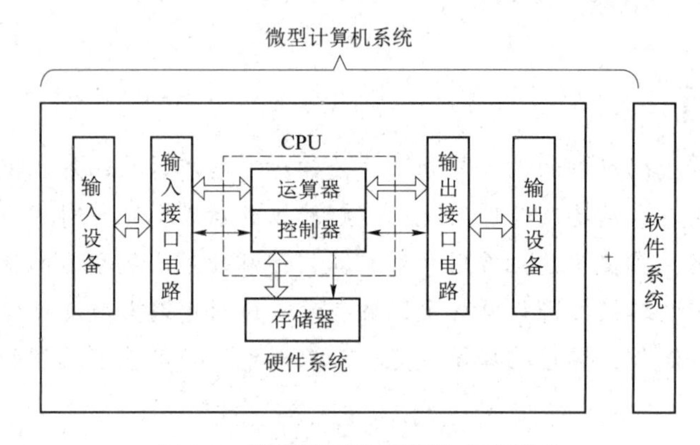

图 1.1　微型计算机系统组成示意图

软件系统是微机系统所使用的各种程序的总称。人们通过它对整机进行控制并与微机系统进行信息交换，使微机按照人的意图完成预定的任务。下面分别介绍硬件系统各部分的作用。

中央处理器（CPU）——是小型计算机和微型计算机的控制与处理部分。

中央处理器是整个微机系统的核心，由算术逻辑单元（ALU）和控制器组成。其功能是进行算术逻辑运算和控制数据与指令在计算机中运行，即控制计算机给定的要求而操作。

运算器——由算术逻辑单元（ALU）和累加器寄存器等部分组成。

控制器——由程序计数器、指令寄存器、时序发生器和操作制作器组成，是决策机构，协调和指挥整个计算机系统操作。

寄存器——如累加器（A）、数据寄存器（DR）、指令寄存器（IR）、指令译码器（ID）、程序计数器（PC）、地址寄存器（DPTR）、栈寄存器（SP）。

存储器——RAM（数据存储器）、ROM（程序存储器）。RAM 有 128 B 或 256 B，ROM 有 4 KB、8 KB。

输入 / 输出接口电路（I/O）；总线（BUS）有地址总线、数据总线、控制总线。

2. 单片机的概念

单片机是单片微型计算机的简称，又称 MCU（Microprogrammed Control Unit，微控制器）。单片机就是将 CPU、RAM、ROM、定时 / 计数器和多种接口都集成到一块集成电路芯片上的微型计算机。因此，一块芯片就构成了一台计算机。图 1.2 所示为几种常见的 51 单片机实物图，图 1.3 所示为 MCS-51 单片机的系统结构框图。

图 1.2　几种常见的 51 单片机实物图

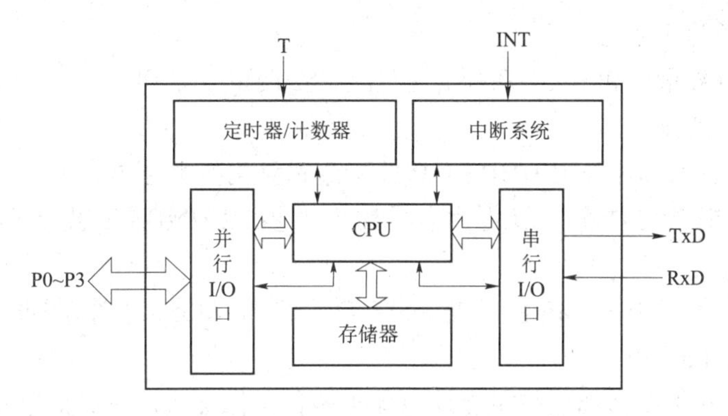

图 1.3　MCS-51 单片机的系统结构框图

单片机的主要特点如下：

（1）体积小、质量轻、功耗低、功能强、性价比高，可嵌入各种设备中组成以之为核心的嵌入式系统。

（2）数据大都在单片机内部传送，运行速度快，抗干扰能力强，可靠性高。

（3）结构灵活，易于组成各种微机应用系统。

（4）应用广泛，既可用于工业自动控制等场合，又可用于测量仪器、医疗仪器、通信设备、导航系统及家用电器等领域。

3. 单片机的发展及应用

1）发展概述

（1）第一阶段（1976—1978）：低性能单片机的探索阶段。以 Intel 公司的 MCS-48 为代表，8 位 CPU、定时 / 计数器、并行 I/O 口、RAM 和 ROM 等。

（2）第二阶段（1978—1982）：高性能单片机阶段，这一类单片机带有串行 I/O 口，8

位数据线、16 位地址线，可以寻址的范围达到 64 KB、控制总线、较丰富的指令系统等。

（3）第三阶段（1982—1990）：16 位单片机阶段。

（4）第四阶段（1990—）：微控制器的全面发展阶段，各公司的产品在尽量兼容的同时，向高速、强运算能力、寻址范围大以及小型廉价方面发展。

2）单片机的发展趋势

（1）低功耗、CMOS（互补金属氧化物半导体）化，HMOS–CMOS–CHMOS，功耗 100 mW。

（2）微型单片化。集成了如看门狗、AD/DA（模数 / 数模转换）等更多的其他资源。

（3）主流与多品种共存。80C51 为核心、Atmel、Philips、Winbond、Motorola 等。

3）单片机的应用领域

（1）在智能仪器仪表上的应用。

（2）在工业控制中的应用。

（3）在家用电器中的应用。

（4）在计算机网络和通信领域中的应用。

（5）单片机在医用设备领域中的应用。

（6）单片机在工商、金融、科研、教育、国防航空航天等领域都有着十分广泛的用途。

4. 典型单片机介绍

1）MCS–51 单片机系列

按资源的配置数量，MCS–51 系列分为 51 和 52 两个子系列，其中 51 子系列是基本型，而 52 子系列属于增强型。

（1）MCS–51 系列芯片采用 HMOS（高性能金属氧化物半导体）工艺，而 80C51 芯片则采用 CHMOS（互补高性能金属氧化物半导体）工艺。CHMOS 工艺是 COMS 和 HMOS 的结合。

（2）80C51 芯片具有 COMS 低功耗的特点。例如，8051 芯片的功耗为 630 mW，而 80C51 的功耗只有 120 mW。

（3）80C51 在功能上增加了待机和掉电保护两种工作方式，以保证单片机在掉电情况下能以最低的消耗电流维持。

（4）此外，在 80C51 系列芯片中，内部程序存储器除了 ROM 型和 EPROM 型外，还有 E2PROM 型，例如 89C51 就有 4 KB E2PROM，并且随着集成技术的提高，80C51 系列片内程序存储器的容量也越来越大，目前已有 64 KB 的芯片了。另外，许多 80C51 芯片还具有程序存储器保密机制，以防止应用程序泄密或被复制。

2）MCS–96 系列单片机

MCS–96 系列单片机是 Intel 公司在 1983 年推出的 16 位单片机，它与 8 位机相比，具有集成度高、运算速度快等特点。它的内部除了有常规的 I/O 接口、定时器 / 计数器、全双工串行口外，还有高速 I/O 部件、多路 A/D 转换和脉宽调制输出（PWM）等电路，其指令系统比 MCS–51 更加丰富。

3）ATMEL 公司单片机

ATMEL 公司于 1992 年推出了全球第一个 3 V 超低压 F1ash 存储器，并于 1994 年以 E2PROM 技术与 Intel 公司的 80C31 内核进行技术交换，从此拥有了 80C31 内核的使用权，并将 ATMEL 特有的 Flash 技术与 80C31 内核结合在一起，生产出 AT89C51 系列单片机。

二、MCS-51 单片机的硬件系统

1. 结构及引脚功能

1）内部结构

（1）中央处理器（CPU）。

（2）数据存储器（RAM）。

（3）程序存储器（ROM）。

（4）2 个 16 位的定时器 / 计数器。

（5）并行 I/O 口（32 根 I/O 线，4 个 P 口）。

（6）外部存储器寻址范围 ROM、RAM 各 64 KB。

（7）全双工串行口。

（8）中断系统（5 个中断源，2 个中断优先级）。

（9）时钟电路。

2）引脚及功能

MCS–51 单片机引脚如图 1.4 所示。

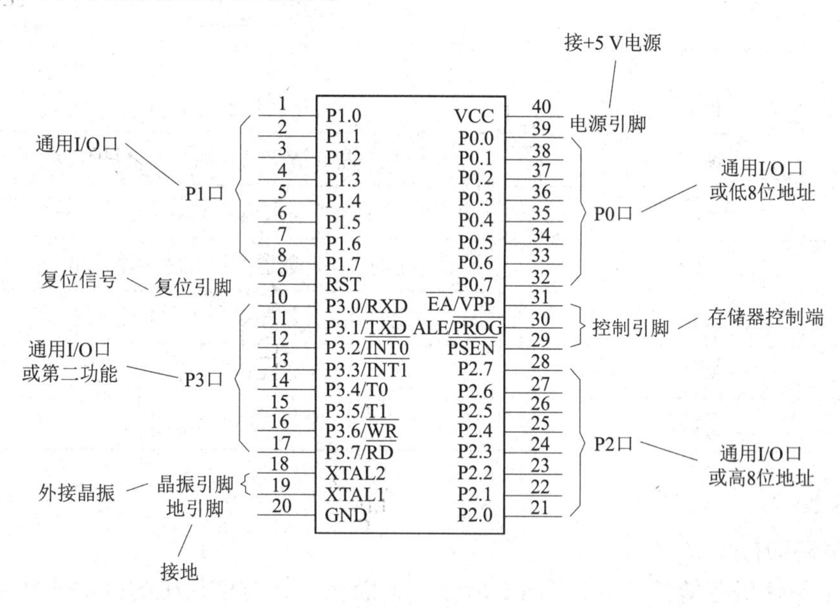

图 1.4　MCS–51 单片机引脚

（1）电源引脚 VCC（+5 V）（40 脚）和 VSS（GND）（20 脚）。

（2）时钟引脚 XTAL1（19 脚）为振荡电路的反相放大器的输入端；XTAL2（18 脚）为振荡电路的反相放大器的输出端。

（3）RST（9 脚）复位信号，当输入的复位信号延续 2 个机器周期以上高电平时即为有效，用以完成的复位初始化操作。可以在此引脚与 VSS 引脚之间边接一个约 8.2 Ω 的下拉电阻，与 VCC 引脚之间边接一个约 10 μF 的电容以保证可靠的复位。

（4）ALE（30脚）（输出）地址锁存控制信号，当访问外部存储器时，ALE（允许地址锁存）的输出用于锁存地址的低位字节，即使不访问外部存储器，ALE端仍以不变的频率周期性。

（5）$\overline{\text{PSEN}}$（29脚）（输出），此输出是外部程序存储的读先通信号。在由外部程序存储器取指令（或常数）期间，每个机器周期两次PSEN有效。每当访问外部数据存储器时，这两次有效的PSEN信号将不出现。

（6）$\overline{\text{EA}}$/VPP（31脚）：当EA端保持高电平时，访问内部程序存储器，但在PC（程序计数器）值超过FFFFH（对外8051/8751/80C51）或1FFFH（对8052）时，将自动转向执行外部程序存储器内的程序。当EA保持低电平时，则只访问外部程序存储器，不管是否有内部程序存储器。对于EPROM（可擦可编程只读存储器）型单片机，在EPROM编程期间，此引脚也用于施加21 V的编程电源（V_{PP}）。

（7）P0.7 ~ P0.0：P0口8位双向口，它是分时多路转换的地址（低8位）和数据总线。P1、P2口是一个带有内部上拉电阻的8位双向I/O口。在访问外部存储器时，它送高8位地址。P3口是一个带内部上拉电阻的8位双向I/O口，在MCS–51中，这8个引脚还用于专门功能。MCS–51单片机P3口第二功能见表1.2。

表1.2　MCS-51单片机P3口第二功能

引脚	第二功能	
P3.0	RXD	串行口输入端
P3.1	TXD	串行口输出端
P3.2	$\overline{\text{INT}}$0	外部中断0请求输入端，低电平有效
P3.3	$\overline{\text{INT}}$1	外部中断1请求输入端，低电平有效
P3.4	T0	定时器/计数器0计数脉冲输入端
P3.5	T1	定时器/计数器1计数脉冲输入端
P3.6	$\overline{\text{WR}}$	外部RAM写选通
P3.7	$\overline{\text{RD}}$	外部RAM读选通

2. 存储器

1）存储器的特点

MCS–51单片机存储器结构如图1.5所示。下面我们将对单片机的内部数据存储器、内部程序存储器和外部存储器分别做一介绍。

（1）程序存储器ROM。

8031内部无程序存储器，需外接，因此，EA端必须外接低电平。

8051、8751内部有4 KB ROM/EPROM，EA=0，使用外部程序存储器；EA=1，使用内部程序存储器4 KB空间，当PC的值超过4 KB时，自动转向外部程序存储器。

（2）数据存储器RAM。内部RAM中有128 B，地址：00 ~ 7FH；外部RAM，可扩至64 KB，地址：0000 ~ FFFFH。

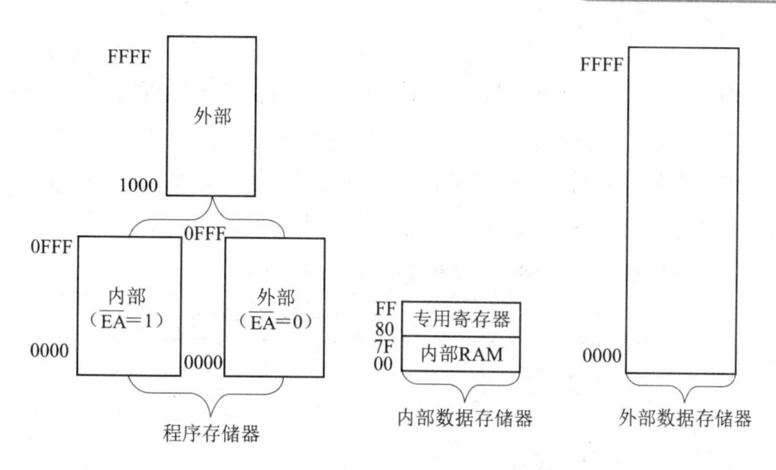

图 1.5　MCS–51 单片机存储器结构

2）程序存储器

计算机的工作是按照事先编制好的程序命令序列一条条顺序执行的，程序存储器就是用来存放这些已编好的程序和表格常数，它由只读存储器 ROM 或 EPROM 组成。计算机为了有序地工作，设置了一个专用寄存器——程序计数器（PC），用以存放将要执行的指令地址。每取出指令的 1 个字节后，其内容自动加 1，指向下一字节地址，使计算机依次从程序存储器取出指令予以执行，完成某种程序操作。由于 MCS–51 单片机的程序计数器为 16 位，因此，可寻址的地址空间为 64 KB。MCS–51 单片机复位、中断入口地址见表 1.3。

表 1.3　MCS-51 单片机复位、中断入口地址

操作	入口地址
复位	0000H
外部中断 0	0003H
定时器 / 计数器 0 溢出	000BH
外部中断 1	0013H
定时器 / 计数器 1 溢出	001BH
串行口中断	0023H
定时器 / 计数器 0 溢出或 T2EX 端负跳变（52 子系列）	002BH

3）数据存储器

MCS–51 单片机片内、外数据存储器是两个独立的地址空间，应分别单独编址。片内数据存储器除 RAM 块外，还有特殊功能寄存器（SFR）块。对于 51 子系列，前者有 128 个字节，其编址为 00H ~ 7FH；后者有 128 个字节，其编址为 80H ~ FFH；二者连续而不重叠。对于 52 子系列，前者有 256 个字节，其编址为 00H ~ FFH；后者有 128 个字节，其编址为 80H ~ FFH。后者与前者高 128 个字节的编址是重叠的。由于访问它们所用的指令不同，并不会引起混乱，片外数据存储器一般是 16 位编址。

（1）工作寄存器区。00H ~ 2FH 单元为工作寄存器区。工作寄存器也称通用寄存器，用于临时寄存 8 位信息。工作寄存器分成 4 组，每组都有 8 个寄存器，用 R0 ~ R7 来表示。程序中每次只用 2 组，其他各组不工作。使用哪一组寄存器工作由程序状态字 PSW 中的 PSW.3（RS0）和 PSW.4（RS2）两位来选择，其对应关系见表 1.4。通过软件设置 RS0 和 RS2 两位的状态，就可任意选一组工作寄存器工作。这个特点使 MCS-52 单片机具有快速现场保护功能，对于提高程序效率和响应中断的速度是很有利的。

表 1.4　51 系列单片机工作寄存器的配置

工作寄存器区	00H	R0	工作寄存器 0 组
	…	…	
	07H	R7	
	08H	R0	工作寄存器 1 组
	…	…	
	0FH	R7	
	10H	R0	工作寄存器 2 组
	…	…	
	17H	R7	
	18H	R0	工作寄存器 3 组
	…	…	
	1FH	R7	

（2）位寻址区。20H ~ 2FH 单元是位寻址区。这 26 个单元（共计 26×8=228 位）的每一位都赋予了一个位地址，位地址范围为 00H ~ 7FH。位寻址区的每一位都可当作软件触发器，由程序直接进行位处理。通常可以把各种程序状态标志、位控制变量存于位寻址区内。

（3）数据缓冲区。30H ~ 7FH 是数据缓冲区，即用户 RAM 区，共 80 个单元。

由于工作寄存器区、位寻址区、数据缓冲区统一编址，使用同样的指令访问，这三个区的单元既有自己独特的功能，又可统一调度使用。因此，前两个区未使用的单元也可作为用户 RAM 单元使用，使容量较小的片内 RAM 得以充分利用。51 系列单片机片内 RAM 的配置见表 1.5。

表 1.5　51 系列单片机片内 RAM 的配置

位寻址区	20H	07	06	05	04	03	02	01	00
	21H	0F	0E	0D	0C	0B	0A	09	08
	22H	17	16	15	14	13	12	11	10
	23H	1F	1E	1D	1C	1B	1A	19	18
	24H	27	26	25	24	23	22	21	20

续表

位寻址区	25H	2F	2E	2D	2C	2B	2A	29	28
	26H	37	36	35	34	33	32	31	30
	27H	3F	3E	3D	3C	3B	3A	39	38
	28H	47	46	45	44	43	42	41	40
	29H	4F	4E	4D	4C	4B	4A	49	48
	2AH	57	56	55	54	53	52	51	50
	2BH	5F	5E	5D	5C	5B	5A	59	58
	2CH	67	66	65	64	63	62	61	60
	2DH	6F	6E	6D	6C	6B	6A	69	68
	2EH	77	76	75	74	73	72	71	70
	2FH	7F	7E	7D	7C	7B	7A	79	78
数据缓冲区	30H								
	32H								
	7EH								

3. 时钟电路与时序

1）时钟信号的产生

在 MCS-51 芯片内部有一个高增益反相放大器，其输入端为芯片引脚 XTAL1，其输出端为引脚 XTAL2。而在芯片的外部，XTAL1 和 XTAL2 之间跨接晶体振荡器与微调电容，从而构成一个稳定的自激振荡器，这就是单片机的时钟电路，如图 1.6 所示。

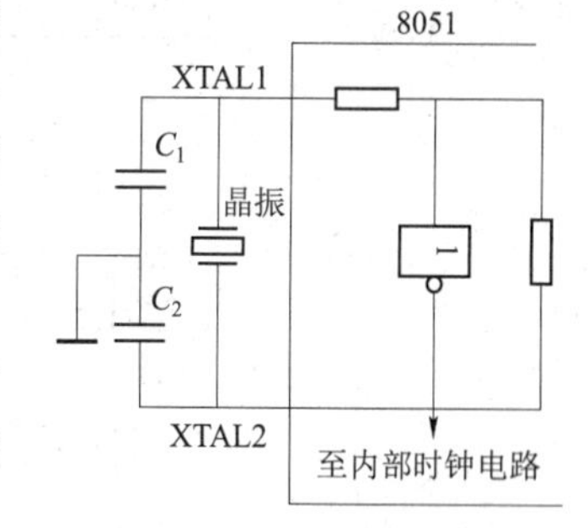

图 1.6 时钟振荡电路

时钟电路产生的振荡脉冲经过触发器进行二分频之后，才成为单片机的时钟脉冲信号。请读者特别注意时钟脉冲与振荡脉冲之间的二分频关系，否则会造成概念上的错误。

一般地，电容 C_1 和 C_2 取 30 pF 左右，晶体的振荡频率范围是 1.2 ~ 12 MHz。晶体振荡频率高，则系统的时钟频率也高，单片机运行速度也就快。MCS-51 在通常应用情况下，使用振荡频率为 6 MHz 或 12 MHz。

2）引入外部脉冲信号

在由多片单片机组成的系统中，为了各单片机之间时钟信号的同步，应当引入唯一的公用外部脉冲信号作为各单片机的振荡脉冲。这时，外部的脉冲信号是经 XTAL2 引脚注入。

3）CPU 时序

时序是用定时单位来说明的。MCS-51 的时序定时单位共有 4 个，从小到大依次是节拍、状态、机器周期和指令周期，下面分别加以说明。

（1）节拍与状态。把振荡脉冲的周期定义为节拍（用 P 表示）。振荡脉冲经过二分频后，就是单片机的时钟信号的周期，其定义为状态（用 S 表示）。这样，一个状态就包含两个节拍，具前半周期对应的节拍叫节拍 1（P1），后半周期对应的节拍叫节拍 2（P2）。

（2）机器周期。MCS-51 采用定时控制方式，因此它有固定的机器周期。规定一个机器周期的宽度为 6 个状态，并依次表示为 S1 ~ S6。由于一个状态又包括两个节拍，因此，一个机器周期总共有 12 个节拍，分别记作 S1P1、S1P2、…、S6P2。由于一个机器周期共有 12 个振荡脉冲周期，因此机器周期就是振荡脉冲的十二分频。当振荡脉冲频率为 12 MHz 时，一个机器周期为 1μs；当振荡脉冲频率为 6 MHz 时，一个机器周期为 2 μs。

（3）指令周期。指令周期是最大的时序定时单位，执行一条指令所需要的时间称为指令周期，它一般由若干个机器周期组成。不同的指令，所需要的机器周期数也不相同。通常，包含一个机器周期的指令称为单周期指令，包含两个机器周期的指令称为双周期指令，等等。

指令的运算速度与指令所包含的机器周期有关，机器周期数越少的指令执行速度越快。MCS-51 单片机通常可以分为单周期指令、双周期指令和四周期指令三种。四周期指令只有乘法和除法指令两条，其余均为单周期和双周期指令。单片机执行任何一条指令时都可以分为取指令阶段和执行指令阶段。MCS-51 单片机的取指 / 执行时序如图 1.7 所示。

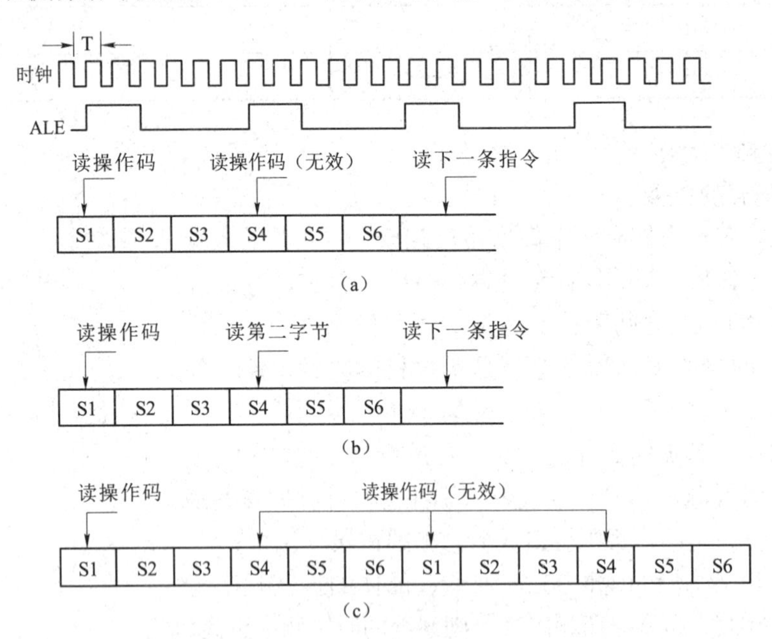

图 1.7 MCS-51 单片机的取指 / 执行时序

（a）单字节单周期指令；（b）双字节单周期指令；（c）单字节双周期指令

4. 单片机工作方式

1）单片机的复位电路

单片机复位是使 CPU 和系统中的其他功能部件都处在一个确定的初始状态，并从这个状态开始工作，如复位后 PC=0000H，使单片机从第一个单元取指令。无论是在单片机刚开始接上电源时，还是断电后或者发生故障后都要复位，所以我们必须弄清楚 MCS-51 型单片机复位的条件、复位电路和复位后状态。

单片机复位的条件是：必须使 RST/VPD 或 RST 加上持续两个机器周期（24 个振荡周

期）的高电平。例如，若时钟频率为 12 MHz，每机器周期为 1 μs，则只需 2 μs 以上时间的高电平，在 RST 引脚出现高电平后的第二个机器周期执行复位。单片机常见的复位电路如图 1.8 所示。

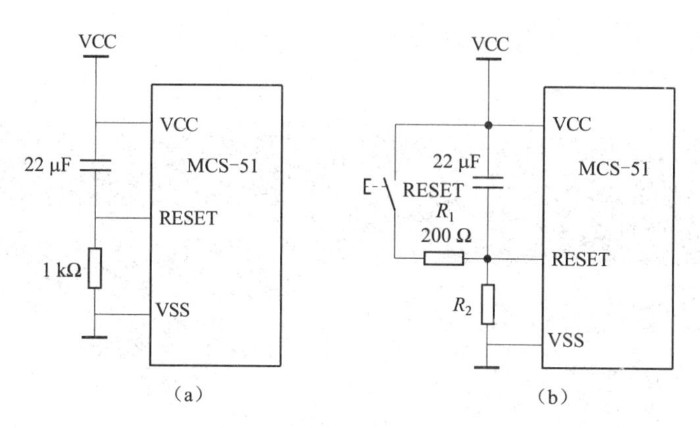

图 1.8　单片机常见的复位电路

（a）上电复位电路；（b）按键复位电路

图 1.8（a）所示为上电复位电路，它是利用电容充电来实现的。在接电瞬间，RESET 端的电位与 VCC 相同，随着充电电流的减少，RESET 的电位逐渐下降。只要保证 RESET 为高电平的时间大于两个机器周期，便能正常复位。

图 1.8（b）所示为按键复位电路。该电路除具有上电复位功能外，若要复位，只需按图中的 RESET 键，此时电源 VCC 经电阻 R_1、R_2 分压，在 RESET 端产生一个复位高电平。

单片机复位期间不产生 ALE 和 $\overline{\text{PSEN}}$ 信号，即 ALE=0 和 $\overline{\text{PSEN}}$ =1，这表明单片机复位期间不会有任何取指操作。

（1）复位后 PC 值为 0000H，表明复位后程序从 0000H 开始执行。

（2）SP 值为 07H，表明堆栈底部在 07H，一般需重新设置 SP 值。

（3）P0 ~ P3 口每一端线为“1”，为这些端线用作输入口做好了准备。

2）单片机的低功耗方式

对于 MCS-51 系列机型来说，它们有待机方式和掉电保护方式两种低功耗方式。通过设置电源控制寄存器 PCON 的相关位可以确定当前的低功耗方式。PCON 寄存器格式见表 1.6。

表 1.6　PCON 寄存器格式

位序	B7	B6	B5	B4	B3	B2	B1	B0
符号	SMOD	—	—	—	GF1	GF0	PD	IDL

SMOD：波特率倍增位；GF0，GF1：通用标志位；PD：掉电方式位，PD=1 为掉电方式；IDL：待机方式位，IDL=1 为待机方式。

（1）待机方式。将 PCON 寄存器的 IDL 位置“1”，单片机则进入待机方式。通常在待机方式下，单片机的中断仍然可以使用，这样可以通过中断触发方式退出待机模式。

（2）掉电保护方式。将 PCON 寄存器的 PD 位置“1”，单片机则进入掉电保护方式。如果单片机检测到电源电压过低，此时除进行信息保护外，还需将 PD 位置“1”，使单片机进入掉电保护方式。

三、Keil 集成开发软件的使用

（1）单击图标 进入 Keil C51 后，屏幕如图 1.9 所示。随后进入其编辑界面，如图 1.10 所示。

图 1.9　启动 Keil C51 时的屏幕

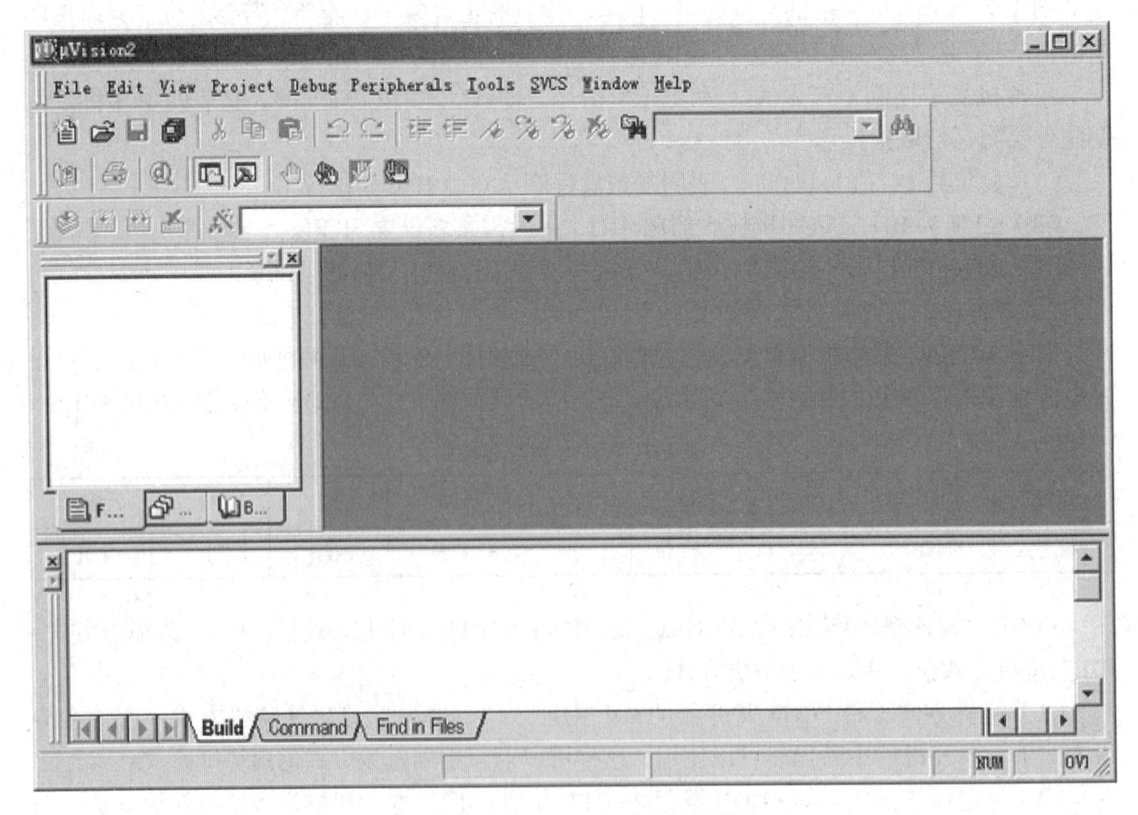

图 1.10　进入 Keil C51 后的编辑界面

（2）建立一个新工程。

打开 Project 菜单，在弹出的下拉菜单中选择 New Project 选项，如图 1.11 所示。

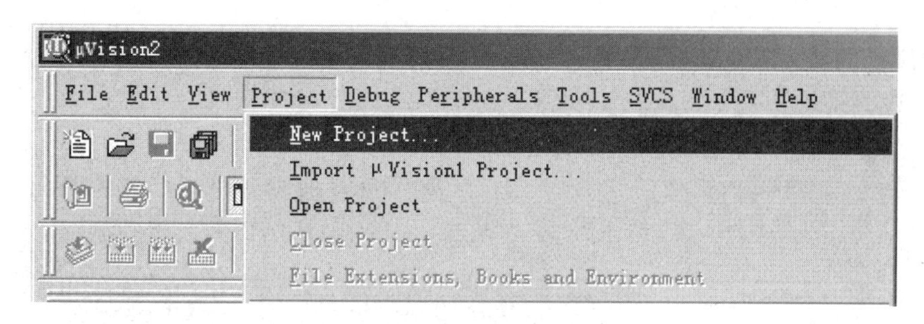

图 1.11　Project 菜单

（3）选择要保存的路径，输入工程文件的名字。例如，保存到 C51 目录里，工程文件的名字为 C51，然后单击“保存”按钮，如图 1.12 所示。

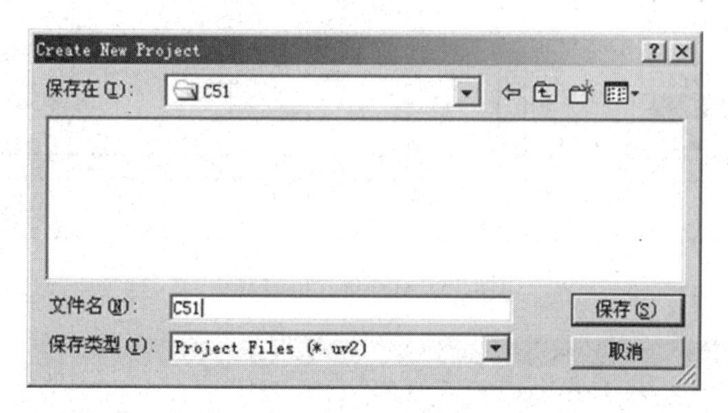

图 1.12　工程文件保存的路径

（4）这时会弹出一个对话框，要求选择单片机的型号，此时可以根据使用的单片机来进行选择，Keil C51 几乎支持所有 51 内核的单片机，现以大家用得比较多的 Atmel 的 89C52 来说明，如图 1.13 所示，选择 89C52 之后，右边栏则显示该单片机的基本的说明。

（5）单击“确定”按钮，如图 1.14 所示。

（6）在新建源程序文件中，打开“File”菜单，再在下拉菜单中选择“New”选项，如图 1.15 所示。

新建源程序文件后，编辑源程序界面如图 1.16 所示。

此时光标在编辑窗口中闪烁，就可以输入用户的应用程序了，但最好首先保存该空白的文件，打开菜单“File”，在下拉菜单中选择“Save As”选项，如图 1.17 所示，在“文件名”栏右侧的编辑框中，输入欲使用的文件名，同时，必须输入正确的扩展名。注意，如果用 C 语言编写程序，则扩展名为 .c；如果用汇编语言编写程序，则扩展名必须为 .asm。然后，单击“保存”按钮。

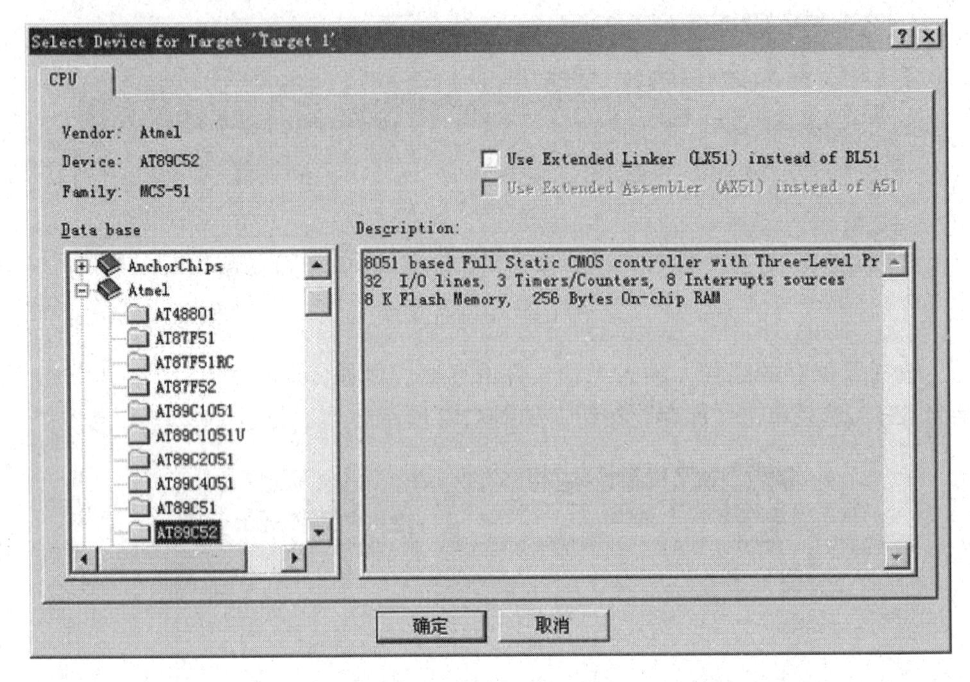

图 1.13　选择单片机的型号

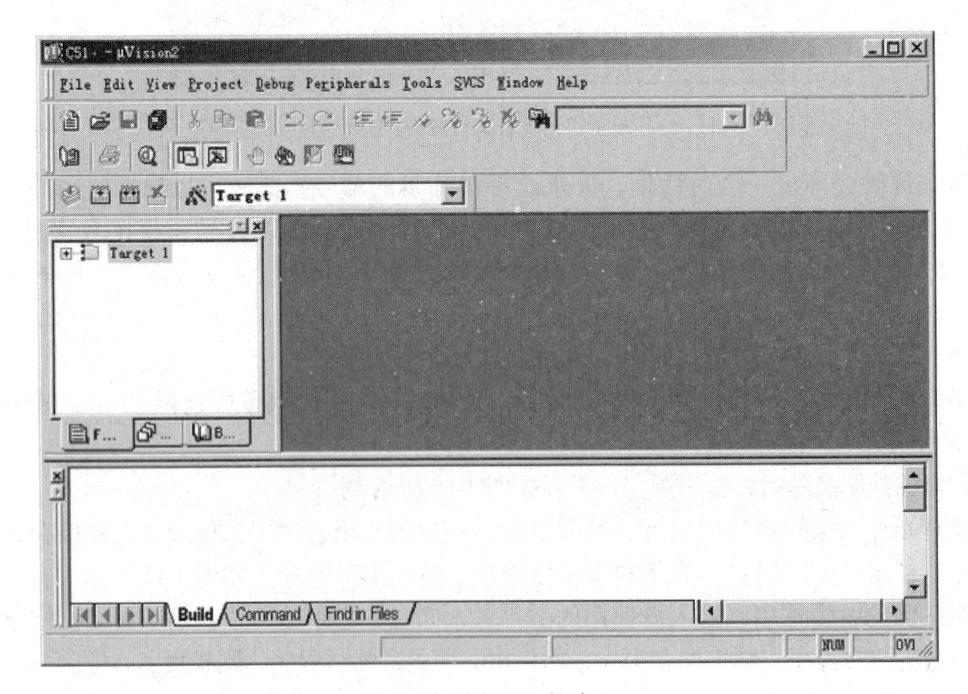

图 1.14　新工程文件建立

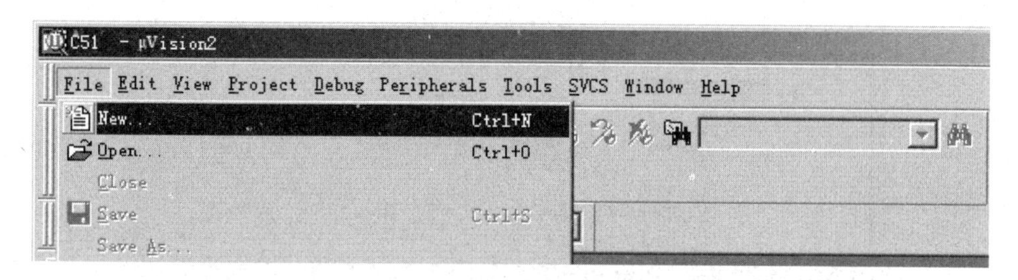

图 1.15　新建源程序文件

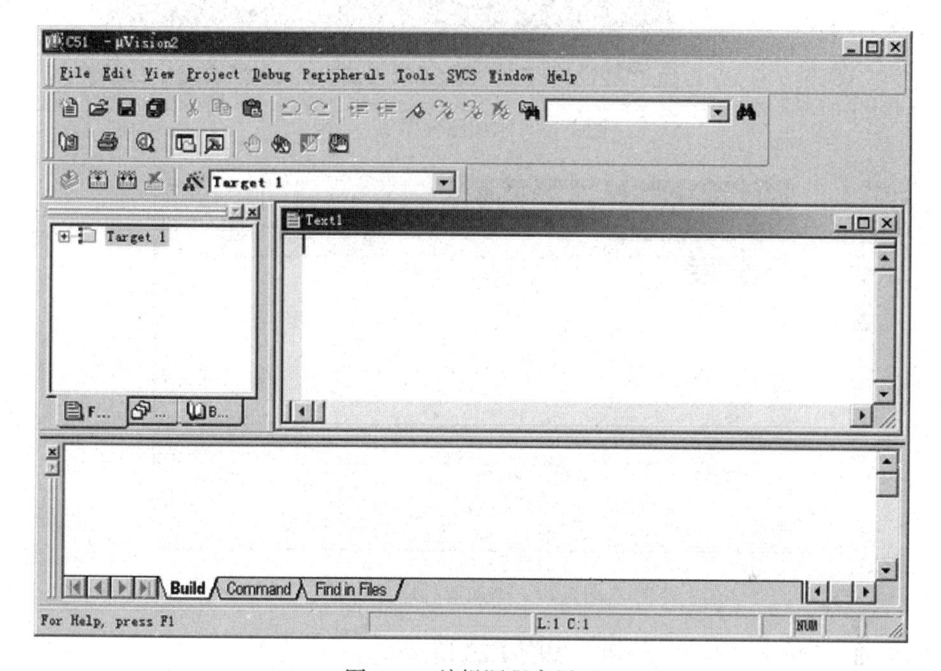

图 1.16　编辑源程序界面

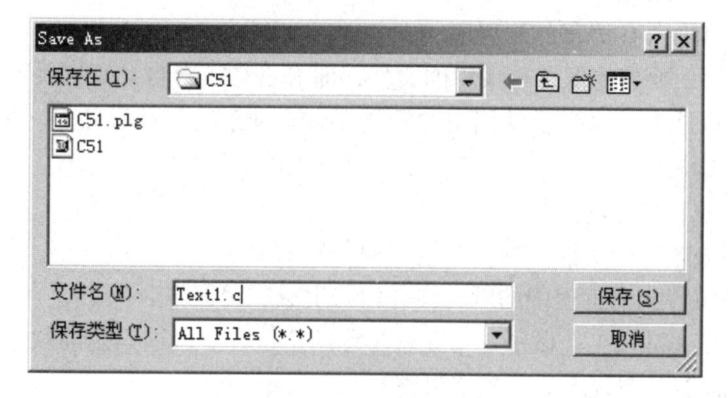

图 1.17　保存源程序

（7）回到编辑界面后，单击“Target 1”前面的“+”号，然后在“Source Group 1”上单击右键，弹出菜单，如图 1.18 所示。

单击“Add Files to Group ‘Source Group 1’”，出现添加对话框，如图 1.19 所示。

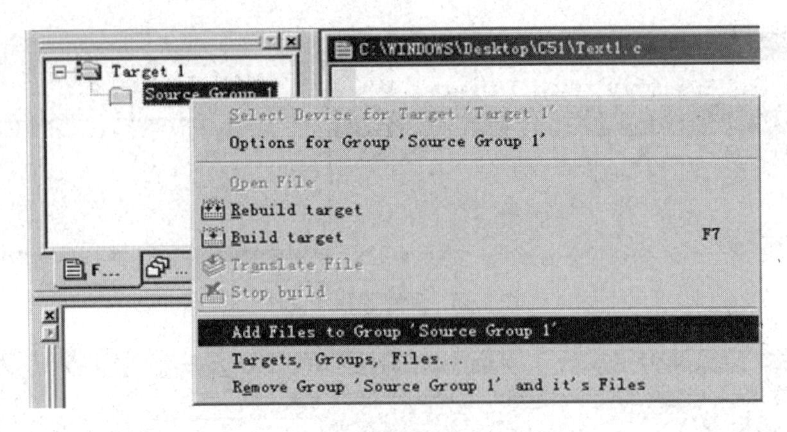

图 1.18　添加源程序（一）

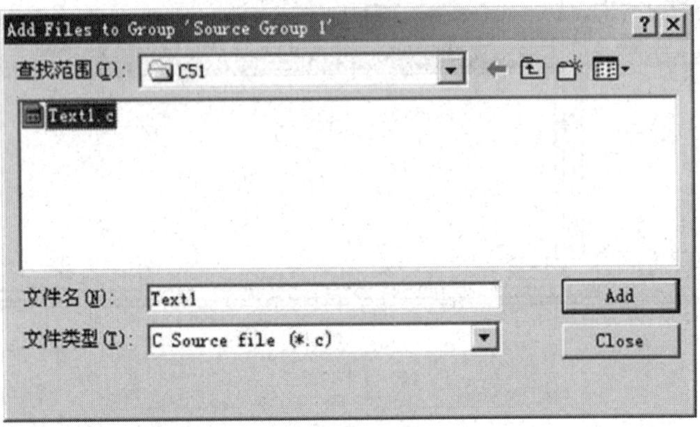

图 1.19　添加源程序（二）

选择 Text.c，单击“Add”按钮，如图 1.20 所示。

注意：“Source Group 1”文件夹中多了一个子项“Text1.c”。

（8）此时，可输入 C 语言的源程序。

在输入程序时，要事先保存待编辑的文件，即 Keil C51 会自动识别关键字，并以不同的颜色提示用户加以注意，这样会使用户少犯错误，有利于提高编程效率。程序输入完毕后，按以下按钮进行编译。

用于编译正在操作的文件。

用于编译修改过的文件，并生成应用程序。

用于重新编译当前工程中的所有文件，并生成应用程序。

至此，我们在 Keil C51 上做了一个完整工程的全过程。但这只是纯软件的开发过程，如何使用程序下载器看一看程序运行的结果呢？

（9）打开“Project”菜单，再在下拉菜单中选择“Options for Target 'Target 1'”（或者直接单击图标），如图 1.21 所示，打开“Output”选择“Create HEX File”选项，使程序编译后产生 HEX 代码，供下载器软件使用，把程序下载到单片机中就可以查看程序运行的结果了。

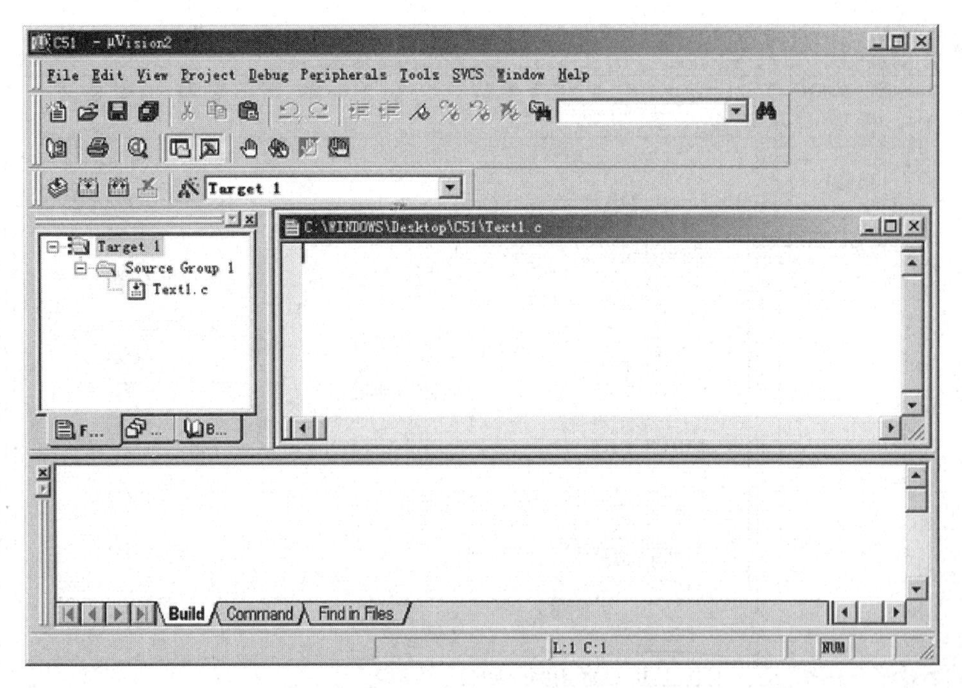

图 1.20　添加源程序（三）

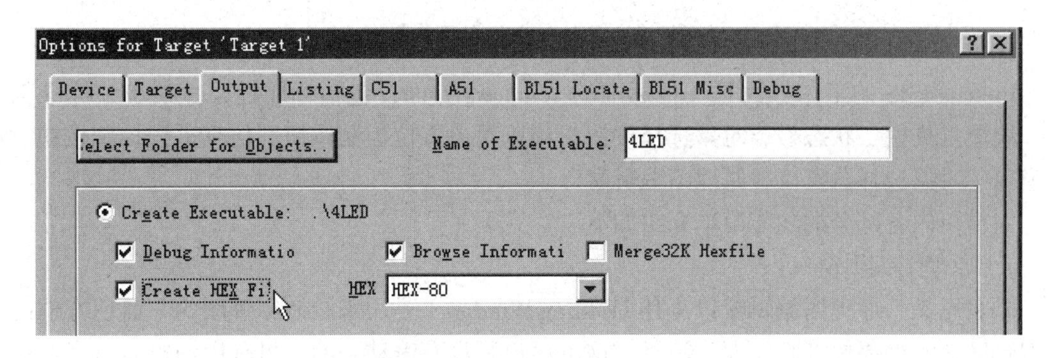

图 1.21　编译后产生 HEX 代码

四、Proteus 仿真软件的使用

Proteus ISIS 是英国 Lab Center 公司开发的电路分析与实物仿真软件。该软件的特点是：

① 实现了单片机仿真和 SPICE 电路仿真相结合。具有模拟电路仿真、数字电路仿真、单片机及其外围电路组成的系统的仿真、RS232 动态仿真、I²C 调试器、SPI 调试器、键盘和 LCD（液晶显示器）系统仿真的功能；有各种虚拟仪器，如示波器、逻辑分析仪、信号发生器等。

② 支持主流单片机系统的仿真。

③ 提供软件调试功能。支持第三方的软件编译和调试环境，如 Keil C51 µVision2 等软件。

④ 具有强大的原理图绘制功能。总之，该软件是一款集单片机和 SPICE 分析于一身的仿真软件，功能较强大。

1. Proteus ISIS 7 Professional 界面简介

安装完 Proteus 后，单击 ISIS 7 快捷方式，运行 ISIS 7 Professional，会出现如图 1.22 所示界面。

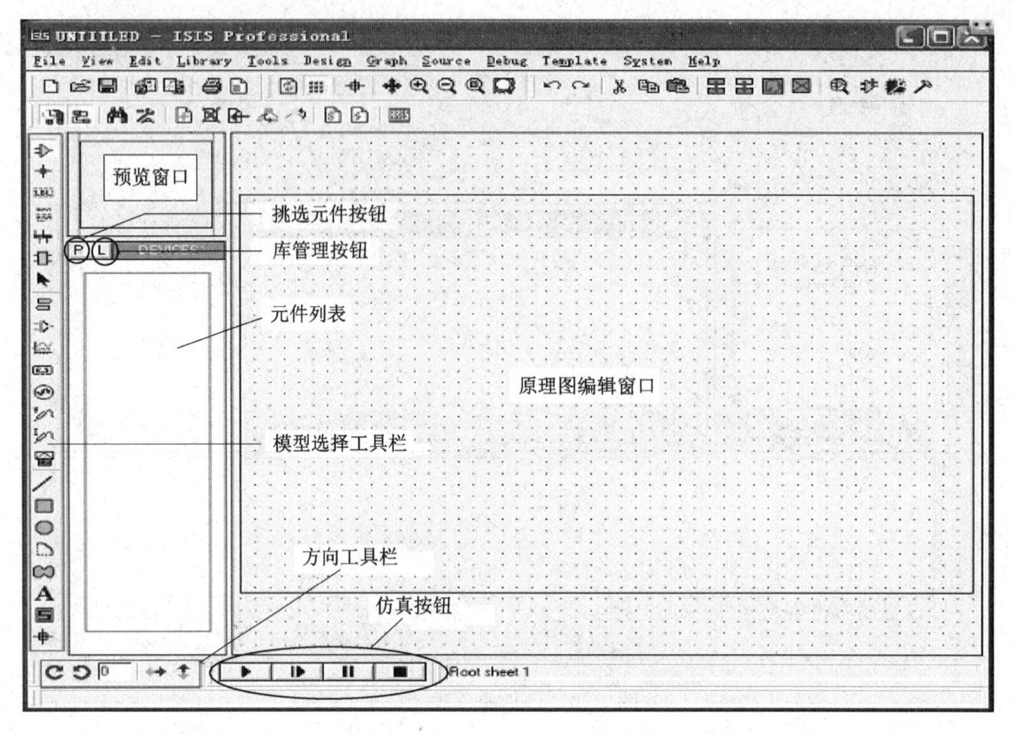

图 1.22　Proteus ISIS 的工作界面

Proteus ISIS 的工作界面是一种标准的 Windows 界面，包括标题栏、主菜单、标准工具栏、绘图工具栏、状态栏、对象选择按钮、预览对象方位控制按钮、仿真进程控制按钮、预览窗口、对象选择器窗口、原理图编辑窗口。

对窗口内各部分的功能简单介绍如下。

1）原理图编辑窗口

顾名思义，原理图编辑窗口（The Editing Window）是用来绘制原理图的。蓝色方框内为可编辑区，元件要放到它里面。注意，这个窗口是没有滚动条的，可利用预览窗口来改变原理图的可视范围。

2）预览窗口

预览窗口（The Overview Window）可显示两个内容：一是当在元件列表中选择一个元件时，它会显示该元件的预览图；二是当鼠标焦点落在原理图编辑窗口时（放置元件到原理图编辑窗口后或在原理图编辑窗口中单击后），它会显示整张原理图的缩略图，并会显示一个绿色方框，绿色方框里面的内容就是当前原理图窗口中显示的内容，因此，可单击来改变绿色方框的位置，从而改变原理图的可视范围。

3）模型选择工具栏

模型选择工具栏（Mode Selector Toolbar）：。

主要模型（Main Modes）：，包括选择元件（components）（默认选择的）、放置连接点、放置标签（用总线时会用到）、放置文本、用于绘制总线、用于放置子电路、用于即时编辑元件参数。

配件（Gadgets）：，包括终端接口（terminals）、器件引脚、录音机、信号发生器（generators）、电压探针、电流探针、虚拟仪表等。

2D 图形（2D graphics）：画各种直线、画各种方框、画各种圆、画各种圆弧、画各种多边形、画各种文本、画符号、画原点等。

4）元件列表

元件列表（The Object Selector）用于挑选元件（components）、终端接口（terminals）、信号发生器（generators）、仿真图表（graph）等。当选择“元件”（components）时，单击“P”按钮会打开挑选元件对话框，选择一个元件后（单击“OK”按钮后），该元件会在元件列表中显示，以后要用到该元件时，只需在元件列表中选择即可。

5）方向工具栏

方向工具栏（Orientation Toolbar）包括旋转和翻转。

旋转：，旋转角度只能是 90 的整数倍。

翻转：，完成水平翻转和垂直翻转。

使用方法：先右击元件，再左击相应的旋转图标。

6）仿真工具栏

仿真工具栏如图：，包括运行、单步运行、暂停和停止按钮。

2. 操作实例

利用 Proteus 仿真如图 1.23 所示电路的运行结果。

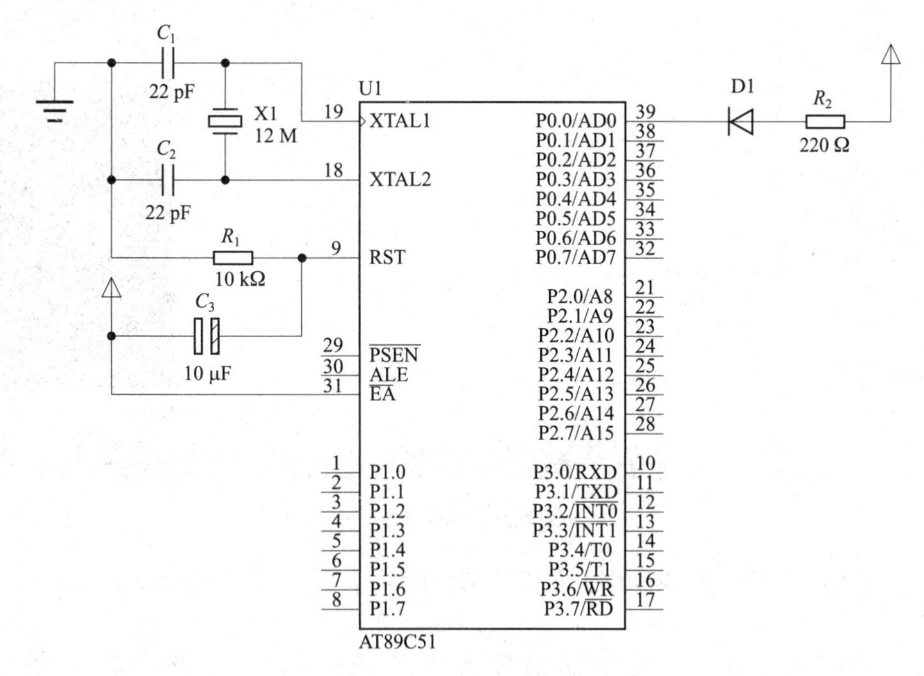

图 1.23　单个 LED 闪烁灯原理图

1）绘制原理图

绘制原理图要在原理图编辑窗口中的蓝色方框内完成。原理图编辑窗口的操作是不同于常用的 Windows 应用程序的，正确的操作是：用左键放置元件；右键选择元件；双击右键删除元件；右键拖选多个元件；先右键后左键编辑元件属性；先右键后左键拖动元件；连线用左键，删除用右键；改连接线：先右击连线，再左键拖动；滚轮（中键）放缩原理图。

单击“P”按钮，出现挑选元件对话框：

将所需元器件加入对象选择器窗口（Picking Components into the Schematic），单击对象选择器按钮 P，如图 1.24 所示。

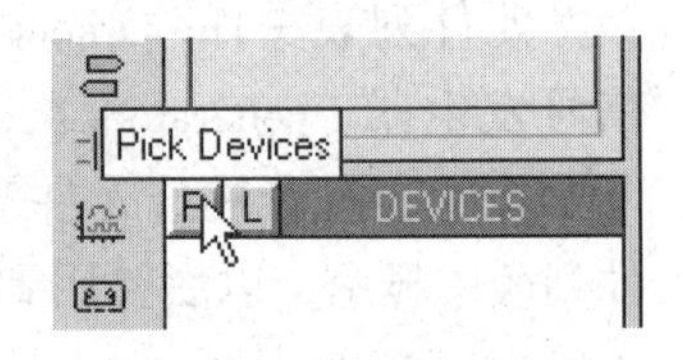

图 1.24　对象选择器按钮

弹出“Pick Devices”对话框，在 Microprocessor ICs 库中查找或在“Keywords”输入“AT89C51”，系统在对象库中进行搜索查找，并将搜索结果显示在“Results”栏中，如图 1.25 所示。

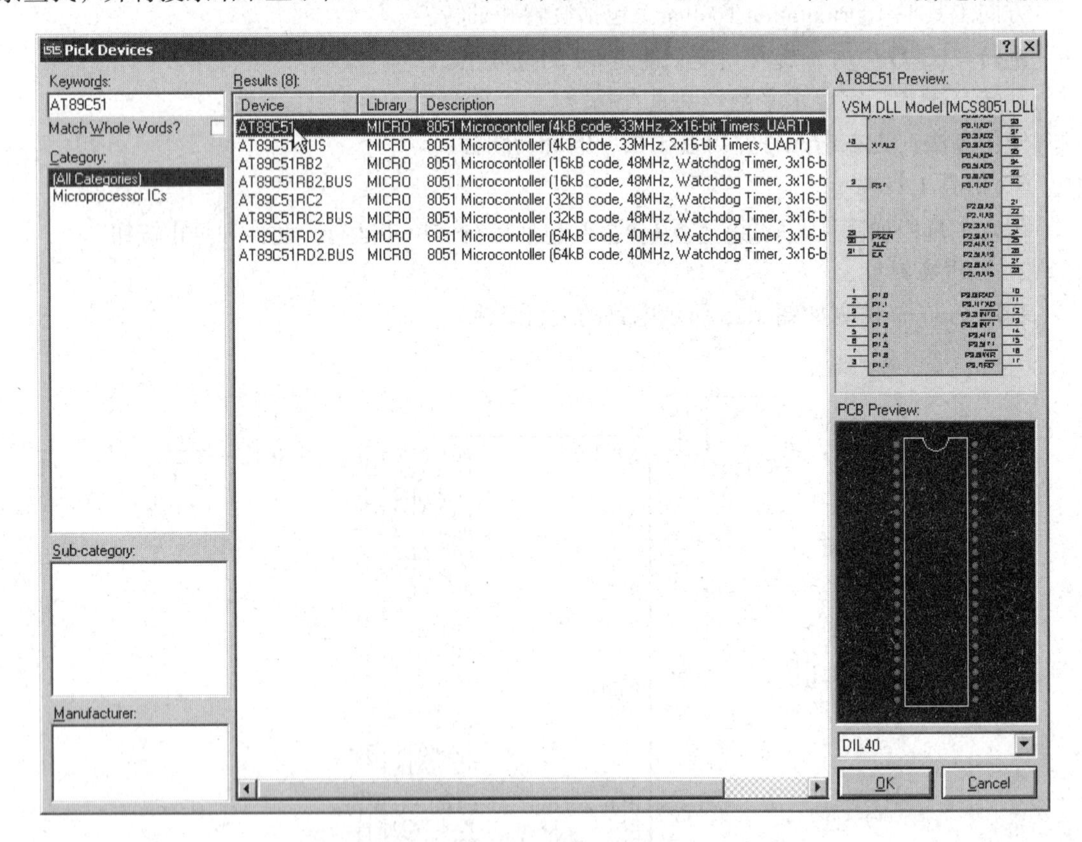

图 1.25　元件选择

在“Results”栏中的列表项中，双击“AT89C51”，则可将“AT89C51”添加至对象选择器窗口。

同样，在“Keywords”文本框中依次重新输入 CAP、CAP-ELEC、CRYSTAL、LED-BIBY、RES、SW-SPDT，将它们添加到元件列表和原理图编辑区中（由于可以进行自动标号，先选择主菜单中的工具 -U1 实时标注或按 Ctrl+N），然后，单击模型选择工具栏中的图标，添加电源及地端子。注意电阻要编辑阻值、电源选 POWER、地选 GROUND。

最后，按图 1.23 进行连线。

2）添加仿真文件

先右击 AT89C51 再左击，在出现的对话框中，打开 Program File 菜单出现文件浏览对话框，找到编译后的十六进制文件，如 P1.hex 文件，单击“确定”按钮，完成添加文件，在 Clock Frequency 中把频率改为“11.0592MHz”，单击“OK”按钮退出。

3）仿真

单击 按钮开始仿真。

说明：红色代表高电平，蓝色代表低电平，灰色代表不确定电平（floating）。运行时，在 Debug 菜单中可以查看单片机的相关资源。

4）Keil C51 与 Proteus 连接调试

双击 Keil μVision2 图标，进入 Keil C51 μVision2 集成开发环境，创建一个新项目（Project），并为该项目选定合适的单片机 CPU 器件（如 Atmel 公司的 AT89C51），并为该项目加入 Keil C51 或 ASM51 源程序。

打开“Project”菜单中“Options for Target”选项或者单击工具栏的“option for target”按钮，弹出窗口，单击“Output”并将“Create HEX File”打钩，单击“Debug”按钮，出现如图 1.26 所示页面。

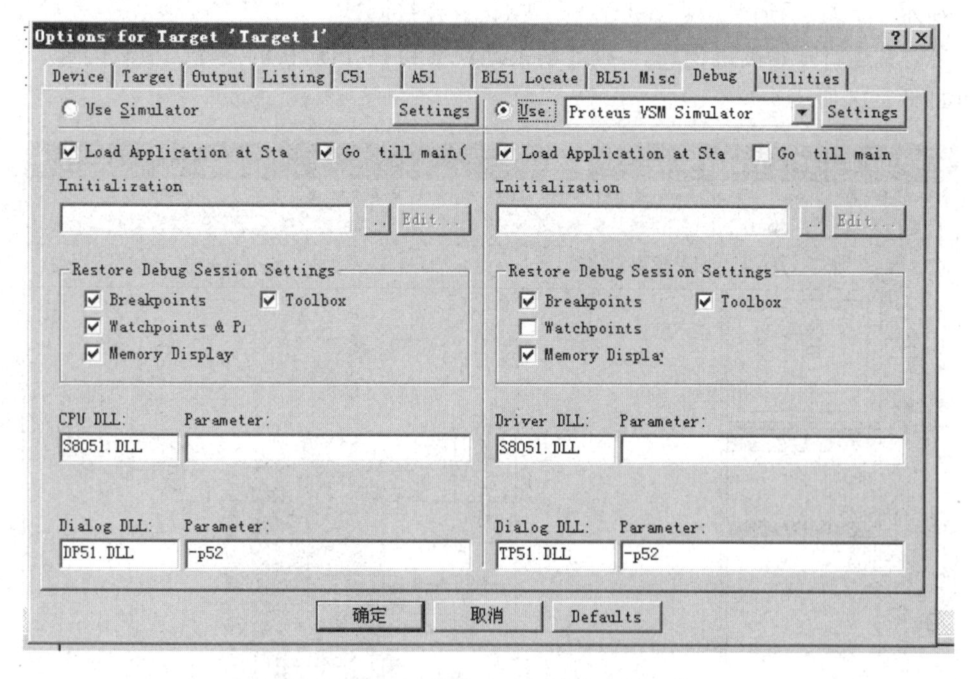

图 1.26　Keil 设置 Proteus 联调驱动文件

在出现的对话框里，在右栏上部的下拉菜单里选择“Proteus VSM Simulator”选项，并且单击“Use”前面表明选中的小圆点。

再单击“Settings”按钮，设置通信接口，在“Host”后面的文本框中输入“127.0.0.1”，如果使用的不是同一台计算机，则需要在这里添上另一台计算机的 IP 地址（另一台计算机也应安装 Proteus）。在“Port”后面的文本框中输入“8000”。设置好的情形如图 1.27 所示，单击“OK”按钮即可。最后将工程编译，进入调试状态并运行。

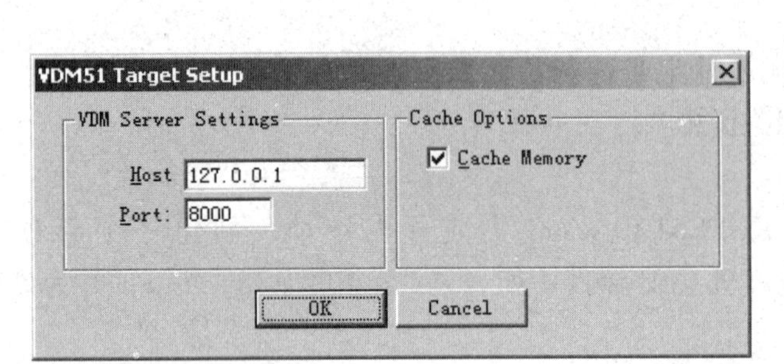

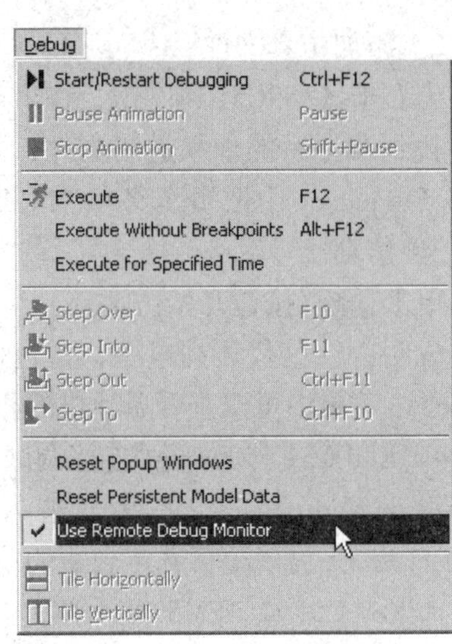

图 1.27 Keil 和 Proteus 之间的通信设置

进入 Proteus 的 ISIS，单击菜单“Debug”，选择“Use Remote Debug Monitor”选项，如图 1.27 所示。此后，便可实现 Keil C51 与 Proteus 连接调试。

单击仿真运行开始按钮 ▶，则能清楚地观察到 P0 口所接的发光二极管闪烁，仿真运行界面如图 1.28 所示。

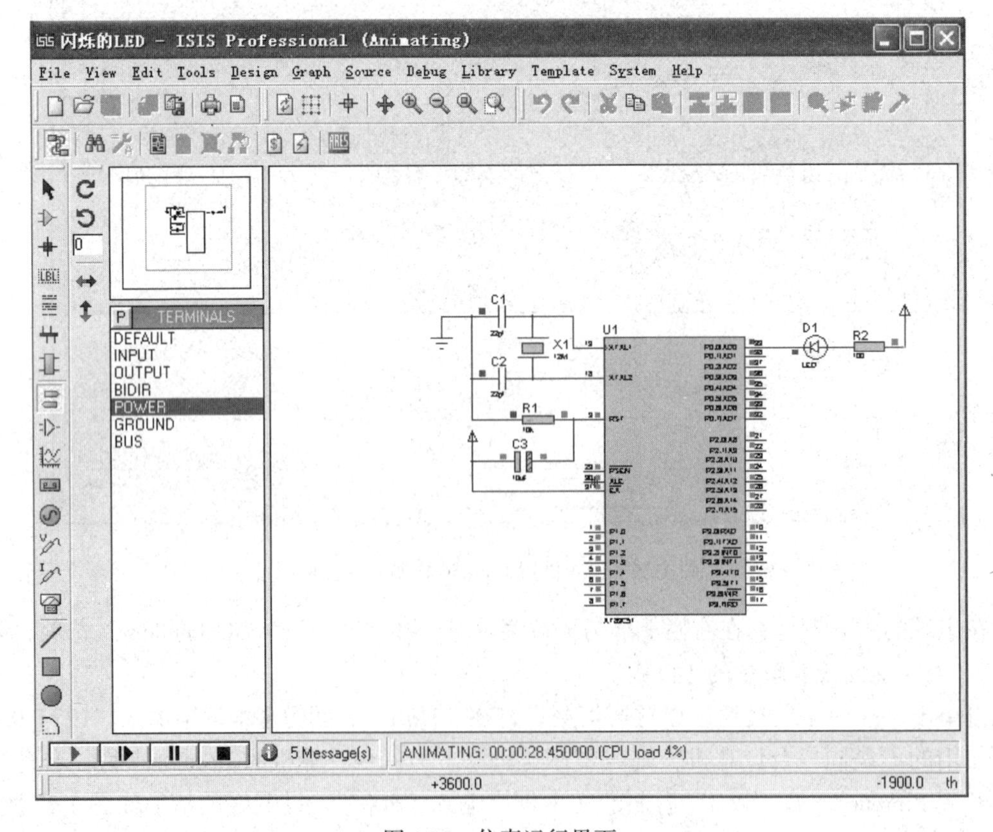

图 1.28 仿真运行界面

同样，在 Keil C51 中运行程序，在 Proteus 中的电路中也可以看到仿真结果。Keil C51 中运行暂停或遇到断点时，Proteus 仿真也暂停，Keil C51 遇到断点或退出调试，或调试完毕时，Proteus 仿真也退出。

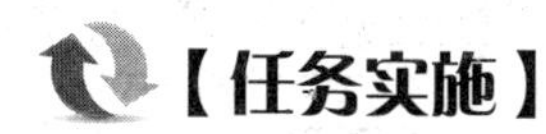

【任务实施】

一、任务分析

本任务要求在单片机最小系统的基础上控制单个 LED（发光二极管）闪烁发光，在 P1.0 端口上接一个发光二极管 L1，使 L1 能不停地一亮一灭，一亮一灭的时间间隔为 0.2 s。用 Keil C51、Proteus 等作开发工具，进行仿真，并在一块万能板或 PCB（印制电路板）上制作分立元件电路，如图 1.29 所示，下载程序并测试好，最后需完成项目报告。

图 1.29　单片机控制单个 LED 闪烁灯实物图

1. 总体方案设计

单片机控制单个 LED 闪烁灯的电路，主要包括单片机的最小系统和 LED 灯，其方框图如图 1.30 所示。

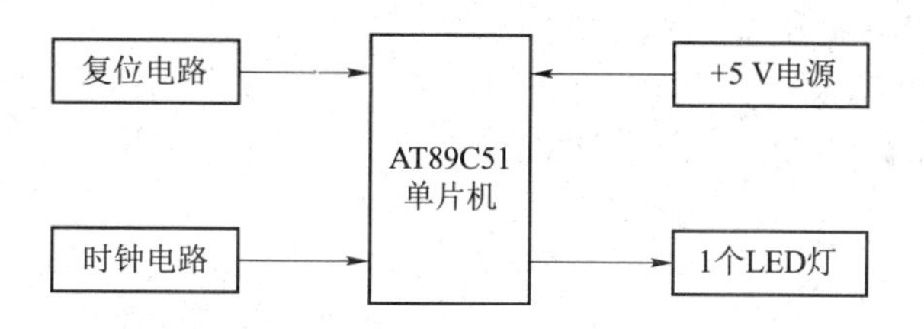

图 1.30　单片机控制单个 LED 闪烁灯方框图

2. 硬件电路设计

只需在单片机最小系统的基础上在 P1.0 口接 1 个 220 Ω 电阻驱动的发光二极管。单片机控制单个 LED 闪烁灯原理图如图 1.31 所示。

3. 软件设计

1）程序流程图

程序流程图如图 1.32 所示。

2）C 语言源程序

C 语言源程序如下：

```
#include <reg51.h>
sbit L1=P1^0;
void delay02s（void）          // 延时 0.2 s 子程序
{
   unsigned char i，j，k；
```

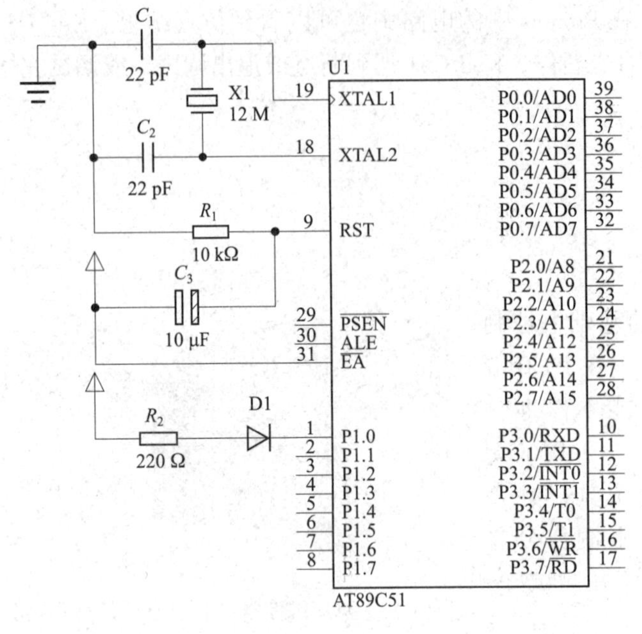

图 1.31　单片机控制单个 LED 闪烁灯原理图

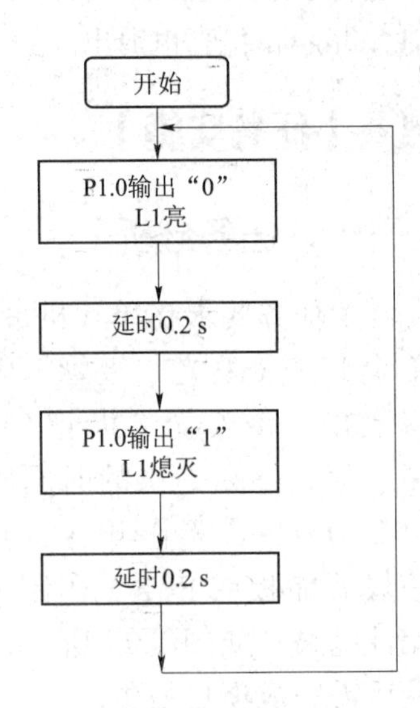

图 1.32　程序流程图

```
    for (i=20; i>0; i--)
      for (j=20; j>0; j--)
        for (k=248; k>0; k--);
}
void main (void)
{
    while (1)
    {
        L1=0;
        delay02s ();
        L1=1;
        delay02s ();
    }
}
```

4. 电路仿真

利用 Protues 仿真软件对系统进行电路仿真，仿真结果如图 1.33 所示。

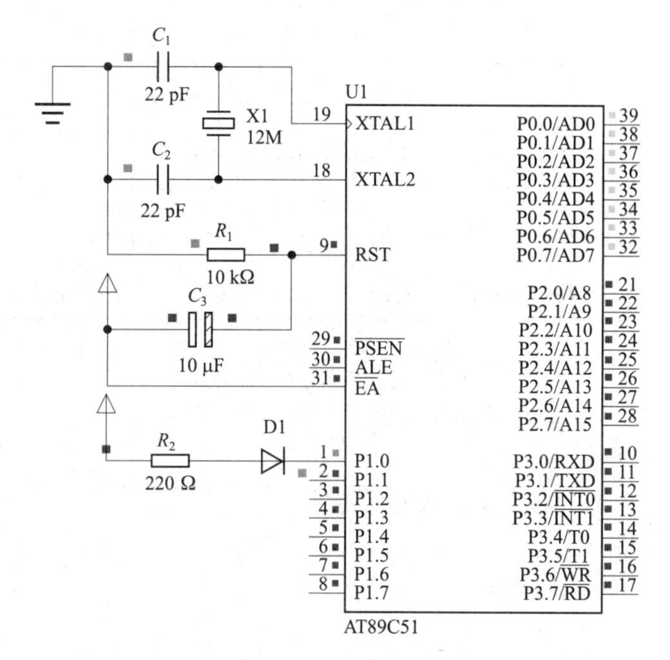

图 1.33　仿真结果

二、安装与调试

1. 任务所需设备、工具、器件、材料

任务所需设备、工具、器件、材料见表 1.7。

表 1.7　任务所需设备、工具、器件、材料

类型	名称	数量	型号	备注
设备	示波器	1	20M	
工具	万用表	1	普通	
	电烙铁	1	普通	
	斜口钳	1	普通	
	镊子	1	普通	
器件	51 系列单片机	1	AT89C51（AT89S51）	
	晶振	1	12 MHz	
	瓷片电容	2	30 pF	
	电解电容	1	10 μF/16 V	
	电阻	1	10 kΩ	
	电阻	8	470 Ω	
	电源	1	直流 400 mA/5 V 输出	
	发光二极管	1	ϕ 3 mm	红色
	按键	1		

续表

类型	名称	数量	型号	备注
材料	焊锡	若干	ϕ0.8 mm	
	万能板	1	4 cm × 10 cm	
	PCB 板	1	4 cm × 10 cm	
	导线	若干	ϕ0.8 mm 多股铜线漆包线	

2. 系统安装

参照原理图和装配图，具体安装步骤如下：

（1）检查元器件质量。

（2）在万能板（或 PCB 板）上焊接好元器件。

（3）检查焊接电路。

（4）用编程器将 .hex 文件烧写至单片机。

（5）将单片机插入 IC（集成电路）座。

3. 系统调试

1）硬件调试

硬件调试是系统的基础，只有硬件能够全部正常工作后才能在以此为基础的平台上加载软件从而实现系统功能。

电源部分提供整个电路所需各种电压（包括 AT89C51 所需的稳压 +5 V），由电源变压器和整流滤波电路及两个辅助稳压输出构成，电源变压器的功率由需要输出的电流大小决定，确保有充足的功率余量。

先确定电源是否正确，单片机的电源引脚电压是否正确，是不是所有的接地引脚都接了地。如果单片机有内核电压的引脚，需测试内核电压是否正确。

检查 LED 灯是否接反或烧坏。

测量晶振有没有起振，一般晶振起振两个引脚都会有 1 V 多的电压。

检查复位电路是否正常。

再测量单片机的 ALE 引脚，看是否有脉冲波输出，以判断单片机是否工作，因为 51 单片机的 ALE 为地址锁存信号，每个机器周期输出两个正脉冲。

2）软件调试

如果硬件电路检查后，没有问题却实现不了设计要求，则可能是软件编程的问题，首先应检查主程序，然后是分段程序，要注意逻辑顺序、调用关系以及涉及的标号，有时会因为一个标号而影响程序的执行，除此之外，还要熟悉各指令的用法，以免出错。还有一个容易忽略的问题，就是源程序生成的代码是否烧入单片机中，如果这一过程出错，那不能实现设计要求也是情理之中的事。

3）软、硬件联调

软件调试主要是在系统软件编写时体现的，一般使用 Keil 进行软件的编写和调试。进行软件编写时首先要分清软件应该分成哪些部分，不同的部分分开编写调试时是最方便的。

在硬件调试正确和软件仿真也正确的前提下，就可以进行软硬件联调了。首先，先将调试好的程序通过下载器下载入单片机，然后就可以上电看结果。观察系统是否能够实现你所要的功能。如果不能就先利用示波器观察单片机的时钟电路，看是否有信号，因为时钟电路是单片机工作的前提，所以一定要保证时钟电路正常。如果不能分析出是硬件问题还是软件问题，就重新检查软硬件。一般情况下硬件电路可以通过万用表等工具检测出来，如果硬件没有问题，则必然是软件问题，就应该重新检查软件。用这种方法调试系统完全正确。

【任务总结与评价】

一、任务总结

本任务在单片机的最小系统基础上，外接 1 个 LED 灯，适合初学者快速入门，迅速掌握单片机 I/O 口结构组成及工作原理。本任务元器件少、成功率高、修改和扩展性强。

任务完成后需撰写设计总结报告，撰写设计总结报告是工程技术人员在产品设计过程中必须具备的能力，设计总结报告中应包括摘要、目录、正文、参考文献、附录等，其中正文要求有总体设计思路、硬件电路图、程序设计思路（含流程图）及程序清单、仿真调试结果、软硬件综合调试、测试及结果分析等。

二、任务评价

本任务的评价指标及评价内容在项目评价体系中所占分值、小组评价及教师评价在本项目考核成绩中的比例见表 1.8。

表 1.8　考核评价体系表

序号	评价指标	评价内容	分值	小组评价（50%）	教师评价（50%）
1	理论知识	是否掌握单片机 I/O 口结构组成及工作原理	50		
2	制作方案	电路板的制作步骤是否完善，设计、布局是否合理	10		
3	操作实施	焊接质量是否可靠、能否测试分析数据	20		
4	答辩	本任务所涵盖的知识点是否都比较熟悉	20		

【知识拓展】

本制作采用传统的 AT89C51 单片机，内置复位、时钟振荡电路，也可用 40 脚 DIP（双列直插式封装技术）封装的 STC12C52 替换 AT89C51。若单片机驱动 8 个 LED 灯同时闪烁，时间间隔 0.2 s，电路如图 1.34 所示。C 语言源程序如下：

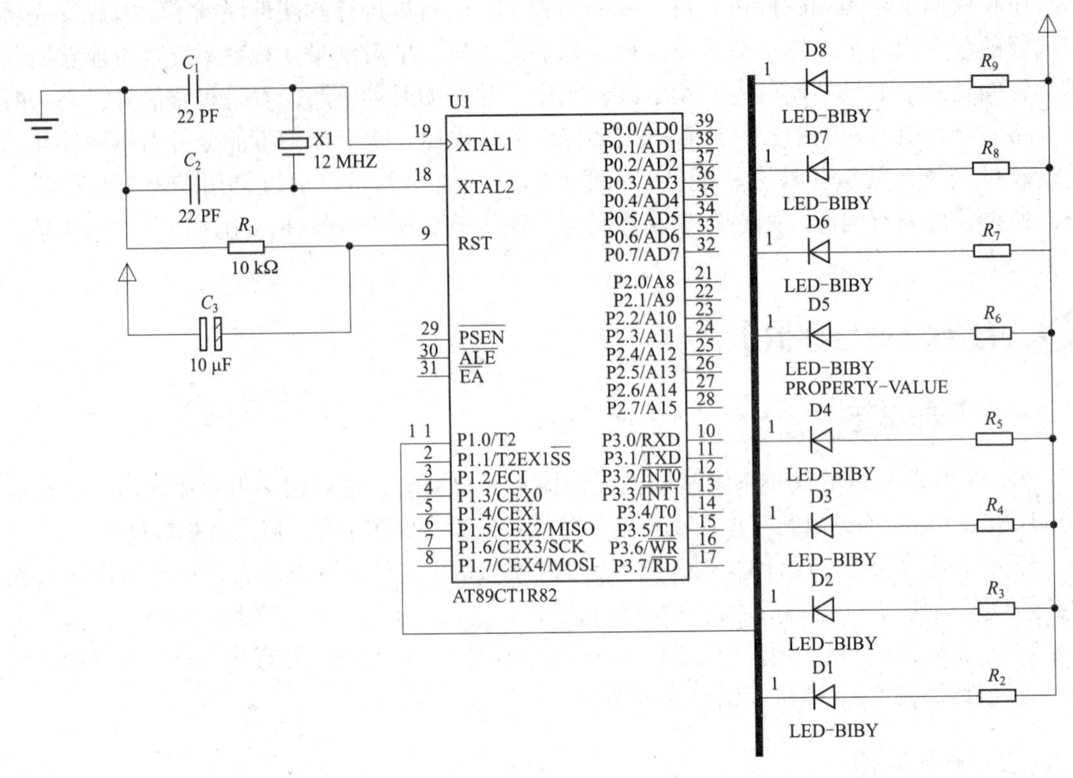

图 1.34　单片机控制 8 个 LED 闪烁灯电路

```
#include <reg51.h>
void delay02s（void）    //延时 0.2 s 子程序
{
  unsigned char i，j，k；
     for（i=20；i>0；i--）
       for（j=20；j>0；j--）
         for（k=248；k>0；k--）；
}
void main（void）
{
     while（1）
     {
          L1=0；
          delay02s（）；
          L1=0xFF；
          delay02s（）；
     }
}
```

【习题训练】

1. 单片机由哪几个主要部分组成？各部分的功能是什么？

2. MCS–51 单片机内部包含哪些主要逻辑功能部件？各自的功能是什么？

3. 单片机的基本时序有哪几种？它们之间的关系如何？

4. 什么是单片机最小系统？由哪些部分组成？

5. Keil C51 软件使用练习。

（1）用 Keil 软件建立一个“单灯闪烁”工程，工程有关的文件都保存在“E:\单灯闪烁\software”中。

（2）用操作系统自带的记事本录入下列源程序，输入后以“单灯闪烁 .C”为文件名保存在“E:\单灯闪烁 \software”中。

（3）将源程序与工程关联起来，产生一个“单灯闪烁 .hex”文件也保存在“E:\单灯闪烁 \software”中。

6. Proteus 软件使用练习。

（1）画出电路图，用“单灯闪烁”文件名保存在“E:\单灯闪烁”中。

（2）练习导入目标代码去控制仿真。

（3）仿真运行所画电路，查看仿真结果是否正确。

项目 2 流水灯的设计与制作

【任务导入】

本项目通过单片机流水灯的设计与制作，使学生进一步掌握单片机输入 / 输出（I/O）端口的控制方法，掌握 MCS-51 单片机汇编语言的指令系统和程序设计方法；了解 MCS-51 单片机 C 语言程序设计的基本知识；掌握单片机应用系统开发流程。与此同时，在设计电路并安装印制电路板、进行电路元器件安装、进行电路参数测试与调整的过程中，进一步锻炼学生印制板制作、焊接技术等技能；加深对电子产品生产流程的认识。项目 2 学习目标见表 2.1。

表 2.1　项目 2 学习目标

序号	类别	目标
一	知识点	1. 单片机汇编语言概述 2. 单片机 C 语言概述 3. 单片机应用系统开发流程
二	技能	1. 单片机流水灯硬件电路元件识别与选取 2. 单片机流水灯的安装、调试与检测 3. 单片机流水灯电路参数测量 4. 单片机流水灯故障的分析与检修
三	职业素养	1. 学生的沟通能力及团队协作精神 2. 良好的职业道德 3. 质量、成本、安全、环保意识

【知识链接】

一、MCS-51 单片机汇编语言概述

1. 指令格式

指令是指示计算机执行某种操作的命令。一台计算机所能执行的全部指令的集合称为这台计算机 CPU 的指令系统。指令系统的功能强弱在很大程度上决定了这台计算机性能的高低。

由于计算机只能识别二进制数，因此用二进制编码表示的机器语言，计算机能直接执行。例如：计算 10+20，则在 MCS–51 单片机中用机器码编程如下：

```
01110100      ；将某一数送到累加器 A 中
00001010      ；被送的数是 10（0AH）
00100100      ；将累加器 A 中的内容与某数相加，结果送到 A 中
00010100      ；被加数是 20（14H）
```

为便于书写，用十六进制代码表示指令，即

74H　　0AH　　24H　　14H

显然，用机器语言编写程序不易记忆、不易查错、难于阅读和调试、容易出错而且出错不易查找，为克服上述缺点，可采用有一定含义的符号，即指令助记符来表示，于是出现了汇编语言。

汇编语言是用助记符、符号和数字来表示指令的程序语言，容易理解和记忆，它与机器语言指令是一一对应的，如上述 MCS–51 单片机汇编语言可写出：

```
MOV  A，#0AH ；将数 10（0AH）送到累加器 A 中
ADD  A，#14H  ；将累加器 A 中的内容与 20（14H）相加，结果送到 A 中
```

MCS–51 单片机指令系统共有 33 种功能，42 种助记符，111 条指令，将在以下各章中予以介绍。

MCS–51 单片机指令采用助记符表示的汇编语言指令格式如下：

［标号：］　操作码　操作数或操作数地址　{；注释}

（1）标号。标号是根据编码需要给指令设定的符号地址，可省略；标号由 1 ~ 8 个字符组成，第一个字符必须是字母或下划线，不能是数字或其他，标号后必须用冒号。注意标号不能与汇编语言保留字重名。

（2）操作码。操作码表示指令的操作类型，即执行什么样的操作，不能省略。

（3）操作数。操作数表示参加运算的数据或数据的有效地址。视指令的不同可以没有操作数，可以只有一个，也可以有两个。

（4）注释。注释是对指令的解释说明，提高程序的可读性，之前必须加“；”号，是非执行语句。

注意：书写指令时出现的所有标点符号均是英文半角状态下的符号，不能用中文标点符号。

2. 寻址方式

所谓寻址方式，就是如何寻找存放操作数的地址，把操作数提取出来的方法。

在汇编语言程序设计中，要根据系统的硬件环境编程，数据的存放、传送、运算都要通

过汇编指令完成，汇编者必须自始至终都十分清楚操作数的位置（地址），以便将它们送到适当的地方（地址）去操作。

在汇编语言中，操作数一般可以存放在寄存器中、片内某一单元中或指令中。

MCS–51 单片机指令系统共使用了 7 种寻址方式：立即数寻址、直接寻址、寄存器寻址、寄存器间接寻址、变址寻址、相对寻址、位寻址。

1）立即数寻址

立即数寻址是指操作数直接包含在指令中，即数据以指令字节的形式存放于程序存储器中。执行这类指令时，操作码译码后就能立即在其后的单元中取得操作数。其寻址空间为程序存储器。例如：

MOV　A，# 20H　　；A ← 20H，将数值 20H 送入累加器 A（H 表示该数为十六进制数）

机器指令：74H　20H

该指令的含义是：数据 20H 在指令中给出，将常数 20H 传送到累加器 A 中。

注意：立即数前面必须加“#”，用以区别立即数和直接地址。

立即数寻址执行过程如图 2.1 所示。

2）直接寻址

直接寻址是指存放数据的地址直接写在指令中。其寻址空间是：内部 RAM 的低 128 字节（00H ~ 7FH）；特殊功能寄存器 SFR 区（80H ~ FFH）。

应当指出，直接寻址是访问特殊功能寄存器的唯一方法。例如：

MOV　A，30H　　；A ←（30H），30H 单元的数据送入累加器 A

该指令的含义是：数据 20H 在片内 RAM 地址 30H 中，从 30H 单元取出数据 20H 放入累加器 A 中。

直接寻址执行过程如图 2.2 所示。

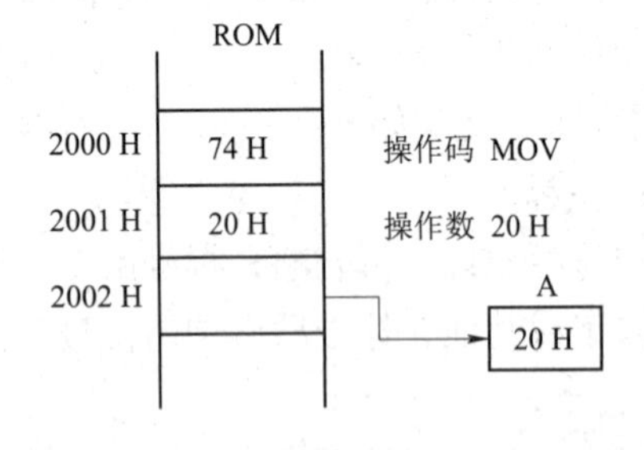

图 2.1　立即数寻址执行过程

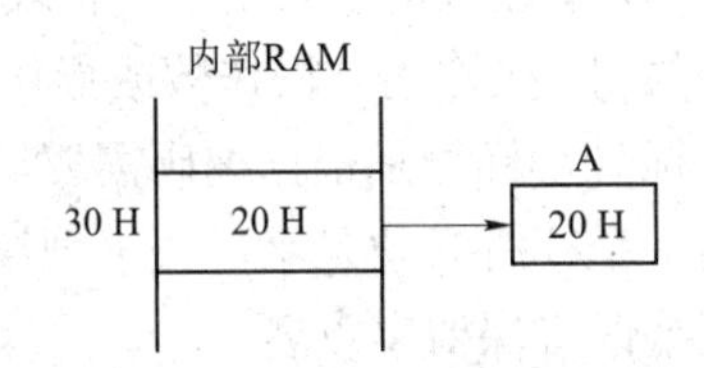

图 2.2　直接寻址执行过程

3）寄存器寻址

寄存器寻址是指数据存放在给定的寄存器中。寄存器包括工作寄存器 R0 ~ R7、累加器 A、通用寄存器 B、地址寄存器 DPTR 等。例如：

MOV　A，　R1　；A ← R1 中的内容送入累加器 A

该指令的含义是：数据在 R1 中，取出存放在 R1 中的数据送到累加器 A 中。

寄存器寻址执行过程如图 2.3 所示。

4）寄存器间接寻址

寄存器间接寻址是指存放数据的地址在寄存器中，指令中给出存放地址的寄存器。在指令执行时，首先根据寄存器的内容找到数据的地址，再由这个地址找到数据。

注意：指令中给出的寄存器前必须加上“@”，以区别寄存器寻址，此时寄存器中的内容不是数据，而是数据所在存储元的地址。

例如：

MOV　R0，#30H

MOV　A，@R0　；A ←（R0）寄存器 R0 中的内容作为地址，将该地址的内容送入 A

该指令含义是：数据的地址在 R0，R0 中的内容为 30H，所以数据在地址 30H 中，将地址 30H 存放的数据送到累加器 A 中。

寄存器间接寻址执行过程如图 2.4 所示。

注意：该寻址方式的寄存器只能是 R0、R1 和 DPTR。

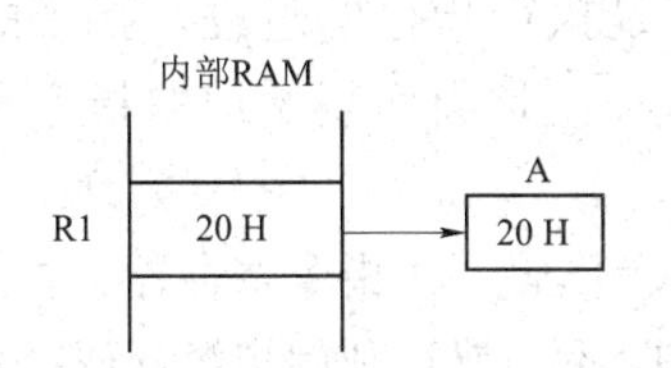

图 2.3　寄存器寻址执行过程

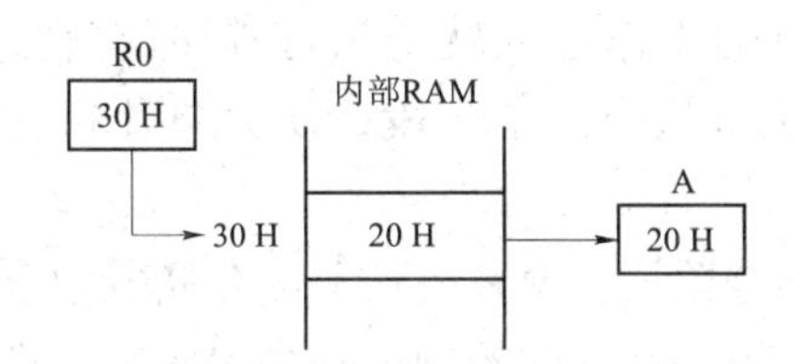

图 2.4　寄存器间接寻址执行过程

5）变址寻址

变址寻址是指将基址寄存器与变址寄存器的内容相加，其结果作为数据的地址。这类寻址方式主要用于查表操作。

基址寄存器：16 位的程序计数器 PC 或 16 位的数据指针 DPTR。

变址寄存器：8 位的累加器 A。例如：

MOVC　A，@A+DPTR　；A ←（A+DPTR）。

该指令的含义是：数据的地址为 16 位，A 和 DPTR 相加后的结果作为数据的地址，将该地址的数据取出送到累加器 A 中。假定指令执行前（A）=02H，（DPTR）=0FFEH，而 1000H 单元的内容为 20H，故该指令执行结果是 A 的内容为 20H。

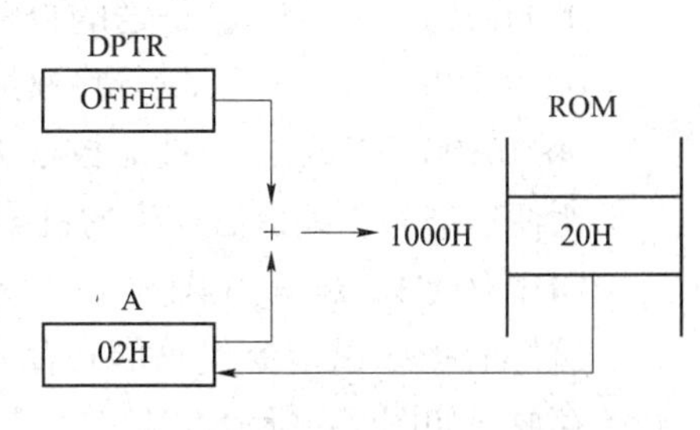

图 2.5　变址寻址执行过程

变址寻址执行过程如图 2.5 所示。

注意：@ 表示相加后的值作为要取的数据的地址。

6）相对寻址

相对寻址是指将程序计数器 PC 的当前作为基准，与指令中给出的相对偏移量（REL）相加，其结果作为跳转指令的转移地址。这类寻址方式主要用于跳转指令。

一般在指令中给出转移标号（地址），机器码中的偏移量在汇编时给出。写程序时不需要自己计算，只需写出转移标号就可以了。例如：

SJMP　　LOOP

表示程序跳转标号为“LOOP”的地方执行。

7）位寻址

位寻址是指按位进行的寻址方式。其数据是 1 位（bit），不同于以上所说的数据均为 8

位（byte）。存放位的地址可以是片内位寻址区域的位地址或特殊功能寄存器中的部分位地址。

在 MCS–51 单片机系统中，位地址的表示可以采用以下几种方式。

（1）直接地址表示法。用地址位地址来表示。例如：

MOV C，7FH ；其中 7FH 表示位地址

（2）点操作符表示法。用地址单元的某位表示。例如：

MOV C，20H.4 ；表示 20H 单元的第 4 位

（3）位名称表示法。适用于有名称的特殊功能寄存器中的位。例如：

SETB RS1 ；RS1 为特殊功能寄存器 PSW（程序状态寄存器）中的一位。

3. MCS-51 单片机执行指令的过程

单片机的工作过程就是执行程序的过程，也就是执行指令的过程。指令的执行分为取指令和执行指令两个阶段，所以单片机的工作过程就是周而复始地取指令和执行指令的过程。

在取指令阶段，单片机从程序存储器中取出指令操作码，送指令寄存器，再经指令译码器译码，产生一系列的控制信号，然后进入指令执行阶段，就是利用指令译码产生的控制信号，进行本指令规定的数据操作。

计算 10+20，在 MCS–51 单片机中用汇编语言编程为

MOV A， #0AH ；将数 10（用十六进制表示为 0AH）送到累加器 A 中

ADD A， #14H ；将累加器 A 中的内容与数 20（用十六进制表示为 14H）相加，结果送到 A 中用机器码编程为

01110100 ；将某一数送到累加器 A 中

00001010 ；被送的数是 10（0AH）

00100100 ；执行将累加器 A 中的内容与某数相加，结果送到 A 中

00010100 ；被加数是 20（14H）

为便于书写，编译后产生的机器码用十六进制代码表示指令，即

74H 0AH 24H 14H

编好的程序以指令代码形式存入程序存储器，共占 4 个存储单元，假定从 0000H 单元开始存放，如图 2.6 所示。

1）取指令

单片机开机后，程序计数器 PC=0000H，第一条指令的取指令阶段如下：

（1）PC 中的 0000H 送到片内的地址寄存器。

（2）PC 的内容自动加 1，变为 0001H，指向下一个指令字节。

（3）地址寄存器中的内容 0000H 通过内部地址总线送到存储器，经存储器中的地址译码选中 0000H 单元。

（4）CPU 通过控制内部总路线发出读命令。

（5）被选中单元的内容 74H 送内部数据总线，该内容通过内部数据总线到单片机内部的指令寄存器。

储存地址	ROM
0000H	01110100（74H）
0001H	00001010（0AH）
0002H	00100100（24H）
0003H	00010100（14H）

图 2.6 机器码程序存储

（6）读出的操作码送指令寄存器（IR）。

（7）经指令译码器译码，发出执行本指令所需的控制信号。

到此，第一条指令的取指令过程结束，进入执行指令过程。

2）执行指令

第一条指令执行阶段如下：

（1）指令寄存器中的内容经指令译码后，表示把一个立即数送入 A 中。

（2）PC 的内容为 0001H，送内地址寄存器，译码选中 0001H 单元，同时 PC 的内容自动加 1 变为 0002H。

（3）CPU 同样通过控制总线发出读命令。

（4）0001H 单元的内容 0AH 读出经内部数据总线送至 A。

至此，第一条指令执行完毕，0AH 被送入累加器 A 中。

然后，单片机执行第二条指令的取指令操作，取出加法指令的操作码。在指令的执行阶段，取出数 14H，与 A 中内容相加，并把相加结果保存累计器中，程序执行完毕。

4. MCS-51 单片机指令系统

MCS–51 单片机指令系统共有 111 条指令。下面按指令的执行功能分类，简单描述它们的作用。

数据传送指令主要完成数据的传送。数据传送指令的操作码助记符为 MOV、MOVX、MOVC、XCH、XCHD、SWAP、PUSH、POP 等。

这类指令除了直接用指令修改 PSW 内容外均不影响程序状态标志位 CY、AC、OV 位，但可能会影响到 P 标志位，视不同指令而定。

数据传送操作是指把数据从源地址传送到目的地址，源地址的值不变，根据源操作数与目的操作地址的不同，可分为片内数据传送指令、片外数据传送指令、程序单元的数据传送等。

1）8 位数据传送指令

（1）以累加器 A 为目的地址的数据传送指令。

```
MOV    A，Rn        ；A ← Rn
MOV    A，direct    ；A ←（direct）
MOV    A，@Ri       ；A ←（Ri）
MOV    A，# data    ；A ← # data
```

这组指令的功能是把源操作数的内容送入累加器 A。源操作数有寄存器寻址、直接寻址、寄存器间接寻址和立即数寻址等寻址方式。

这组指令运行后改变累加器 A 的值，指令的运行结果影响程序状态寄存器 PSW 中的 P 标志位。

例如：

```
MOV    A，# 21H     ；A ← 21H，指令执行后，A 中的内容为 21H
MOV    A，21H       ；A ←（21H），指令执行后，21H 单元内容不变，A 中
                      的内容为 21H 单元的内容
```

（2）以 Rn 为目的地址的数据传送指令。

```
MOV    Rn，A        ；Rn ← A
```

```
MOV    Rn，direct      ；Rn ←（direct）
MOV    Rn，#data       ；Rn ← data
```

这组指令的功能是把源操作数的内容送入当前工作寄存器 R0 ~ R7 中某一个寄存器。源操作数有寄存器寻址、直接寻址和立即数寻址等寻址方式。例如：

```
MOV    R0，A           ；R2 ← A
MOV    R1，20H         ；R1 ←（20H）
MOV    R2，# 0FAH      ；R2 ← FAH
```

（3）以直接地址为目的地址的传送指令。

```
MOV    direct，A       ；direct ← A
MOV    direct，Rn      ；direct ← Rn
MOV    direct，direct  ；direct ← direct
MOV    direct，@Ri     ；direct ←（Ri）
MOV    direct，# data  ；direct ← data
```

这组指令的功能是把源操作数送入由直接地址指出的存储单元。源操作数有寄存器寻址、直接寻址、寄存器间接寻址和立即数寻址等寻址方式。例如：

```
MOV    00H，# 10H      ；00H ← 10H
MOV    50H，R1         ；50H ← R1
MOV    0E0H，30H       ；E0H ←（30H）
MOV    50H，@R0        ；50H ←（R0）
```

（4）以寄存器间接地址为目的地址的传送指令。

```
MOV    @Ri，A          ；（Ri）← A
MOV    @Ri，direct     ；（Ri）←（direct）
MOV    @Ri，# data     ；（Ri）← data
```

这组指令的功能是把源操作数内容送入 R0 或 R1 指出的内部 RAM 存储单元中，源操作数有寄存器寻址、直接寻址和立即寻址等寻址方式。例如：

```
MOV    @R0，A          ；（R0）← A
MOV    @R1，30H        ；（R1）←（30H）
MOV    @R0，# 80H      ；（R0）← 80H
```

2）16 位数据传送指令

16 位数据传送指令格式为

```
MOV    DPTR，# data16  ；DPTR ← data16
```

这条指令的功能是把 16 位常数送入 DPTR。

16 位的数据指针 DPTR 既可当作一个 16 位的寄存器使用，也可以分成两个 8 位寄存器 DPH 和 DPL 使用，DPH 中存放 DPTR 中的高 8 位，DPL 中存放 DPTR 中的低 8 位。例如：

```
MOV    DPTR，# 1234H       ；DPTR ← 1234H，即 DPH ← 12H，DPL ← 34H
```

3）堆栈操作指令

（1）进栈指令。

```
PUSH   direct   ；SP ← SP+1，（SP）←（direct）
```

该指令将 direct 直接地址单元的内容送到堆栈区栈顶地址保存，同时修改栈顶指针 SP。应当指出，这条指令的源操作数的寻址方式只能是直接寻址方式。例如：

（SP）=30H，（ACC）=10H，（B）=20H，执行下列程序段

PUSH　　ACC　　; SP ← SP+1，即（SP）=31H，（31H）←（ACC）

PUSH　　B　　; SP ← SP+1，即（SP）=32H，（31H）←（B）

结果是：（31H）=10H，（32H）=20H，（SP）=32H，如图 2.7 和图 2.8 所示。

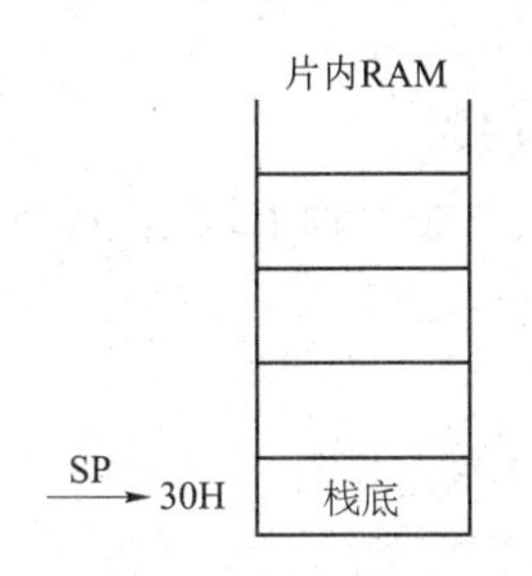

图 2.7　入栈前示意图

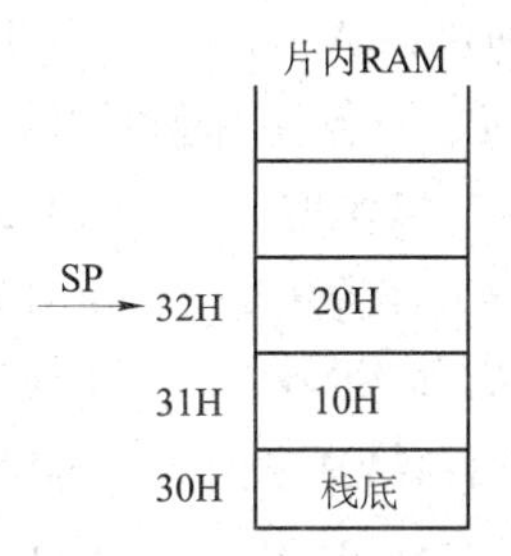

图 2.8　入栈后示意图

（2）出栈指令。

POP　　direct　　;（direct）←（SP），SP ← SP−1

该指令是将堆栈区栈顶地址的内容取出放到 direct 直接地址单元中，同时修改栈顶指针 SP。例如：

（SP）=32H，（32H）=20H，（31H）=10H，执行下列程序段：

POP　　DPH　　; DPH ←（SP），SP ← SP−1

POP　　DPL　　; DPL ←（SP），SP ← SP−1

结果是：（DPTR）=2010H，（SP）=30H，如图 2.9 和图 2.10 所示。

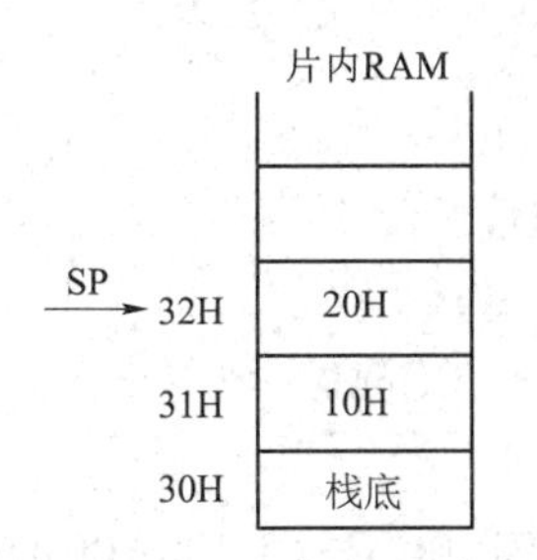

图 2.9　出栈前示意图

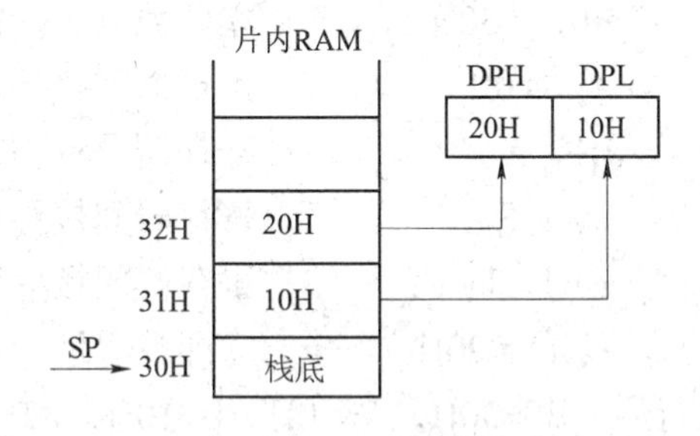

图 2.10　出栈后示意图

4）字节交换指令

XCH　　A，Rn　　; A ⟷ Rn

XCH　　A，direct　　; A ⟷（direct）

XCH　　A，@Ri　　; A ⟷（Ri）

这组指令的功能是将累加器 A 的内容和源操作数内容互相交换。源操作数有寄存器寻址、直接寻址和寄存器间接寻址等寻址方式。这组指令结果影响程序状态寄存器 PSW 的 P 标志位。

XCHD　　A，@Ri　　;（A）0 ~ 3 ⟷（（Ri））0 ~ 3

该指令将累加器 A 中的低 4 位与 Ri 中的内容所指示的片内 RAM 单元中的低 4 位数据相互交换，其执行结果不影响程序状态寄存器 PSW 的标志位。

5）片外数据传送指令

（1）外部 RAM 与累加器 A 之间的传送指令。

① 外部 RAM256 字节单元与累加器 A 之间的数据传送。

```
MOVX    A，@Ri       ；A ←（Ri）
MOVX    @Ri，A       ；（Ri）← A
```

这组指令与 P2 配合应用也可以寻址 64 KB 范围。例如：

```
MOV     P2，# 10H    ；P2 口锁存器置 10H，P2 引脚也输出 10H
MOV     R0，# 60H    ；R0 赋值 60H
MOVX    A，@R0       ；A ←（1060H）
```

② 64 KB 外部 RAM 单元与累加器 A 之间的数据传送。

```
MOVX    A，@DPTR     ；A ←（DPTR）
MOVX    @DPTR，A     ；（DPTR）← A
```

这组指令也可以看作外部 I/O 的输入输出指令。

（2）程序存储器 ROM 与累加器 A 之间的传送指令。

```
MOVC    A，@A+PC     ；PC ←（PC）+1，A ←（（A）+（PC））
MOVC    A，@A+DPTR   ；A ←（（A）+（DPTR））
```

【例 2.1】设片内 RAM 的 30H 单元的内容为 40H，40H 单元的内容为 10H，10H 单元的内容为 00H，端口 P1 中的内容为 0CAH。试分析下列程序并说明：

① 各条指令是什么寻址方式？

② 程序执行后各单元、寄存器及端口的内容。

```
MOV     R0，# 30H    ；立即数寻址，R0 ← 30H
MOV     A，@R0       ；寄存器间接寻址，A ← 40H
MOV     R1，A        ；寄存器寻址，R1 ← 40H
MOV     B，@R1       ；寄存器间接寻址，B ← 10H
MOV     @R1，P1      ；寄存器间接寻址，40H ← 0CAH
MOV     10H，# 20H   ；立即数寻址，10H ← 20H
```

程序执行后，R0=30H，A=40H，B=10H，P2=0CAH，P1=0CAH，（40）=0CAH，（10H）=20H。

6）算术运算指令

算术运算指令可以完成加、减、乘、除运算以及加 1、减 1 和 BCD 码（二进码 + 进数）调整操作，指令助记符为 ADD、ADDC、SUBB、MUL、DIV、INC、DEC、DA 等。

这类指令除加 1、减 1 外的执行结果将影响程序状态字 PSW 中的 CY、AC、OV 位。由于奇偶校验位 P 始终跟随累加器 A 的内容变化，所以通常所说的被影响的标志位中不包含 P 位。

7）逻辑运算指令

逻辑运算指令包括逻辑与、逻辑或、逻辑异或、对累加器 A 清零、取反、移位等操作。

指令助记符为 ANL、ORL、XRL、RL、CPL、CLR 等，逻辑运算指令只要改变累加器 A 的内容，都会改变 PSW 中 P 标志位，其他不影响标志位。

MCS-51 单片机的移位指令只能对累加器 A 进行移位，有不带进位的循环左右移和带进位的循环左右移指令，共 4 条。

（1）循环左移指令。

汇编指令格式： RL　　A

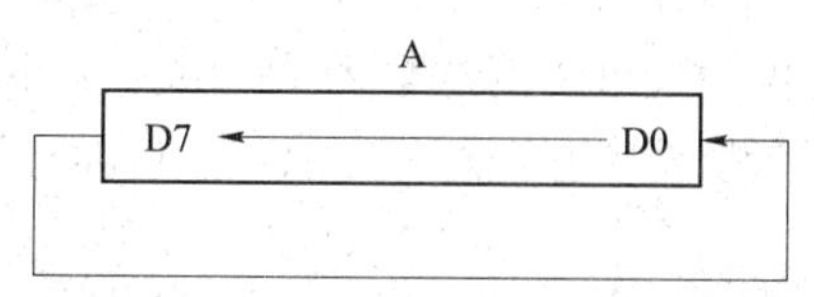

该指令是将累加器 A 的内容向左循环左移 1 位，原 D0 位数移入 D1 位，D1 位数移入 D2 位，…，D6 位数移入 D7 位，最高位（D7 位）移入最低位（D0 位）。该指令不影响标志位。

例如：A 中值为 78H，则执行：RL　A

78H 转换为二进制数为 01111000，按照上述规定移动，01111000 左移后变为 11110000，转换为十六进制为 F0H。

（2）带进位循环左移指令。

汇编指令格式： RLC　　A

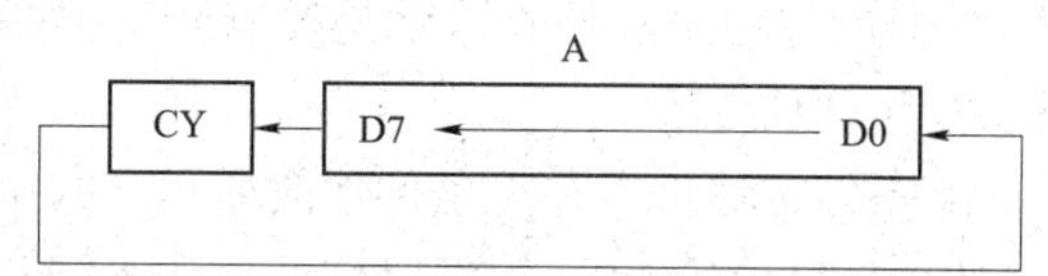

该指令是将累加器 A 的内容和进位标志一起循环向左移动 1 位，原 D0 位数移入 D1 位，D1 位数移入 D2 位，…，D6 位数移入 D7 位，最高位（D7 位）移入进位位 CY，CY 移入最低位 D0。该指令结果影响程序状态寄存器 PSW 的 P 标志和进位标志 CY，不影响其他标志位。

例如：A 中的值为 78H，C 中的值为 1，则执行：RLC　　A

78H 为 01111000，加上进位位 101111000，按上述规律向左移动后为 0111101，也就是 C 进位位的值变成了 0，而 A 的内容变成 F1H。

（3）循环右移指令。

汇编指令格式： RR　　A

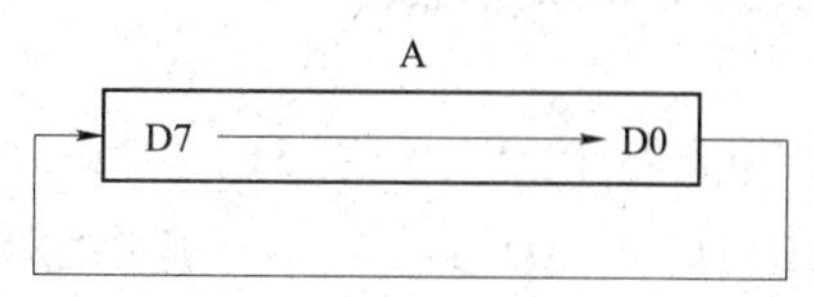

该指令的功能是将累加器 A 的内容向右循环移动 1 位，原 D7 位数移入 D6 位，D6 位数移入 D5 位，…D1 位的数移入 D0 位，最低位 D0 位移入最高位 D7 位。该指令不影响标志位。

例如：A 中的值为 56H，则执行：RR　　A

开始，A=56H=01010110B，执行 RR　　A 后，A=00101011B，即 A=2BH。

（4）带进位循环右移指令。

汇编指令格式： RRC A

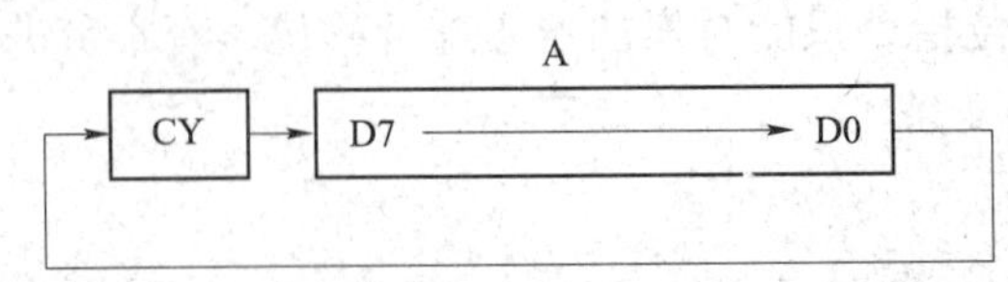

该指令的功能是将累加器 A 的内容和进位标志 CY 一起循环向右移动 1 位，最低位 D0 进入进位位 CY，CY 移入最高位 D7，D7 位数移入 D6 位，D6 位数移入 D5 位，…，D1 位的数移入 D0 位。该指令结果影响程序状态寄存器 PSW 的 P 标志和进位标志位 CY，不影响其他标志。

例如：A 中的值为 56H，C 中的值为 1，执行：RRC A

101010110，执行 RRC 命令后变为 0 10101011，也就是 C 进位位的值变为 0，A=10101011B，即 A=ABH。

8）控制转移指令

控制转移指令可以修改程序计数器的值，从而改变程序的执行方向。控制转移指令包括无条件转移指令、条件转移指令、子程序调用和返回指令，指令助记符为 LJMP、AJMP、SJMP、JMP、ACALL、LCALL、JB、JNB、JC、JNC、JZ、JNZ、CJNE、DJNZ、RET、RETI 等。

程序的顺序执行是由程序计数器 PC 自动加 1 实现的。要改变程序的执行顺序，实现分支转向，应通过强迫改变 PC 值的方法来实现，这就是控制转移类指令的基本功能。共有两类转移：无条件转移和条件转移。

（1）无条件转移指令。无条件转移指令是无条件地改变程序的执行方向，此操作可以改变 PC 的值，即将转移的目的地址赋值给 PC，根据赋值的方式不同分为以下四种。

绝对转移指令：

AJMP addr11 ；PC10 ~ 0 ← addr11

AJMP 指令的功能是构造程序转移的目的地址，实现程序转移。构造方法为：以指令提供的 11 位去替换 PC 的低 11 位的内容，其余高 5 位不变，形成新的 PC 值，此即转移的目的地址。即执行指令时，先 PC 加 2，然后把 addr11 送入 PC.10 ~ PC.0，PC.15 ~ PC.11 保持不变，程序转移到目标地址。

例如：程序中 2070H 地址单元有绝对转移指令：

2070H AJMP 16AH

取出绝对转移指令后，PC=2070H+2=2072H

D15 D10 D0

0 0 1 0 0 0 0 0 0 1 1 1 0 0 1 0（PC=2072H）

0 0 1 0 1 1 0 1 0 1 0（绝对地址 16AH）

0 0 1 0 0 0 0 1 0 1 1 0 1 0 1 0（PC=216AH）

addr11 是地址，是无符号数，其最小值为 000H，最大值为 7FFH，因此绝对转移指令所能转移的最大范围是 2 KB，即这条指令执行完（PC+2）后的当前地址的 2 KB 范围。

相对转移指令（短转移指令）：

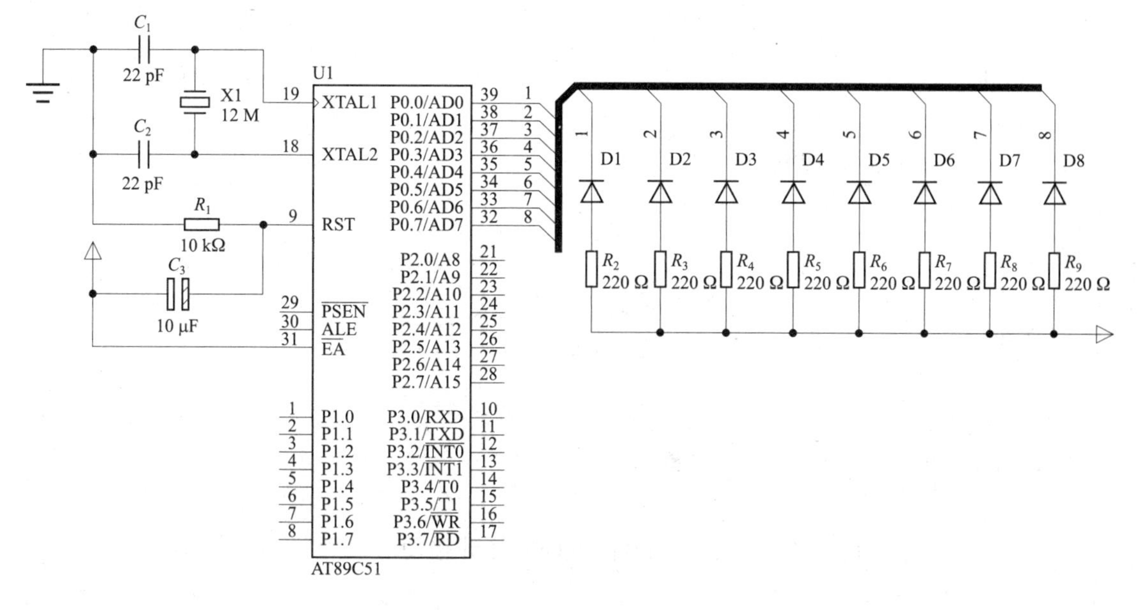

图 2.17　流水灯控制电路原理图

（1）复位电路可以提供“上电复位”和“手动复位”两种复位方式。

（2）时钟电路以 12 MHz 的频率向单片机提供振荡脉冲，保证单片机以规定的频率运行。

（3）$\overline{\text{EA}}$接 VCC（高电平），表示选择使用从单片机内部 0000H ~ 0FFFH 到外部 1000H ~ FFFFH 这一区域的 ROM。

（4）8 个 LED 连接到单片机的 P1 口，用 D1 ~ D8 这 8 个 LED 灯指示出对应的 P1.0 ~ P1.7 脚的高低位状态，LED 亮表示对应的端口输出低电平，LED 灭表示对应的端口输出高电平。

3. 软件设计

1）程序流程图

流水灯程序流程图如图 2.18 所示。

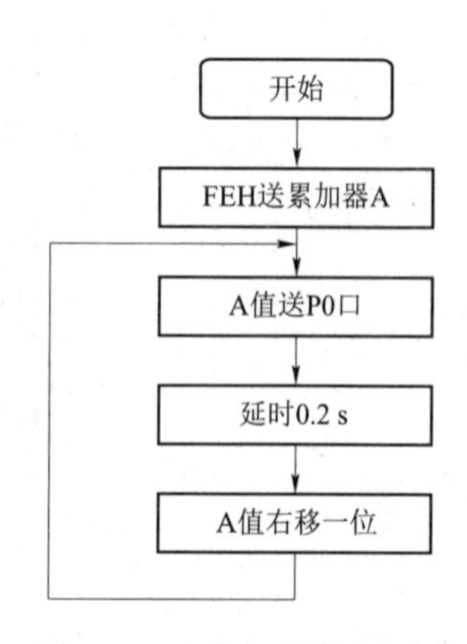

图 2.18　流水灯程序流程图

2）C 语言源程序

C 语言源程序如下：

```
/*  名称：从左到右的流水灯
    说明：接在 P0 口的 8 个 LED 从左到右循环依次点亮，产
生流水灯效果。
#include<reg51.h>
#include<intrins.h>  // 要添加这个头文件，否则 _crol_ 无法识别
#define uchar unsigned char
#define uint unsigned int
// 延时
void DelayMS（uint x）
{
```

```
    uchar i;
    while ( x-- )
    {
        for ( i=0; i<120; i++ );
    }
}
// 主程序
void main ( )
{
    P0=0xfe;
    while ( 1 )
    {
        P0=_crol_ ( P0, 1 );    // P0 的值向左循环移动
        DelayMS ( 150 );
    }
}
```

4. 电路仿真

利用 Protues 仿真软件对系统进行电路仿真，仿真结果如图 2.19 所示。

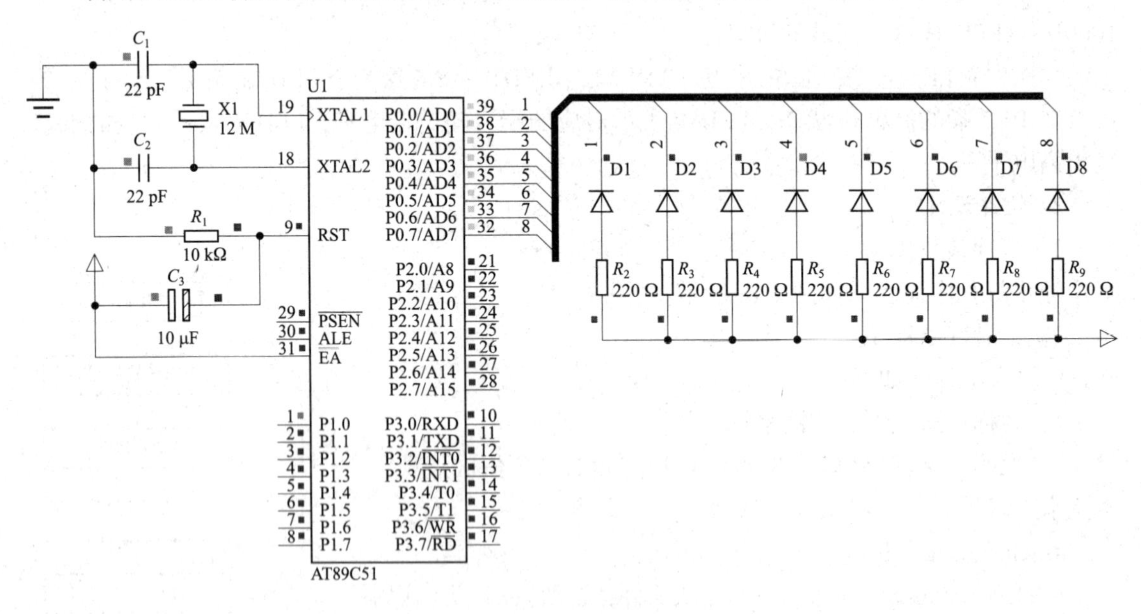

图 2.19 仿真结果

二、安装与调试

1. 任务所需设备、工具、器件、材料

任务所需设备、工具、器件、材料见表 2.5。

表 2.5　任务所需设备、工具、器件、材料

类型	名称	数量	型号	备注
设备	示波器	1	20M	
工具	万用表	1	普通	
	电烙铁	1	普通	
	斜口钳	1	普通	
	镊子	1	普通	
器件	51 系列单片机	1	AT89C51（AT89S51）	
	晶振	1	12 MHz	
	瓷片电容	2	30 pF	
	电解电容	1	10 μF/16 V	
	电阻	1	10 kΩ	
	电阻	8	470 Ω	
	电源	1	直流 400 mA/5 V 输出	
	发光二极管	8	ϕ3 mm	红色
	按键	1		
材料	焊锡	若干	ϕ0.8 mm	
	万能板	1	4 cm × 10 cm	
	PCB 板	1	4 cm × 10 cm	
	导线	若干	ϕ0.8 mm 多股铜线漆包线	

2. 系统安装

参照原理图和装配图，具体安装步骤如下：

（1）检查元器件质量。

（2）在万能板（或 PCB 板）上焊接好元器件。

（3）检查焊接电路。

（4）用编程器将 .hex 文件烧写至单片机。

（5）将单片机插入 IC 座。

3. 系统调试

1）硬件调试

硬件调试是系统的基础，只有硬件能够全部正常工作后才能在以此为基础的平台上加载软件，从而实现系统功能。

电源部分提供整个电路所需各种电压（包括 AT89C51 所需的稳压 +5 V），由电源变压器和整流滤波电路及两个辅助稳压输出构成，电源变压器的功率由需要输出的电流大小决定，确保有充足的功率余量。

先确定电源是否正确，单片机的电源引脚电压是否正确，是不是所有的接地引脚都接了地。如果单片机有内核电压的引脚，需测试内核电压是否正确。

然后测量晶振有没有起振，一般晶振起振两个引脚都会有 1 V 多的电压。

接着检查复位电路是否正常。

再测量单片机的 ALE 引脚，看是否有脉冲波输出判断单片机是否工作，因为 51 单片机的 ALE 为地址锁存信号，每个机器周期输出两个正脉冲。

最后检查 LED 灯是否接反或烧坏。

2）软件调试

如果硬件电路检查后，没有问题却实现不了设计要求，则可能是软件编程的问题，首先应检查主程序，然后是分段程序，要注意逻辑顺序、调用关系以及涉及的标号，有时会因为一个标号而影响程序的执行，除此之外，还要熟悉各指令的用法，以免出错。还有一个容易忽略的问题，即源程序生成的代码是否烧入单片机中，如果这一过程出错，那不能实现设计要求也是情理之中的事。

3）软、硬件联调

软件调试主要是在系统软件编写时体现的，一般使用 Keil 进行软件的编写和调试。进行软件编写时首先要分清软件应该分成哪些部分，不同的部分分开编写调试是最方便的。

在硬件调试正确和软件仿真也正确的前提下，就可以进行软硬件联调了。首先，先将调试好的程序通过下载器下载入单片机，然后就可以上电看结果。观察系统是否能够实现所要的功能。如果不能就先利用示波器观察单片机的时钟电路，看是否有信号，因为时钟电路是单片机工作的前提，所以一定要保证时钟电路正常。如果不能分析出是硬件问题还是软件问题，就重新检查软硬件。一般情况下硬件电路可以通过万用表等工具检测出来，如果硬件没有问题，则必然是软件问题，就应该重新检查软件。用这种方法调试系统完全正确。

【任务总结与评价】

一、任务总结

本任务在单片机的最小系统基础上，外接 8 个 LED 灯，只要控制 P1 口各位的电平状态，就可以控制 8 只 LED 的亮与灭，从效果上看亮与灭是相间隔的，则 P1 口上 8 只 LED 会呈现流水灯的效果。本任务适合初学者快速入门，迅速掌握单片机 I/O 口控制方法、单片机指令系统和简单程序的设计方法，本任务元器件少、成功率高、修改和扩展性强。

任务完成后需撰写设计总结报告，撰写设计总结报告是工程技术人员在产品设计过程中必须具备的能力，设计总结报告中应包括摘要、目录、正文、参考文献、附录等，其中正文要求有总体设计思路、硬件电路图、程序设计思路（含流程图）及程序清单、仿真调试结果、软硬件综合调试、测试及结果分析等。

二、任务评价

本任务的评价指标及评价内容在项目评价体系中所占分值、小组评价及教师评价在本任务考核成绩中的比例见表 2.6。

表 2.6　考核评价体系表

序号	评价指标	评价内容	分值	小组评价（50%）	教师评价（50%）
1	理论知识	是否掌握单片机 I/O 口控制方法、单片机指令系统和简单程序的设计方法	50		
2	制作方案	电路板的制作步骤是否完善，设计、布局是否合理	10		
3	操作实施	焊接质量是否可靠、能否测试分析数据	20		
4	答辩	本任务所涵盖的知识点是否都比较熟悉	20		

【知识拓展】

本制作采用传统的 AT89C51 单片机，内置复位、时钟振荡电路，也可用 40 脚 DIP 封装的 STC12C52 替换 AT89C51。若单片机驱动 2 路各 8 个 LED 实现花样流水彩灯，其电路如图 2.20 所示。

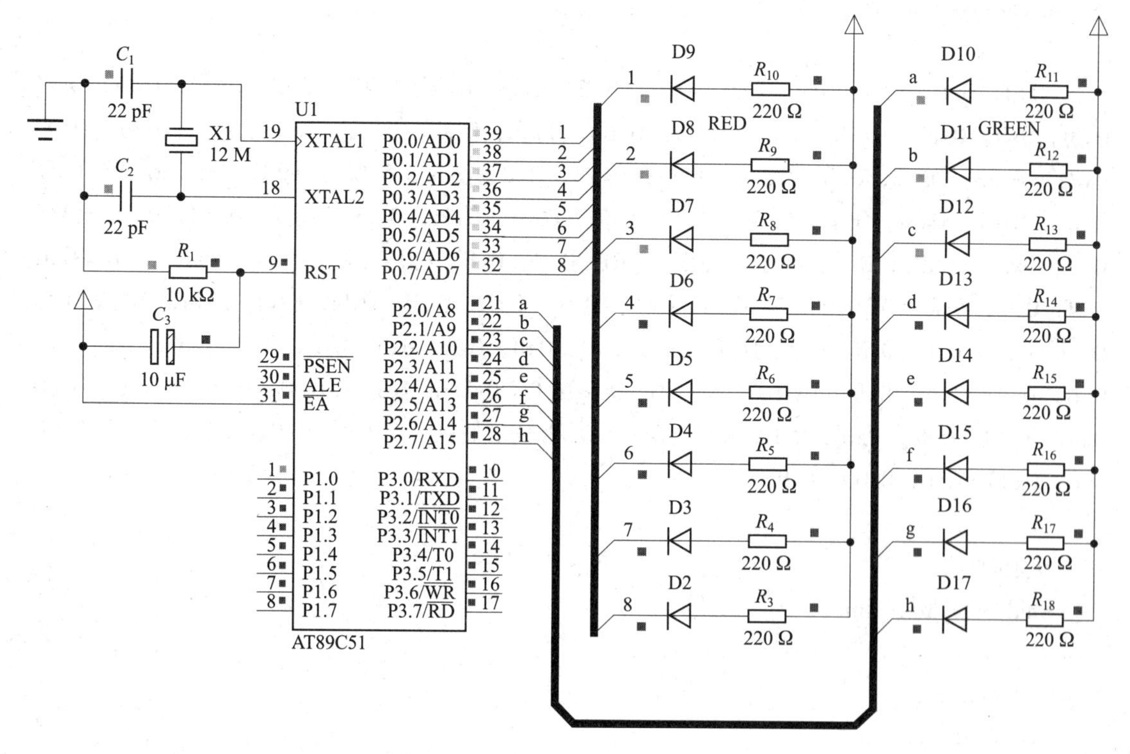

图 2.20　2 路 LED 花样流水灯电路

C 语言源程序如下：

```
//* 名称：花样流水灯
说明：16 只 LED 分两组按预设的多种花样变换显示。
#include<reg51.h>
```

```
#define uchar unsigned char
#define uint unsigned int
uchar code Pattern_P0 [ ] =
{
0xfc, 0xf9, 0xf3, 0xe7, 0xcf, 0x9f, 0x3f, 0x7f, 0xff, 0xff, 0xff, 0xff, 0xff, 0xff,
0xff, 0xff, 0xe7, 0xdb, 0xbd, 0x7e, 0xbd, 0xdb, 0xe7, 0xff, 0xe7, 0xc3, 0x81, 0x00,
0x81, 0xc3, 0xe7, 0xff, 0xaa, 0x55, 0x18, 0xff, 0xf0, 0x0f, 0x00, 0xff, 0xf8, 0xf1,
0xe3, 0xc7, 0x8f, 0x1f, 0x3f, 0x7f, 0x7f, 0x3f, 0x1f, 0x8f, 0xc7, 0xe3, 0xf1, 0xf8,
0xff, 0x00, 0x00, 0xff, 0xff, 0x0f, 0xf0, 0xff, 0xfe, 0xfd, 0xfb, 0xf7, 0xef, 0xdf, 0xbf,
0x7f, 0xff, 0xff, 0xff, 0xff, 0xff, 0xff, 0xff, 0xff, 0xff, 0xff, 0xff, 0xff, 0xff, 0xff, 0xff,
0xff, 0x7f, 0xbf, 0xdf, 0xef, 0xf7, 0xfb, 0xfd, 0xfe, 0xfe, 0xfc, 0xf8, 0xf0, 0xe0, 0xc0,
0x80, 0x00, 0x00, 0x00, 0x00, 0x00, 0x00, 0x00, 0x00, 0x00, 0x00, 0x00, 0x00,
0x00, 0x00, 0x00, 0x00, 0x00, 0x00, 0x80, 0xc0, 0xe0, 0xf0, 0xf8, 0xfc, 0xfe, 0x00,
0xff, 0x00, 0xff, 0x00, 0xff, 0x00, 0xff
};
uchar code Pattern_P2 [ ] =
{
0xff, 0xff, 0xff, 0xff, 0xff, 0xff, 0xff, 0xfe, 0xfc, 0xf9, 0xf3, 0xe7, 0xcf, 0x9f,
0x3f, 0xff, 0xe7, 0xdb, 0xbd, 0x7e, 0xbd, 0xdb, 0xe7, 0xff, 0xe7, 0xc3, 0x81, 0x00,
0x81, 0xc3, 0xe7, 0xff, 0xaa, 0x55, 0x18, 0xff, 0xf0, 0x0f, 0x00, 0xff, 0xf8, 0xf1,
0xe3, 0xc7, 0x8f, 0x1f, 0x3f, 0x7f, 0x7f, 0x3f, 0x1f, 0x8f, 0xc7, 0xe3, 0xf1, 0xf8,
0xff, 0x00, 0x00, 0xff, 0xff, 0x0f, 0xf0, 0xff, 0xff, 0xff, 0xff, 0xff, 0xff, 0xff, 0xff,
0xff, 0xfe, 0xfd, 0xfb, 0xf7, 0xef, 0xdf, 0xbf, 0x7f, 0x7f, 0xbf, 0xdf, 0xef, 0xf7, 0xfb,
0xfd, 0xfe, 0xff, 0xff, 0xff, 0xff, 0xff, 0xff, 0xff, 0xff, 0xff, 0xff, 0xff, 0xff, 0xff, 0xff,
0xff, 0xff, 0xfe, 0xfc, 0xf8, 0xf0, 0xe0, 0xc0, 0x80, 0x00, 0x00, 0x80, 0xc0, 0xe0,
0xf0, 0xf8, 0xfc, 0xfe, 0xff, 0xff, 0xff, 0xff, 0xff, 0xff, 0xff, 0xff, 0x00, 0xff, 0x00,
0xff, 0x00, 0xff, 0x00, 0xff
};
// 延时
void DelayMS ( uint x )
{
    uchar i;
    while ( x-- )
    {
        for ( i=0; i<120; i++ );
    }
}
// 主程序
```

```
void main ( )
{
    uchar i;
    while ( 1 )
    {       // 从数组中读取数据送至 P0 和 P2 口显示
        for ( i=0; i<136; i++ )
        {
            P0=Pattern_P0 [ i ];
            P2=Pattern_P2 [ i ];
            DelayMS ( 100 );
        }
    }
}
```

【习题训练】

1. 编制一个循环闪烁的程序。有 8 个发光二极管，每次其中某个灯闪烁点亮 10 次后，转到下一个闪烁 10 次，循环不止。画出电路图。

2. 利用 AT89S52 的 P1 口控制 8 个发光二极管 LED，相邻的 4 个 LED 为一组，使 2 组每隔 0.5 s 交替点亮一次，周而复始。试编写程序。

项目3

手动计数器的设计与制作

【任务导入】

本项目通过手动计数器的设计与制作，使学生掌握中断系统的基本应用方法，掌握LED七段数码管与单片机的显示接口电路，熟悉最简单的人机交互处理的设计方法，并且在此过程中，进一步掌握对单片机软硬件系统设计的优化方法。与此同时，在设计电路并安装印制电路板、进行电路元器件安装、进行电路参数测试与调整的过程中，进一步锻炼学生印制板制作、焊接技术等技能；加深对电子产品生产流程的认识。项目3学习目标见表3.1。

表3.1　项目3学习目标

序号	类别	目标
一	知识点	1. 中断的基本概念及其应用 2. 数码管静态和动态显示 3. 数码管与单片机的接口电路
二	技能	1. 单片机手动计数器硬件电路元件识别与选取 2. 单片机手动计数器的安装、调试与检测 3. 单片机手动计数器电路参数测量 4. 单片机手动计数器故障的分析与检修
三	职业素养	1. 学生的沟通能力及团队协作精神 2. 良好的职业道德 3. 质量、成本、安全、环保意识

【知识链接】

一、中断的基本概念及其应用

中断系统是计算机的重要组成部分。实时控制、故障自动处理、计算机与外围设备间的数据传送往往采用中断系统。中断系统的应用大大提高了计算机效率。

1. 中断的概念及功能

生活中，我们常常会碰到这样的情况，一个事件在进行过程中被打断，需先行处理另一个事件。例如，在看书时，手机铃响了，我们应放下书接听，完成谈话，挂断后才能继续看书。"看书"过程被"接听手机"这一事件"中断"。单片机系统在运行过程中也有这种现象，即正常的工作过程被外部设备或事件中断。

计算机在执行程序的过程中，由 CPU 以外的服务对象向 CPU 发出中断请求信号，要求 CPU 暂时中断当前程序的执行，转去执行相应的处理程序，待处理程序执行完毕后，再继续执行原来被中断的程序。这种程序在执行过程中被打断的情况称为中断。中断处理过程如图 3.1 所示。

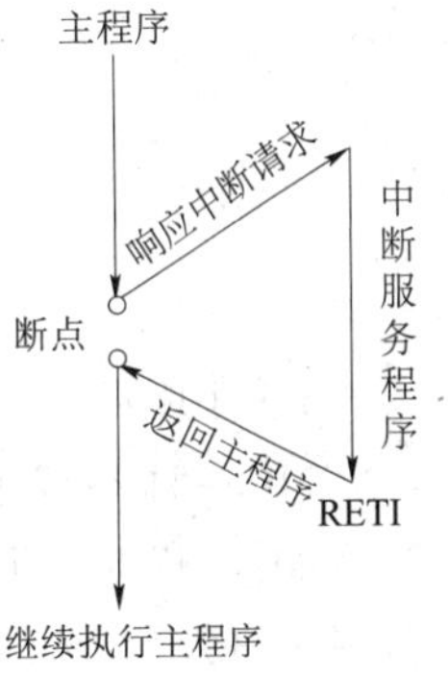

图 3.1　中断处理过程

中断之后所执行的处理程序称为中断服务程序或中断处理子程序。原来正常运行的程序称为主程序。主程序被断开的位置（或地址）称为断点。引起中断的原因，中断申请的来源称为中断源。中断源要求服务的请求称为中断请求（或中断申请）。

调用中断服务程序的过程类似于调用子程序，其区别在于，调用子程序在程序中是事先安排好的，而何时调用中断服务程序事先却无法确定。因为中断的发生取决于申请中断的外部事件，无法事先在程序中安排指令，中断服务程序的处理过程是由硬件自动完成的。

由于单片机是单任务系统，在某一时刻只能执行一个任务，而中断系统使得单片机能够应付多个事件的发生。中断系统具有以下功能：

（1）分时操作。中断可以解决 CPU 与外设之间速度不一致的矛盾，使快速 CPU 和慢速外设同时工作。CPU 在启动外设工作后，继续执行主程序，当外设完成某一任务时，发出中断申请，CPU 中断主程序，转而执行外设相应的中断服务程序，中断处理完之后，CPU 恢复执行主程序。这样，CPU 无须一直监视外设的工作状态，可以与多个外设并行工作，从而大大提高 CPU 的工作效率。

（2）实时处理。在实时控制中，现场的各种数据和信息处于随时变化的状态。当这些外部条件产生变化时，可根据要求随时发出中断申请，请求 CPU 及时处理，避免了长时间等待，从而实现实时处理。

（3）故障处理。针对难以预料的情况或故障，如掉电、存储出错、运算溢出等，可通过中断系统由故障源向 CPU 发出中断请求，再由 CPU 转到相应的故障处理程序进行处理。

2. 单片机中断系统及管理

MCS–51 单片机的中断系统，共有 5 个中断源，2 个中断优先级，4 个相关特殊功能寄存器，其内部结构如图 3.2 所示。

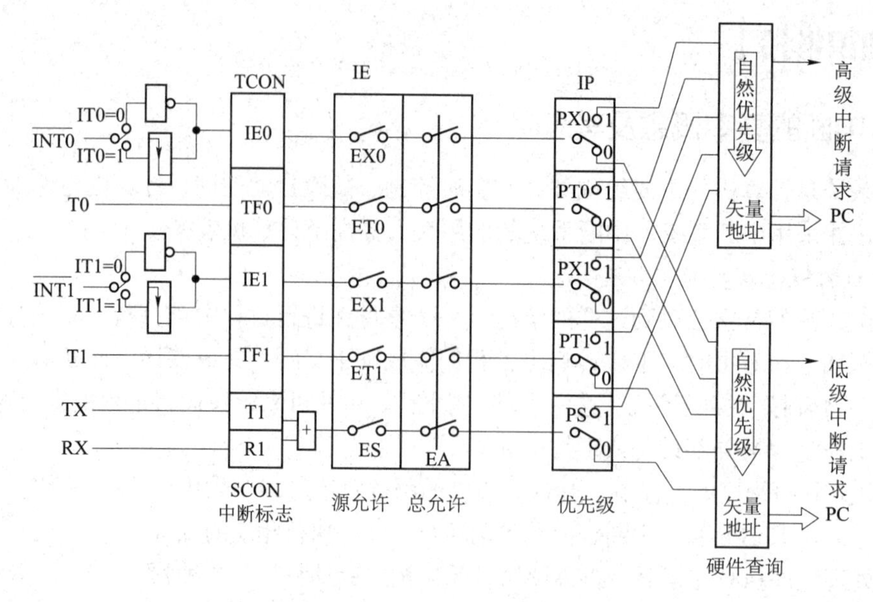

图 3.2　MCS-51 单片机中断系统内部结构

1）中断源

MCS-51 有 5 个中断源，2 个外部中断（INT0、INT1），2 个定时器溢出中断（T0 溢出、T1 溢出）和 1 个串行口中断，各中断源对应的中断服务程序入口地址及中断信号产生的条件见表 3.2。

表 3.2　中断入口地址及中断信号产生

中断源	中断入口地址	中断信号产生
外部中断 0（$\overline{\text{INT0}}$）	0003H	P3.2 脚输入低电平或下降沿
T0 溢出中断	000BH	定时器 0 计数满溢出
外部中断 1（$\overline{\text{INT1}}$）	0013H	P3.3 脚输入低电平或下降沿
T1 溢出中断	001BH	定时器 1 计数满溢出
串行口中断	0023H	串行口发送或接收完 1 帧数据

2）中断控制寄存器

与中断控制相关的特殊功能寄存器包括 TCON、SCON、IE 及 IP。

（1）TCON（Timer Control）定时器 / 计数器控制寄存器。TCON 用于锁存外部中断请求标志以及定时器 / 计数器控制，其位格式定义见表 3.3。

表 3.3　TCON 位格式定义

位	D7	D6	D5	D4	D3	D2	D1	D0
TCON	TF1	TR1	TF0	TR0	IE1	IT1	IE0	IT0
（88H）	8FH	8EH	8DH	8CH	8BH	8AH	89H	88H

TF1：定时器 T1 溢出中断标志位。当定时器 T1 计满溢出（定时器 T1 从全 1 变为全 0）时，硬件使 T1 置 1，向 CPU 发出中断请求，表明定时时间到，申请进行中断处理。CPU 响应中断后，由硬件（或软件）对 TF1 清 0。

TR1：定时器 T1 运行控制位，由软件置位或清 0。TR1 置 1 时，定时器 T1 启动；TR1 清 0 时，定时器 T0 停止。

TF0：定时器 T0 溢出中断标志位，功能与 TF1 类似。

TR0：定时器 T0 运行控制位，功能与 TR1 类似。

IE1：外部中断 1 请求标志位。当$\overline{INT1}$引脚上中断请求信号有效时，则 IE1 由硬件置 1，向 CPU 申请中断。

IT1：外部中断 1 触发方式控制位。当 IT1=0 时，$\overline{INT1}$为电平触发方式，CPU 每个机器周期对 P3.3 脚的输入电平进行采样，若采样为低电平，则 IE1 置 1，发出中断请求；若采样为高电平，则认为无中断请求，IE1 清 0。在此工作方式下，中断响应后，无论硬件还是软件均不能自动对 IE1 清 0，故中断返回前必须撤销 P3.3 脚上的低电平，否则会再次响应中断，造成错误处理。当 IT1=1 时，$\overline{INT1}$为边沿触发方式，CPU 对 P3.3 脚信号采样为下降沿信号时，认为中断请求信号有效，则 IE1 置 1，发出中断请求。在边沿触发工作方式下，当外部中断 1 的请求被 CPU 响应后，IE1 将由硬件自动清 0，无须软件清 0。

IE0：外部中断 0 请求标志位，功能与 IE1 类似。

IT0：外部中断 0 触发方式控制位，功能与 IT1 类似。

（2）SCON（Serial Control）串行口控制寄存器。SCON 位格式定义见表 3.4。

表 3.4　SCON 位格式定义

位	D7	D6	D5	D4	D3	D2	D1	D0
SCON	SM0	SM1	SM2	REN	TB8	RB8	TI	RI
位地址	9FH	9EH	9DH	9CH	9BH	9AH	99H	98H

TI：串行口发送中断标志位。当串行口发送完一个字符后，由硬件对 TI 置 1，产生中断请求。当 CPU 响应中断后，必须由软件对 TI 清 0。

RI：串行口接收中断标志位。当串行口接收完一个字符后，由硬件对 RI 置 1。RI 同样是由软件清 0。

（3）IE（Interrupt Enable）中断允许控制寄存器。计算机中断系统有两种不同类型的中断：一类称为非屏蔽中断，另一类称为可屏蔽中断。对非屏蔽中断，用户不能通过软件加以禁止，一旦有中断申请，CPU 必须予以响应。对可屏蔽中断，用户则可以通过软件来控制是否允许某个中断源的中断。允许中断称中断开放，不允许中断称中断屏蔽。

MCS-51 系列单片机的 5 个中断源都是可屏蔽中断，各中断源的开放与禁止由中断允许控制寄存器 IE 控制。

IE 寄存器位格式定义见表 3.5。

表 3.5　IE 寄存器位格式定义

位	D7	D6	D5	D4	D3	D2	D1	D0
IE	EA	—	ET2	ES	ET1	EX1	ET0	EX0
位地址	AFH	—	ADH	ACH	ABH	AAH	A9H	A8H

EA：CPU 中断允许控制位。EA 相当于控制所有中断源开放与屏蔽的总开关，当 EA=1 时，开放所有中断，各中断源的允许与禁止可通过相应的中断允许位单独加以控制；当 EA=0 时，禁止所有中断。

ES：串行口中断允许位。当 ES=1 时，允许串行口中断；当 ES=0 时，禁止串行口中断。

ET1：定时器 T1 中断允许位。当 ET1=1 时，允许 T1 中断；当 ET1=0 时，禁止 T1 中断。

EX1：外部中断 1（$\overline{\text{INT1}}$）中断允许位。当 EX1=1 时，允许外部中断 1 中断；当 EX1=0 时，禁止外部中断 1 中断。

ET0：定时器 T0 中断允许位。当 ET0=1 时，允许 T0 中断；当 ET0=0 时，禁止 T0 中断。

EX0：外部中断 0（$\overline{\text{INT0}}$）中断允许位。当 EX0=1 时，允许外部中断 0 中断；当 EX0=0 时，禁止外部中断 0 中断。

8051 单片机系统复位后，IE 中各中断允许位均被清 0，即禁止所有中断。因此，在使用中断前必须用指令设定 EA 和相应中断源允许位为 1，中断源才能开放。

例如，只允许定时器 T1 中断，则开放中断的指令为

```
SETB    EA     ；EA 置 1
SETB    ET1    ；ET1 置 1
```

或用一条字节指令：

```
MOV    IE，#88H      ；EA 置 1，ET1 置 1
```

（4）IP（Interrupt Priority）中断优先级控制寄存器。MCS-51 单片机有高、低两个中断优先级。由于 CPU 同一时间只能响应一个中断请求，因此，当两个或者两个以上中断源同时发出中断申请时，需要根据中断源的优先级别，按高级优先的原则顺序响应。中断优先级控制寄存器 IP 用于设置各中断源优先级，IP 的各位均可由软件置 1 或清 0，1 表示高优先级，0 表示低优先级。IP 位格式定义见表 3.6。

表 3.6　IP 位格式定义

位	IE.7	IE.6	IE.5	IE.4	IE.3	IE.2	IE.1	IE.0
位名	EA	—	—	ES	ET1	EX1	ET0	EX0
位地址	AFH	—	—	ACH	ABH	AAH	A9H	A8H

ES：串行口中断优先级控制位。

ET1：定时器 T1 中断优先级控制位。

EX1：外部中断 1 中断优先级控制位。

ET0：定时器 T0 中断优先级控制位。

EX0：外部中断 0 中断优先级控制位。

系统复位后，IP 低 5 位全部 0，所有中断源均设定为低优先级中断。可通过指令设定中断源为高优先级或低优先级中断。

3）中断优先级控制

MCS–51 的中断系统只有两个优先级，如果几个同一优先级的中断源同时向 CPU 申请中断，则 CPU 通过内部硬件查询逻辑，按自然优先级顺序确定先响应哪个中断请求。自然优先级由硬件形成，顺序见表 3.7。

表 3.7　MCS-51 中断源自然优先级顺序

中断源	同级自然优先级别
外部中断 0 定时器 T0 中断 外部中断 1 定时器 T1 中断 串行口中断	最高 ↑ 最低

中断优先响应有以下三条原则：

（1）高优先级的中断请求可以打断正在执行的低优先级中断。

（2）同级或低优先级的中断请求不能打断正在执行的中断。

（3）两个以上同级中断源同时向 CPU 申请中断时，CPU 按自然优先级顺序确定先响应哪一个中断。

在实际应用中，将 IP 寄存器和自然优先级结合使用，就可以自由控制各中断源的响应顺序。

4）中断嵌套

当 CPU 正在执行某个中断服务程序时，若有更高优先级的中断源发出中断请求，则 CPU 会中断当前中断服务程序，并保留程序断点，转而响应高级中断，待高级中断处理结束以后，再返回被中断的中断服务程序，如图 3.3 所示，这个过程称为中断嵌套。

由图 3.3 可知，子程序嵌套和中断嵌套有类似之处，但是，子程序嵌套是在程序中事先安排好的，而中断嵌套却是随机发生的。

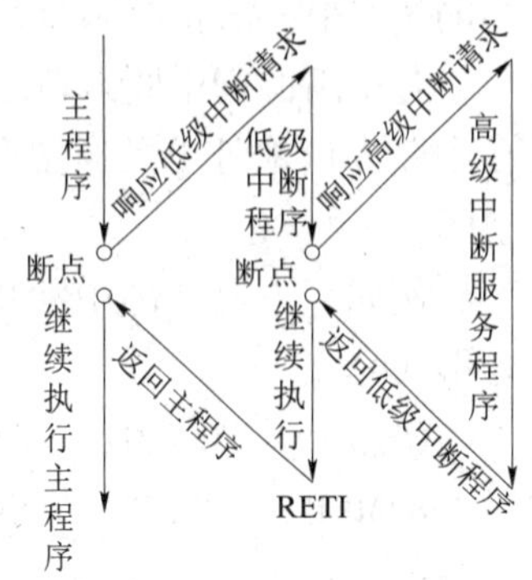

图 3.3　中断嵌套示意图

3. 中断处理过程

单片机中断处理过程可分为中断响应、中断响应过程和中断返回三个阶段。中断处理过程如图 3.4 所示。

1）中断响应

CPU 响应中断必须满足以下条件：

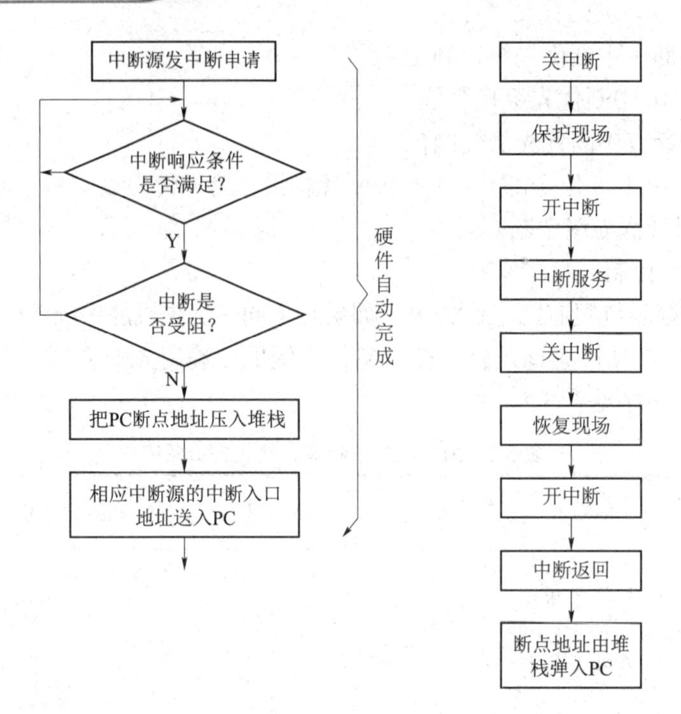

图 3.4　中断处理过程

（1）有中断源向 CPU 发出中断申请，且 CPU 中断控制和申请中断的中断源控制均处于开放状态。

（2）无同级或更高级的中断正在服务。

（3）CPU 已执行完当前指令。

（4）CPU 正在执行的不是 RETI 中断返回指令或访问 IE 和 IP 的指令。

2）中断响应过程

中断响应过程包括断点保护和中断服务程序的入口地址跳转。首先，中断系统通过硬件自动生成长调用指令（LCALL），将断点地址压入堆栈保护，然后将对应的中断入口地址装入程序计数器 PC（由硬件自动执行），跳转到该中断入口地址，执行相应的中断服务程序。需要注意的是，单片机响应中断后只保护断点而不保护现场信息（累加器 A、状态寄存器 PSW 和其他寄存器数据），也不能清除串行口中断标志 TI 和 RI，因此，在中断服务程序编写的过程中，需要增加相关指令予以处理。

各中断源的中断入口地址之间只相隔 8 个字节，无法容纳一般的中断服务程序，因此，在中断入口地址单元通常存放一条无条件转移指令，将中断服务程序转至用户指定的其他空间。

例如：采用外部中断 0 中断，其中断入口地址为 0003H，中断服务程序名为 INT0，指令形式为

```
      ORG       0003H  ；外部中断 0 入口
      AJMFP     TEST   ；转向中断服务程序
      ……
TEST：                 ；外部中断 0 中断服务程序
```

……

RETI ；中断返回

中断服务程序从中断入口地址开始执行，到返回指令 RETI 为止，一般包括保护现场和完成中断源请求的服务两部分内容。保护现场，即将累加器 A、状态寄存器 PSW 或其他一些主程序和中断服务程序都会用到的寄存器数据，压入堆栈予以保护，防止因使用冲突造成数据丢失，导致程序混乱。执行完中断处理程序后，在中断返回前再弹出堆栈，恢复现场。

中断服务程序编写还需注意以下几点：

（1）若要在执行当前中断程序时禁止其他更高优先级中断，需先用软件关闭 CPU 中断，或用软件禁止相应高优先级的中断，在中断返回前再开放中断。

（2）在保护和恢复现场时，为不使现场数据遭到破坏或造成混乱，一般在此时 CPU 不再响应新的中断请求。因此，要注意在保护现场前关中断，在保护现场后若允许高优先级中断，则应开中断。同样，在恢复现场前也应先关中断，恢复之后再开中断。

（3）中断服务程序中用到的寄存器需要保护，中断服务程序不与主程序共用累加器和任何寄存器，无须保护现场。

3）中断返回

中断返回是指中断服务完后，计算机返回原来断点的位置，继续执行原来的程序。中断返回由中断返回指令 RETI 来实现。该指令的功能是把断点地址从堆栈中弹出，送回到程序计数器 PC，并通知中断系统已完成中断处理，并同时清除优先级状态触发器。

中断源发出中断请求后，相应的中断请求标志位被置 1。CPU 响应中断请求后，在中断返回前，应删除该中断请求标志，否则会再次响应该中断，进入死循环。MCS-51 各中断源中断请求标志方法如下：

（1）对于定时器 / 计数器 T0、T1 溢出中断，CPU 响应中断后立即由硬件自动清除其中断标志位 TF0 或 TF1，无须采取其他措施。

（2）对于外部中断 0、外部中断 1，若采用边沿触发方式，CPU 响应中断后由硬件自动清除其中断标志位 IE0 或 IE1。

（3）对于外部中断 0、外部中断 1，若采用电平方式，CPU 在响应中断后，硬件不会自动清除其中断请求标志位 IE0 或 IE1，同时，也不能用软件将其清除，所以，在 CPU 响应中断后，应立即撤除 INT0 或 INT1 引脚上的低电平。否则会引起重复中断。一般通过硬件和软件相结合才能撤除，如图 3.5 所示。外部中断请求信号加在 D 触发器的 CLK 端。把 D 端接地，当外部中断请求的正脉冲信号出现在 CLK 端时，Q 端输出 0，INT0 或 INT1 为低，外部中断向单片机发出中断请求。利用 P1 口的 P1.0 作为应答线，当 CPU 响应中断后，可在中断服务程序中采用两条指令来撤销外部中断请求。

```
ANL    P1, #0FEH    ; P1.0为低电平
ORL    P1, #01H     ; P1.0为高电平
```

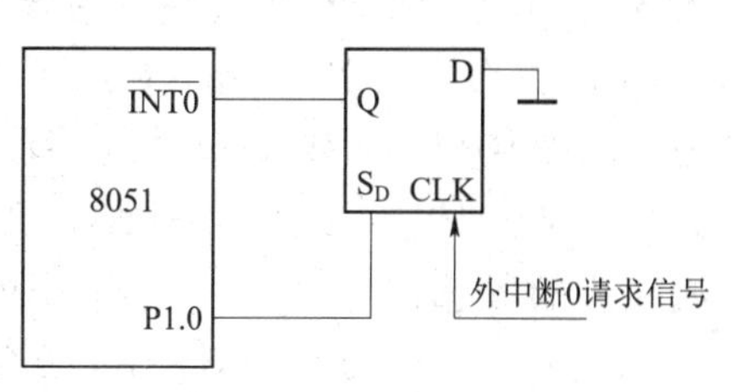

图 3.5 撤销外部中断请求电路

（4）对于串行口中断，CPU 在响应中断后，硬件不能自动清除中断请求标志位 TI、RI，必须在串行口

中断服务程序中用软件将其清除。

二、数码管静态和动态显示

1. LED 数码管结构

LED 七段数码管是单片机系统中最常用的输出显示设备。LED 数码管由 7 个长型发光二极管组成，将这七段数码管排成一个“8”字形，通过控制不同发光二极管导通，可以显示数字、某些字母及其他符号。另外，LED 数码管还有一个圆点型发光二极管，用于显示小数点。

LED 数码管根据公共引脚与电源和地的连接方式，可分为共阴型和共阳型两种。共阴型数码管中，各段发光二极管的阴极连接在一起作为公共端，为高电平驱动；共阳型数码管中，各段发光二极管的阳极连接在一起作为公共端，为低电平驱动。单个数码管外观和共阴极结构如图 3.6（a）、（b）所示，其中 3 脚和 8 脚为公共端，其外形引脚及结构如图 3.6（c）所示。

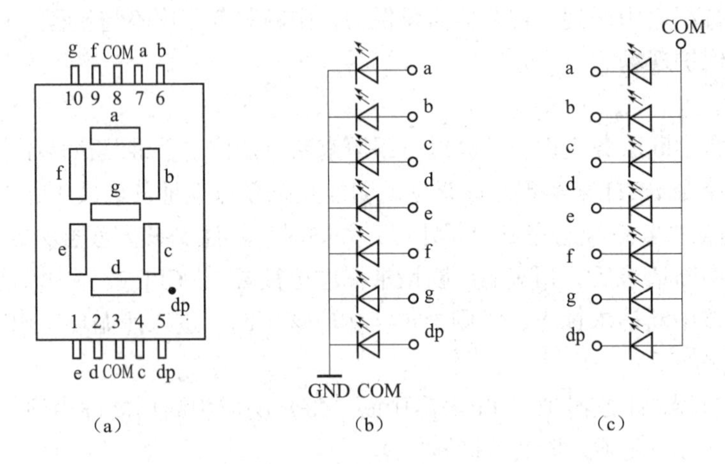

图 3.6　LED 数码管外形引脚及结构图

（a）外形及引脚；（b）共阴极结构；（c）共阳极结构

LED 数码管中各段发光二极管的伏安特性与普通二极管相类似，一般正向压降为 1.5 ~ 2 V，额定电流为 10 ~ 30 mA，最大电流一般不超过 40 mA。

一个 LED 数码管包括小数点在内共 8 段，因此 LED 数码管的字形代码为 8 位，每 1 位对应一段，而同一个数字或符号的共阴极字形码和共阳极字形码是按位取反的关系。各代码对应关系见表 3.8。LED 数码管显示的数字和字符与字形码的对应关系见表 3.9。数字的二进制代码，与显示的字形代码并不一致。例如，用共阴极 LED 数码管显示数字“2”，则 a、b、g、e、d 段亮，f、c、dp 段不亮，则对应的二进制字形代码为“01011011”，或十六进制字形代码为“5BH”。而数字“2”对应的 8 位二进制代码为“00000010”，或十六进制代码为“02H”。因此，在显示时需把待显示的数字转换成相应的段选码，这个过程叫译码。译码有硬件译码和软件译码两种方法。硬件译码常用 74LS48、74LS49、74LS164 等集成译码电路实现。软件译码常用指令 MOVC A，@A+DPTR 以查表法实现。

表 3.8　LED 数码管代码位与显示字段

代码位	D7	D6	D5	D4	D3	D2	D1	D0
显示段	dp	g	f	e	d	c	b	a

表 3.9　LED 数码管十六进制段选码

字型	共阳极代码	共阴极代码	字型	共阳极代码	共阴极代码
0	C0H	3FH	9	90H	6FH
1	F9H	06H	A	88H	77H
2	A4H	5BH	b	83H	7CH
3	B0H	4FH	C	C6H	39H
4	99H	66H	d	A1H	5EH
5	92H	6DH	E	86H	79H
6	82H	7DH	F	84H	71H
7	F8H	07H	8.	00H	FFH
8	80H	7FH	灭	FFH	00H

2. LED 数码管静态显示

实际应用中的 LED 数码管通常是多位的。多位 LED 数码管的显示控制包括字段控制和字位控制。字段控制用于控制显示什么字符，而字位控制则用于控制某一位或者某几位显示。LED 数码管的显示控制有静态显示和动态显示两种方法。

静态显示，就是当数码管显示某一字符时，该位的各段选线和位选线的电平保持不变，即对应发光二极管保持导通或者截止的状态。静态显示方式下，通常是将各位 LED 数码管的位选线（共阴极或共阳极）连接在一起，接地或者接 +5 V 电源；其段选线（dp ~ a）分别接到一个 8 位的控制端口。图 3.7 所示为 4 位 LED 数码管的静态显示，共需要 4 个 8 位并行口。

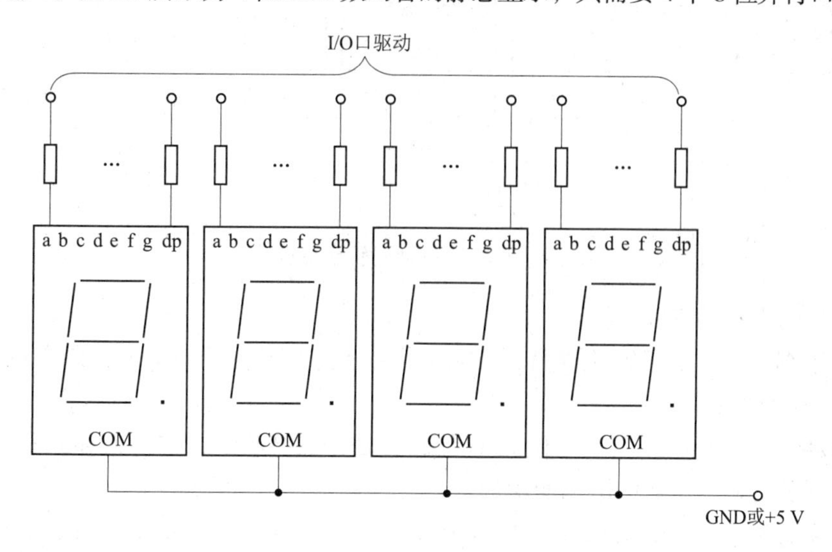

图 3.7　4 位 LED 数码管的静态显示

静态显示的方法具有以下特点：

（1）显示稳定，不易闪烁。在发光二极管导通电流一定的情况下，显示亮度高。

（2）编程简单。仅仅在显示内容改变时，需要执行对应子程序更新显示内容，因此可以大大节省 CPU 的时间，提高系统效率。

（3）占用的 I/O 口太多。每增加 1 位 LED 数码管，就要增加 8 位控制端口，位数多时，控制端口不够时还需要进行端口扩展，硬件资源消耗过大。

（4）功耗大。同一时刻，所有位上显示字段的发光二极管一直处于导通状态。

由此可知，静态显示的方法仅适用于显示位数较少的情况。

3. LED 数码管动态显示

动态显示就是多位 LED 数码管共享段选线，依次输出段选码，同时依次在 LED 数码管的公共端送入有效电平，逐位进行扫描。这样，所有的 LED 数码管会按顺序逐个点亮。虽然对于某一位 LED 数码管来说，每隔一段时间点亮一次，其余时间处于熄灭状态，但是人眼能分辨时间间隔一般不高于 0.1 s，利用人眼的视觉残留效应，只要扫描频率足够快，将扫描周期控制在视觉停顿时间内，则可以达到不闪烁的效果，使所有数码管看起来似乎是同时点亮的。另外，显示的效果与发光二极管的导通电流有关，也与点亮的持续时间和间隔时间的比值有关，合理选择参数，就可以得到亮度高、稳定性好的显示效果。4 位 LED 数码管动态显示如图 3.8 所示。

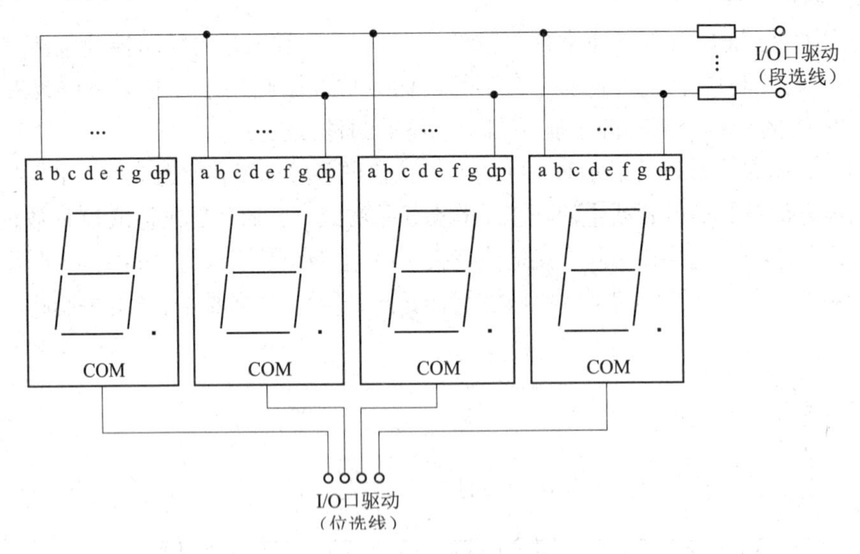

图 3.8　4 位 LED 数码管动态显示

动态显示的方法具有以下特点：

（1）占用端口少，节省硬件资源。在显示位数不超过 8 位的情况下，最多只需要 2 个 8 位并行 I/O 口进行控制。

（2）功耗低。任意时刻只有 1 位 LED 数码管处于点亮状态，与静态显示相比，功耗大大降低，且不随着显示位数的增加而增加。

（3）控制过程较复杂，降低了 CPU 工作效率。为了保证显示正常，CPU 必须每隔一段时间进行扫描显示，占用了大量 CPU 时间。另外，如果程序其他部分做出修改增加延时，会影响动态显示的效果，需要重新调整动态扫描参数。

（4）显示亮度较静态显示低。在发光二极管导通电流一定的情况下，显示的效果由扫描频率决定，扫描频率太低，会造成闪烁，而扫描频率过高，又会导致亮度不够。

实际应用中，在显示位数多，硬件控制端口资源紧张的情况下，多选择动态显示的方法。

三、数码管与单片机的接口电路

1. 静态显示接口电路

利用单片机控制 LED 数码管静态显示，显示几位就需要几个 8 位并行 I/O 口，当单片机 I/O 口不够用时，则需要进行 I/O 口扩展。若采用共阳极数码管，单片机 I/O 口通过限流电阻接在 LED 数码管的 a ~ dp 口即可。若采用共阴极数码管，由于单片机 I/O 口驱动能力不足，无法提供发光二极管导通所需电流，除了限流电阻以外，还应在 I/O 口与 LED 数码管段选口之间增加缓冲器或三极管驱动电路。

【例 3.1】 8051 单片机与共阳极 LED 数码管的接口电路如图 3.9 所示，利用 P1 口并行输出控制 LED 数码管，完成 0 ~ 9 循环显示的程序。

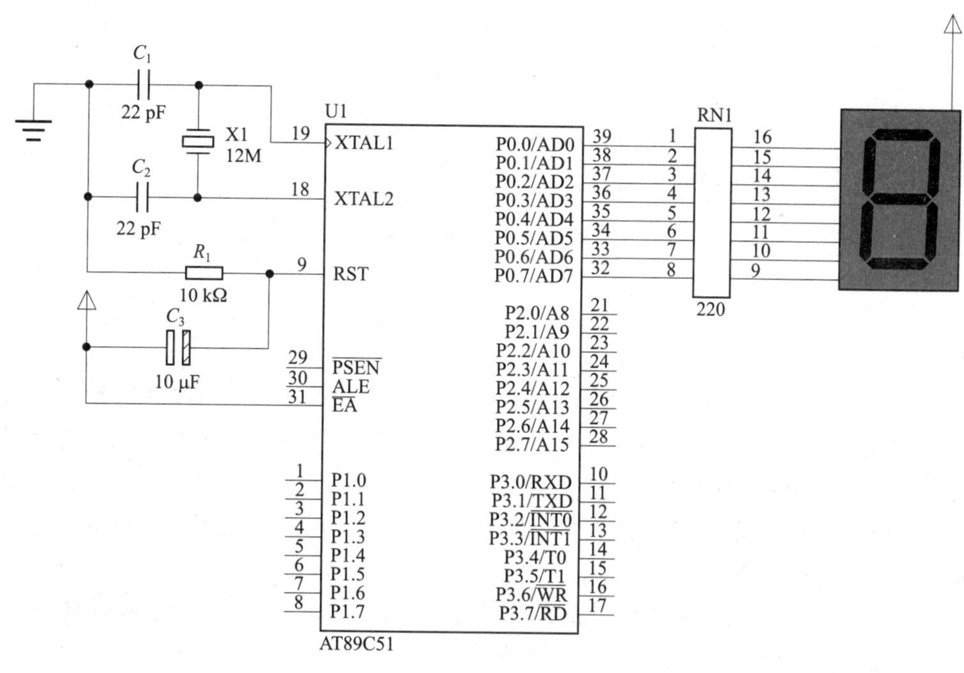

图 3.9　8051 单片机与共阳极 LED 数码管的接口电路

C 语言源程序如下：

```
#include<reg51.h>
#define uchar unsigned char
#define uint unsigned int
#define N 10
```

```
uchar code Pattern [ N ] ={0xC0, 0xF9, 0xA4, 0xB0, 0x99, 0x92, 0x82, 0x0F8, 0x80, 0x90};
                                        //共阳极段码表
void DelayMS ( uint x )                 //延时
{
    uchar i;
    while ( x-- )
    {
        for ( i=0; i<120; i++ );
    }
}

void main ( )                           //主程序
{
    uchar i;
    while ( 1 )
    {
        for ( i=0; i<N; i++ )
        {
            P0=Pattern [ i ]; //查表取值, 送 P0 口显示
            DelayMS ( 600 );
        }
    }
}
```

2. 动态显示接口电路

单片机控制多位 LED 数码管动态显示，选用一个 8 位 I/O 口作为段选信号，用另一个 8 位 I/O 口作为位选信号。为了节省端口资源，还可以用 74LS138、8155 等集成电路进行扩展。例如，采用译码器 74LS138，则可实现用 3 根位选线实现 8 位 LED 数码管的动态扫描，也可以利用可编程接口芯片 8155 进行并口扩展。另外，也可以利用串口实现显示控制，但是实现程序和电路较复杂。

【例 3.2】 8051 单片机与 4 位共阳极数码管的接口电路如图 3.10 所示，利用 8051 单片机实现 4 位 LED 数码管的动态扫描电路，使数码管显示“2015”4 个字符。（提示：Proteus 软件中数码管可选择 7SEG–MPX4–CC）

C 语言源程序如下：

```
#include<reg51.h>
#include<intrins.h>
#define uchar unsigned char
#define uint unsigned int
uchar code Pattern [ ] ={0xC0, 0xF9, 0xA4, 0xB0, 0x99,
```

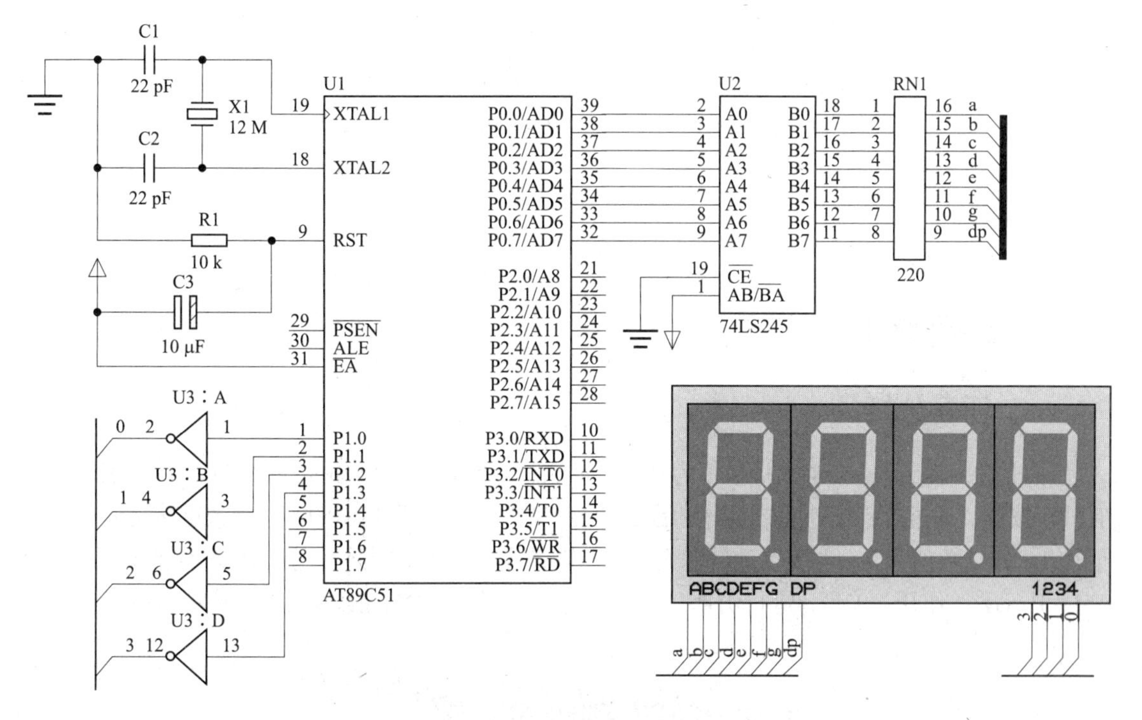

图 3.10　4 位数码管动态显示接口电路

```
                0x92，0x82，0x0F8，0x80，0x90}; // 共阳极段码表
uchar code Led_Dis［4］={2，0，1，5};                  // 显示数据表
void DelayMS（uint x）                                  // 延时
{
    uchar i;
    while（x--）
    {
        for（i=0; i<120; i++）;
    }
}
void main（）                                           // 主程序
{
    uchar i，temp;
    while（1）
    {
        temp=0xef;
        for（i=0; i<4; i++）
        {
            P1=0xff;
            P0=Pattern［Led_Dis［i］］;                  // 查表取值，送段码
```

```
                temp>>=1;
                P1=temp;                    //送位码
                DelayMS(10);                //控制扫描频率
            }
        }
    }
```

【任务实施】

一、任务分析

本任务要求设计一个最大计数值为9的手动加法计数器，其实物图如图3.11所示。该计数器有两个按键，通过外部中断完成清零和计数功能。清零键按下后显示归零；计数键按下后，计数值加1，如计数值为9，再按下计数键则归零。P0口接共阳极数码管，静态显示计数值。用Keil C51、Proteus等作开发工具，进行仿真，并完成实物电路制作并测试，最后需完成项目报告。

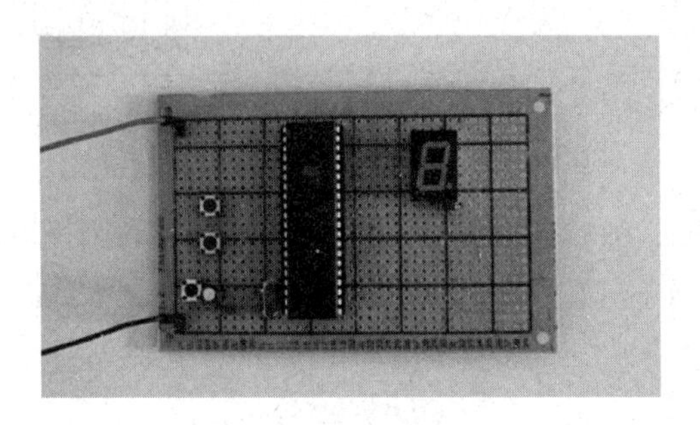

图3.11　手动计数器实物图

1. 总体方案设计

基于单片机的手动计数器电路，主要包括单片机最小系统、LED数码管显示电路和按键控制三个部分，总体设计原理框图如图3.12所示。

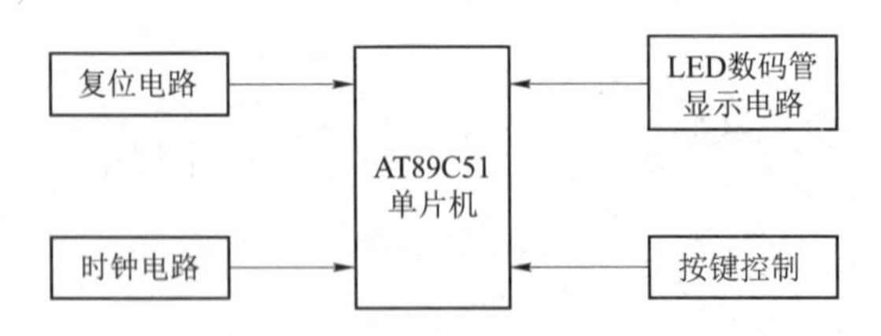

图3.12　手动计数器原理框图

2. 硬件电路设计

由AT89C51单片机、时钟电路、复位电路构成的单片机最小系统的基础上，在P3.2（外部中断0）和P3.3（外部中断1）两个引脚上分别接按键，P0口接共阳极数码管及限流电阻，即构成手动计数器的硬件电路，其原理图如图3.13所示。

（1）复位电路可以提供“上电复位”和“手动复位”两种复位方式。

（2）时钟电路以12 MHz的频率向单片机提供时钟，保证单片机以规定的频率运行。

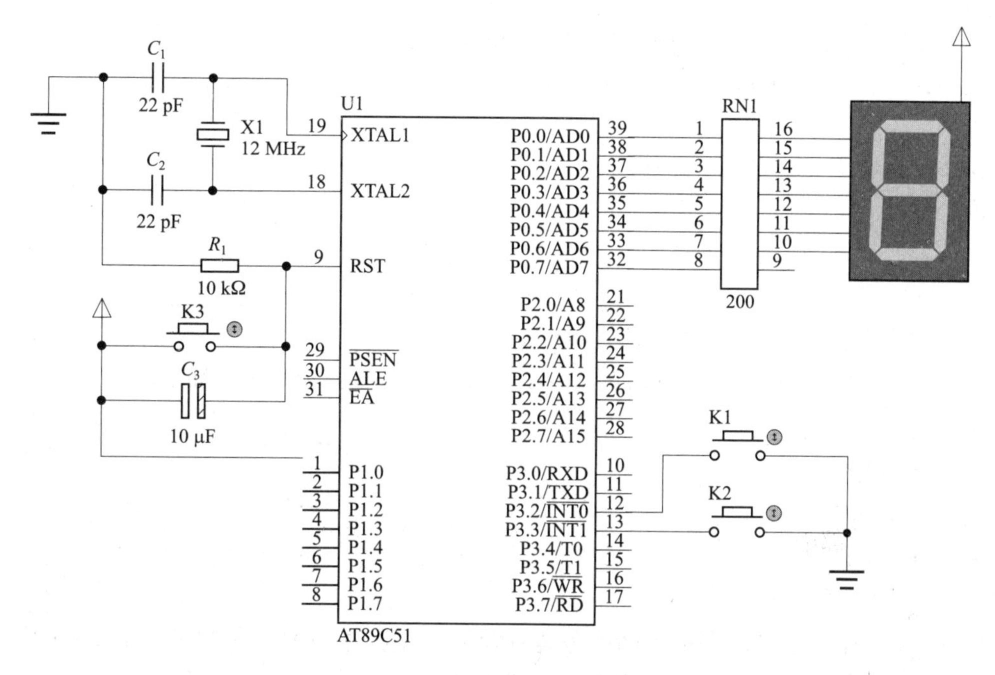

图 3.13　手动计数器原理图

（3）共阳极数码管通过限流电阻连接到 P0 口，a ~ dp 分别对应 P0.0 ~ P0.7，控制电平低有效，即控制端口输出低电平时，对应字段点亮，控制端口输出高电平时，控制端口熄灭。

3. 软件设计

1）程序流程图

手动计数器程序流程图如图 3.14 所示。

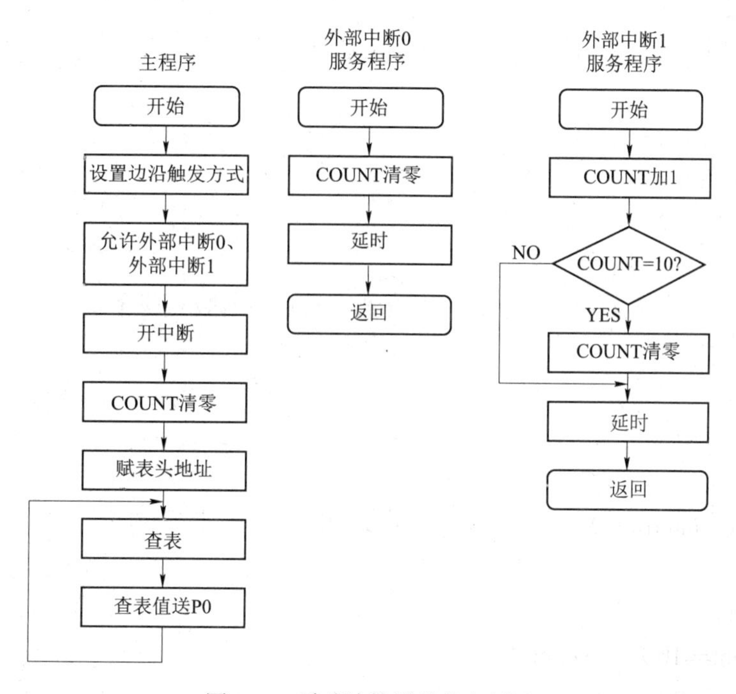

图 3.14　手动计数器程序流程图

注：中断服务程序中的延时是起按键消抖的作用。

说明：C51 中，中断服务子程序格式如下：

```
void 程序名（ ）interrupt x using y
{
    …
}
```

（1）程序名：非关键字的自定义名称。

（2）x：中断号，说明该中断服务程序对应哪个中断源，对应关系如下：

0：外部中断 0；

1：定时器 0；

2：外部中断 1；

3：定时器 1；

4：串行口中断。

（3）y：寄存器组号，表示中断服务程序所使用的哪一组 R0 ~ R7 寄存器，y 的取值范围一般为 0 ~ 3。using y 语句也可省略，此时默认使用第 0 组寄存器。

2）C 语言源程序

C 语言源程序如下：

```
#include "reg51.h"
unsigned char segtab [ 10 ] ={0xc0, 0xf9, 0xa4, 0xb0, 0x99, 0x92, 0x82, 0xf8, 0x80, 0x90};
                                        //0 ~ 9 共阳极段码表
unsigned char count;
void DELAY（unsigned char n）           // 延时程序
{
    unsigned char i, j;
    for（i=0; i<n; i++）
          for（j=0; j<200; j++）;
}
void Key0（ ）interrupt 0               // 外部中断 0 中断服务程序
{
    count=0;
    DELAY（10）;
}
void Key1（ ）interrupt 2               // 外部中断 1 中断服务程序
{
    count++;
    if（count==10）    count=0;
    DELAY（10）;
```

```
}
void main ( )                          // 主程序
{
    TCON=0x05;                         // 设置边沿触发方式
    IE=0x85;                           // 开中断
    count=0;                           // 计数值初始化
    while ( 1 )                        // 显示计数值，并等待中断
    P0=segtab [ count ];
}
```

4. 电路仿真

利用 Protues 仿真软件对系统进行电路仿真，仿真结果如图 3.15 所示。

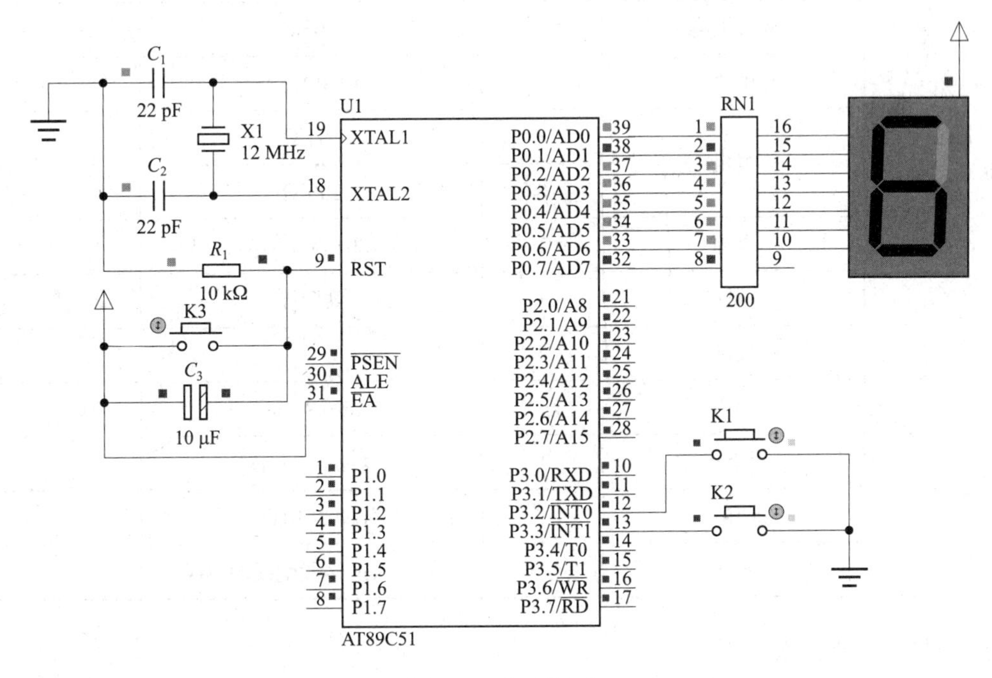

图 3.15　仿真结果

二、安装与调试

1. 任务所需设备、工具、器件、材料

任务所需设备、工具、器件、材料见表 3.10。

2. 系统安装

参照原理图和装配图，具体安装步骤如下：

（1）检查元器件质量。

（2）在万能板（或 PCB 板）上焊接好元器件。

（3）检查焊接电路。

（4）用编程器将 .hex 文件烧写至单片机。

表 3.10　任务所需设备、工具、器件、材料

类型	名称	数量	型号	备注
设备	示波器	1	20M	
工具	万用表	1	普通	
	电烙铁	1	普通	
	斜口钳	1	普通	
	镊子	1	普通	
器件	51 系列单片机	1	AT89C51（AT89S51）	
	晶振	1	12 MHz	
	瓷片电容	2	30 pF	
	电解电容	1	10 μF/16 V	
	电阻	3	10 kΩ	
		8	200 Ω	
	电源	1	直流 400 mA ／ 5 V 输出	
	LED 数码管	1	共阳极	
	按键	3		
材料	焊锡	若干	ϕ0.8 mm	
	万能板	1	4 cm × 10 cm	
	PCB 板	1	4 cm × 10 cm	
	导线	若干	ϕ0.8 mm 多股铜线漆包线	

（5）将单片机插入 IC 座。

3. 系统调试

1）硬件调试

硬件调试主要是调试各部分的焊接是否合格和各芯片的输出输入电压是否符合设计要求，最后测试各硬件部分能否完成设计功能。因此把硬件调试按照以下两步来进行：

（1）短路与虚焊检测。检测工具为万用表，使用万用表的短路报警功能，逐个测试相邻的两个焊点检测是否短路。按照电路图检测需要连接的两点是否短路来检测是否已经连接上，以此来检测虚焊的情况。检测和修改完成后为下一步通电检测排除了短路的危险和由于虚焊引起检测结果不真实的麻烦。

（2）上电测试。由于系统测试时是采用 7805 组成的稳压电源为系统电源。显示系统中单片机、译码器，锁存器、驱动电路的电源电压均要求为 5 V，所以可同时直接接入。

上电后首先观察电路是否有过热、异味、冒烟的现象出现。经过观察，没有这些现象出

现。然后测试各器件的电源、接地及一些电平应该固定的端口的电压。测试的结果为各器件电源端在4.3～4.8 V，满足器件的电源电压要求，单片机端口在未接负载时端口电压为4.5 V。

2）软件调试

软件调试主要是软件编译和将各功能块程序分别写入以验证其功能的可实现性。在进行功能调试前必须用Keil对所有程序进行编译，编译成功生产可执行的.hex后方可进行功能测试。软件调试主要是在系统软件编写时体现的，一般使用Keil进行软件编写和调试。进行软件编写时首先要分清软件应该分成哪些部分，不同的部分分开编写和调试时是最方便的。

如果硬件电路检查后，没有问题却实现不了设计要求，则可能是软件编程的问题，首先应检查初始化程序，然后是读温度程序、显示程序以及继电器控制程序，对这些分段程序，要注意逻辑顺序、调用关系以及涉及的标号，有时会因为一个标号而影响程序的执行，除此之外，还要熟悉各指令的用法，以免出错。还有一个容易忽略的问题，即源程序生成的代码是否烧入单片机中，如果这一过程出错，那不能实现设计要求也是情理之中的事。

3）软、硬件联调

在硬件调试正确和软件仿真也正确的前提下，就可以进行软硬件联调了。首先，先将调试好的程序通过下载器下载到单片机，然后就可以上电看结果。观察系统是否能够实现所要的功能。如果不能就先利用示波器观察单片机的时钟电路，看是否有信号，因为时钟电路是单片机工作的前提，所以一定要保证时钟电路正常。如果不能分析出是硬件问题还是软件问题，就重新检查软硬件。一般情况下硬件电路可以通过万用表等工具检测出来，如果硬件没有问题，则必然是软件问题，就应该重新检查软件，用这种方法调试系统完全正确。

经过硬件调试和软件调试，排除了硬件的连接问题。其余功能的软件便可以在此基础上调试验证其功能的正确性。

【任务总结与评价】

一、任务总结

本任务在单片机的最小系统基础上，使用按键控制的信号作为两个外部中断的来源：一个按键清零，另一按键用于计数。计数的结果通过P0口送往共阳极LED数码管进行静态显示。本任务的主要目的，是使学生理解单片机中断系统的工作机制，掌握外部中断的基本应用，学习利用LED数码管进行简单的显示，为复杂控制系统设计打下基础。在本任务的基础上，更改按键功能，增加显示位数，可进行进一步扩展。本任务元器件少、成功率高、修改和扩展性强。

任务完成后需撰写设计总结报告，撰写设计总结报告是工程技术人员在产品设计过程中必须具备的能力，设计总结报告中应包括摘要、目录、正文、参考文献、附录等，其中正文要求有总体设计思路、硬件电路图、程序设计思路（含流程图）及程序清单、仿真调试结果、软硬件综合调试、测试及结果分析等。

二、任务评价

本任务的评价指标及评价内容在项目评价体系中所占分值、小组评价及教师评价在本任务考核成绩中的比例见表 3.11。

表 3.11　考核评价体系表

序号	评价指标	评价内容	分值	小组评价（50%）	教师评价（50%）
1	理论知识	是否掌握中断的应用、理解数码管显示原理	50		
2	制作方案	端口选择及显示方案是否合理、PCB 板布局是否优化	10		
3	操作实施	PCB 焊接制作是否可靠、系统功能是否全部实现	20		
4	答辩	本任务所涵盖的知识点是否都比较熟悉	20		

【知识拓展】

在本任务的基础之上，P3.0 口上增加一个拨码开关 K3，P2 口按 P0 口连接方式增加一位数码管，可将简单的加法计数器改进成计数范围 0 ~ 99 的加减法循环计数器，电路如图 3.16 所示。P0 口数码管显示十位，P2 口数码管显示个位。当 P1.0 为高电平时，做加法计数，计数值计到 99 后，再按一次计数键计数值归零；当 P 1.0 为低电平时，做减法计数，计数值减到 0 后，再按一次计数键计数值跳至 99。

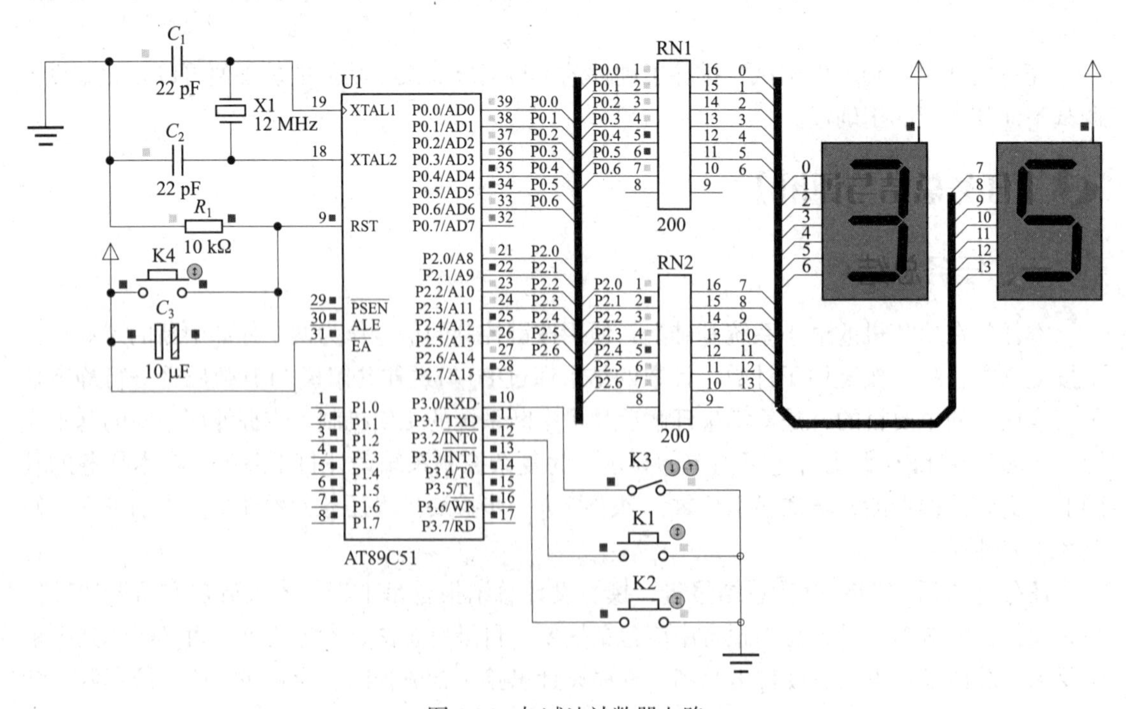

图 3.16　加减法计数器电路

C 语言源程序如下：

```
/*******************************************************************
程序名称：手动加减法循环计数器
说明：P0、P2 接共阳极数码管，P3.2 接清零键，P3.3 接计数键，P3.0 接拨码开关
P3.0=0 加法计数，P3.0=1 减法计数
*******************************************************************/
#include "reg51.h"
sbit flag=P3^0;                          // 加减计数标志
unsigned char segtab [10] ={0xc0，0xf9，0xa4，0xb0，0x99，0x92，0x82，0xf8，0x80，
0x90};                                   // 0 ~ 9 共阳极段码表
unsigned char count;
void DELAY（unsigned char n）            // 延时程序
{
unsigned char i，j;
for（i=0; i<n; i++）
        for（j=0; j<200; j++）;
}
void Key0（）interrupt 0                 // 外部中断 0 中断服务程序
{
 count=0;
 DELAY（10）;
}
void Key1（）interrupt 2                 // 外部中断 1 中断服务程序
{
if（flag==1）
{       count++;
        if（count==100）      count=0;
 }
 else
 {       if（count==0）        count=99;
         else    count--;
 }
 DELAY（10）;
 }
 void main（）                           // 主程序
 {
 unsigned char ledh，ledl;
 TCON=0x05;                              // 设置边沿触发方式
```

```
    IE=0x85;                        // 开中断
    count=0;                        // 计数值初始化
    while (1)
    {
        ledh=count/10;              // 取十位
        ledl=count%10;              // 取个位
        if (ledh==0) P0=0xff;       // 十位为 0 不显示
        else P0=segtab[ledh];
        P2=segtab[ledl];
    }
}
```

【习题训练】

编写一个显示 2 位的 LED 数码管动态显示程序，使得数码管从 00 ~ 99 循环显示，显示时间间隔为 1 s。在 P3.2 口加一按键作为暂停键，利用外部中断 0 来控制循环显示的暂停和启动。

项目4 简易秒表的设计与制作

【任务导入】

本项目通过简易秒表的设计与制作，使学生掌握定时器/计数器的基本应用方法，进一步熟练LED七段数码管与单片机的显示接口电路，并在此过程中，理解单片机软硬件设计的基本要求以及单片机应用系统开发的一般流程。与此同时，在设计电路并安装印制电路板（或万能板）、进行电路元器件安装、进行电路参数测试与调整的过程中，进一步锻炼学生印制板制作、焊接技术等技能；加深对电子产品生产流程的认识。项目4学习目标见表4.1。

表4.1 项目4学习目标

序号	类别	目标
一	知识点	1. 定时器/计数器概述 2. 定时器/计数器的运行控制 3. 定时器/计数器的工作模式及其应用
二	技能	1. 单片机定时器定时时间的计算 2. 简易秒表的安装、调试与检测 3. 简易秒表故障的分析与检修
三	职业素养	1. 学生的沟通能力及团队协作精神 2. 良好的职业道德 3. 质量、成本、安全、环保意识

【知识链接】

一、定时器/计数器的基本概念及其应用

定时器/计数器是单片机的重要部件之一，能进行精确的定时和计数，定时器由单片机

内部稳定的信号源计数，而计数器用于记录单片机外部发生的事件。定时器 / 计数器广泛应用于工业控制和检测中，可实现定时、延时、频率测量、信号检测等功能。

MCS-51 单片机内部有两个 16 位的可编程定时器 / 计数器 T0（定时器 0）和 T1（定时器 1），分别由两个 8 位的 RAM 单元组成，最大计数值为 65 536，当超过 65 536 时，定时器 / 计数器产生溢出。

1. 定时器 / 计数器的内部结构及工作原理

定时器 / 计数器 T0、T1 由加法计数器、定时器 / 计数器工作方式寄存器 TMOD 和定时器 / 计数器控制寄存器 TCON 组成，其内部结构如图 4.1 所示。T0 和 T1 实质上是 16 位加法计数器。T0 由 TH0 和 TL0 两个 8 位加法计数器构成，TH0 为高 8 位，TH1 为低 8 位。T1 由 TH1 和 TL1 构成。TL0、TL1、TH0、TH1 的访问地址依次为 8AH ~ 8DH，每个寄存器均可单独访问。TMOD 是定时 / 计数器的工作方式寄存器，确定工作方式和功能。TCON 是控制寄存器，控制 T0、T1 的启动和停止及设置溢出标志。

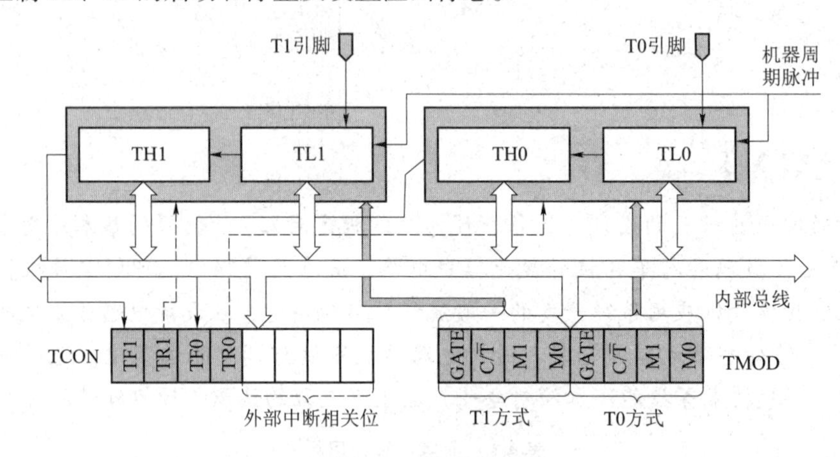

图 4.1　T0、T1 内部结构

定时器 / 计数器每接收到一个计数脉冲，计数器加 1，当加到计数器为全 1 时，再输入一个脉冲就使计数器回零，且计数器的溢出使 TCON 中 TF0 或 TF1 置 1，如果定时 / 计数器中断允许，则向 CPU 发出中断请求。根据计数脉冲来源的不同，定时器 / 计数器有定时和计数两大功能。

当定时 / 计数器设置为定时工作方式时，计数脉冲来自系统时钟振荡器输出十二分频信号。实际上，计数周期即为单片机的一个机器周期。调整计数器初值，可调整从初值到计满溢出的机器周期数，即调整了定时时间。相关数值计算如下：

计数值 N= 溢出值（最大计数值）- 计数初值 X

定时时间 τ = 机器周期 $T\times$ 计数值 N

计数频率 f_c= 时钟频率 $f_{osc}/12$

若系统采用 12 MHz 晶振，则计数周期（机器周期）

$$T=1/[12\times106\times(1/12)]=1(\mu s)$$

若计数值为 N，则定时 N μs。

当定时器 / 计数器设置为计数工作方式时，计数脉冲来自输入引脚 T0（P3.4）和 T1

（P3.5）的外部信号，外部脉冲的下降沿触发计数，计数器加 1。新的计数值于下一个机器周期装入计数器中。由于检测一个高电平到低电平的负跳变需要两个机器周期，因此，CPU 能够检测到的外部脉冲的最高频率为系统时钟频率的 1/24。外部输入信号的高电平与低电平的持续时间须在一个机器周期以上。

2. 定时器 / 计数器的控制寄存器

MCS-51 单片机的定时器 / 计数器由 TMOD 和 TCON 两个工作寄存器控制，用户通过编程 TMOD 和 TCON 的控制内容来选择定时器 / 计数器的功能（定时还是计数）、设定工作方式、定时时间、计数初值、启动、中断请求等操作。

1）定时器工作方式寄存器 TMOD

TMOD 用于控制 T0 和 T1 的工作方式，低 4 位用于 T0，高 4 位用于 T1。其位格式定义见表 4.2。

表 4.2　TMOD 位格式定义

位	D7	D6	D5	D4	D3	D2	D1	D0
TMOD	GATE	C/$\overline{T}$	M1	M0	GATE	C/T	M1	M0
（89H）	→ 定时器 T1 方式字段 ←				→ 定时器 T0 方式字段 ←			

GATE：选通控制位。GATE=0，只要用软件对 TR0（或 TR1）置 1 就可启动定时器。GATE=1，只有在 INT0（或 INT1）引脚为 1，且用软件对 TR0（或 TR1）置 1 时才能启动定时器工作。

C/$\overline{T}$：定时器 / 计数器方式选择位。C/$\overline{T}$=0，设置成定时工作方式；C/$\overline{T}$=1，设置成计数工作方式。

M1、M0：工作方式控制位，可构成表 4.3 的四种工作方式。

TMOD 所有位复位后清零。TMOD 不能位寻址，只能以字节方式工作。

表 4.3　工作方式选择

M1	M0	工作方式	说明	最大计数值
0	0	0	13 位定时器 / 计数器	2^{13}=8 192
0	1	1	16 位定时器 / 计数器	2^{16}=65 536
1	0	2	自动重装初值 8 位定时器 / 计数器	2^{8}=256
1	1	3	T0：分成两个 8 位计数器 T1：停止计数	2^{8}=256

2）定时器控制寄存器 TCON

定时器控制寄存器 TCON 已在前面介绍过，与定时器计数器相关的是 TCON 的高 4 位，TF1、TF0 为溢出中断标志位，TR1、TR0 为定时器 / 计数器运行控制位。

3. 定时器 / 计数器的工作方式

MCS-51 单片机由 TMOD 中的 M1、M0 控制，可以设置成四种工作方式。除了工作方式

3 以外，其他三种工作方式基本原理一致。用户通过指令把方式写入 TMOD，选择定时器/计数器的功能和工作方式，然后将计数初值写入 THx 和 TLx 中控制定时或计数长度，再通过选通控制位的置 1 或清 0 来启动或停止定时器/计数器工作。另外，通过查询 TH、TL 和 TCON 的内容，可以判断定时器的状态。

1）工作方式 0

方式 0 为 13 位计数器，由 TLx 的低 5 位（高 3 位未用）和 THx 的 8 位组成，最大计数值为 2^{13}=8 192。TLx 的低 5 位溢出时向 THx 进位，THx 溢出时，置位 TCON 中的 TFx 标志，向 CPU 发出中断请求。工作方式 0 下，T0 的结构如图 4.2 所示。

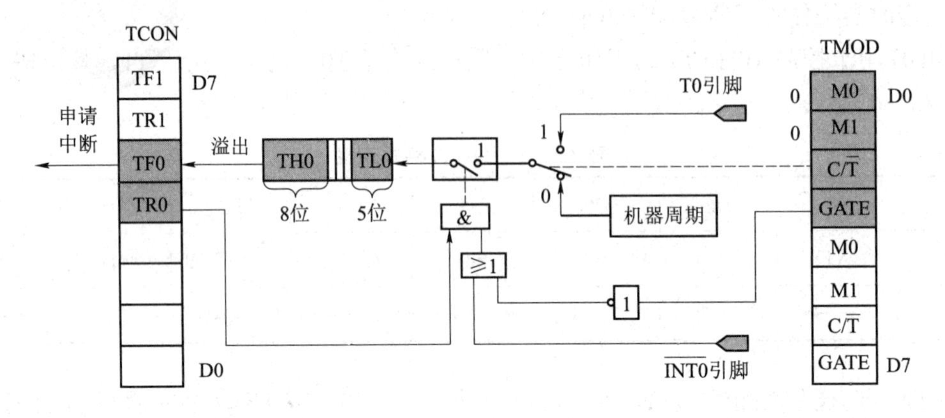

图 4.2　T0 工作方式 0 的结构

当 C/$\overline{T}$=1 时，多路开关与 T0（P3.4）相连，外部计数脉冲由 T0 脚输入，此时，T0 为计数器。计数值为

$$N=2^{13}-X=8\,192-X$$

其中，N 为计数值，X 为 TH0、TL0 的初值。X 的取值范围为 0 ~ 8 191，则计数范围为 1 ~ 8 192。

当 C/$\overline{T}$=0 时，多路开关与时钟的十二分频信号相连，T0 对机器周期 T_{cy} 计数，此时 T0 为定时器。其定时时间为

$$T=N\cdot T_{cy}=(8\,192-X)\,T_{cy}$$

当振荡频率 f_{osc}=12 MHz 时，T_{cy}=1 μs，定时范围为 1 ~ 8 192 μs。

门控位 GATE 具有特殊的作用。

当 GATE=0 时，或门被封锁，$\overline{INT0}$ 信号无效。或门输出常为 1，打开与门，TR0 直接控制定时器 0 的启动和关闭。TR0=1，接通控制开关，定时器 0 从初值开始计数直至溢出。溢出时，16 位加法计数器为 0，TF0 置位，并申请中断。如要循环计数，则定时器 T0 需重置初值，且需用软件将 TF0 复位。TR0=0，则与门被封锁，控制开关被关断，停止计数。

当 GATE=1 时，与门的输出由 $\overline{INT0}$ 的输入电平和 TR0 位共同决定。若 TR0=1，则与门打开，外部电平通过 $\overline{INT0}$ 引脚直接开启或关断定时器 T0，$\overline{INT0}$ 为高电平时，允许计数，否则停止计数。这种方式常用来测量外中断引脚上正脉冲的宽度。若 TR0=0，则与门被封锁，控制开关被关断，停止计数。

2）工作方式 1

方式 1 为 16 位计数器，由 TLx 作为低 8 位和 THx 作为高 8 位共同组成，最大计数值为 2^{16}=65 536。工作方式 1 下，T0 的结构如图 4.3 所示。

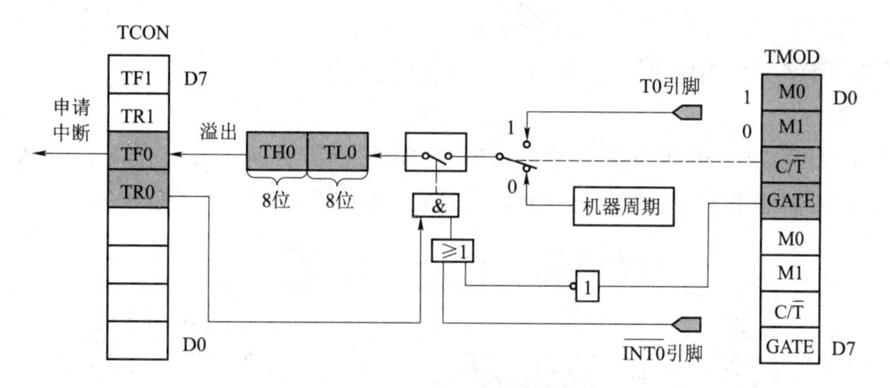

图 4.3　T0 工作方式 1 结构

方式 1 构成一个 16 位定时器 / 计数器，其结构与操作几乎和方式 0 相同，差别在于两者计数位数不同。作为计数器时，计数值为

$$N=2^{13}-X=8\,192-X$$

计数范围为 1 ～ 65 536。

作定时器时，其定时时间为

$$T=N\cdot T_{cy}=(65\,536-X)\,T_{cy}$$

当振荡频率 f_{osc}=12 MHz 时，T_{cy}=1 μs，则定时范围为 1 ～ 65 536 μs。

3）工作方式 2

方式 2 为可自动重装初值的 8 位计数器，仅 TLx 用于计数，THx 用于保存计数初值。最大计数值为 2^8=256。工作方式 2 下，T0 的结构如图 4.4 所示。

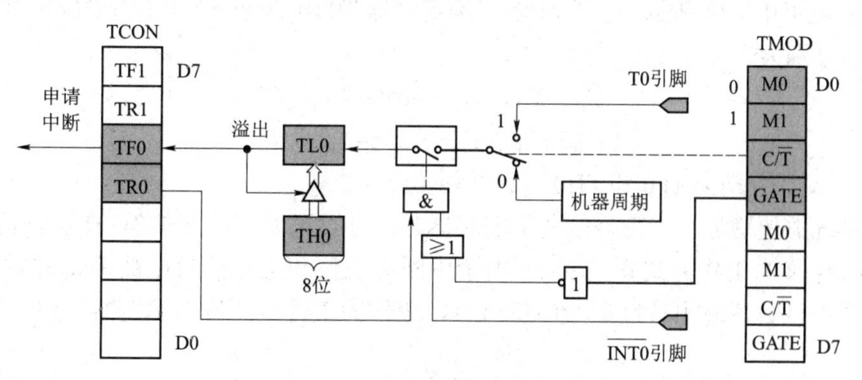

图 4.4　T0 工作方式 2 的结构

方式 2 与方式 0 和方式 1 的区别不仅仅在于计数位数少，计数范围小，方式 2 还具有初值自动重装功能。当 TLx 计满溢出后，溢出标志位 TFx=1，与此同时，将原来装在 THx 中的计数初值重新装入 TLx，特别适合需要重复定时的场合，如脉冲信号发生器。

方式 2 作为计数器时，计数值为

$$N=2^8-X=256-X$$

计数范围为 1 ~ 256。

作定时器时，其定时时间为

$$T=N\cdot T_{cy}=(256-X)T_{cy}$$

当振荡频率 f_{osc}=12 MHz 时，T_{cy}=1 μs，则定时范围为 1 ~ 256 μs。

4）工作方式 3

定时器 / 计数器工作在方式 3 时，定时器 T0 被分解成两个独立的 8 位计数器 TL0 和 TH0，两个定时器的最大计数值均为 256，其结构如图 4.5 所示。

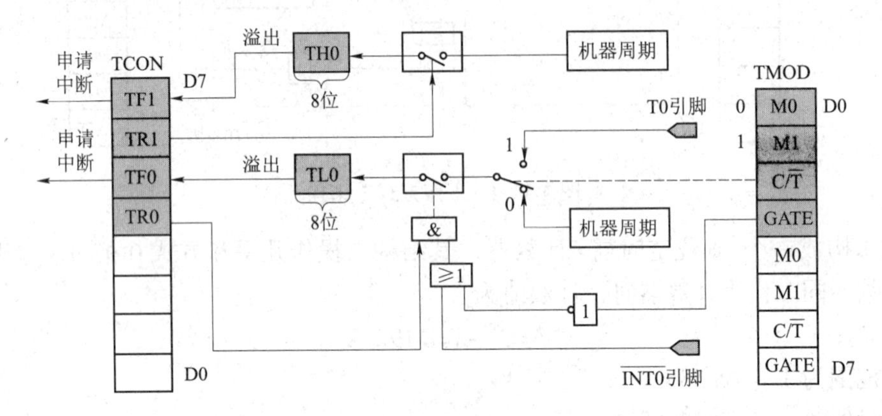

图 4.5　T0 工作方式 3 结构

定时器 / 计数器工作在方式 3 时，TL0 占用原 T0 的控制位、引脚和中断源。除计数位数与方式 0、方式 1 不同外，其功能、操作与方式 0、方式 1 完全相同，可定时也可计数。而 TH0 占用原定时器 T1 的控制位 TF1 和 TR1，同时还占用了 T1 的中断源，其启动和关闭仅受 TR1 置 1 或清 0 控制，TH0 只能对机器周期进行计数，因此，TH0 只能用作简单的内部定时，不能用作对外部脉冲进行计数，是定时器 T0 附加的一个 8 位定时器。TL0 和 TH0 的定时时间分别为

$$T_{TL0}=N_{TL0}\cdot T_{cy}=(256-X_{TL0})T_{cy}$$

$$T_{TH0}=N_{TH0}\cdot T_{cy}=(256-X_{TH0})T_{cy}$$

其中，X_{TL0}、X_{TH0} 分别为 TL0 和 TH0 的计数初值。

一般系统需要增加一个额外的 8 位定时器时，可设置为工作方式 3。在这种情况下，T1 仍然可以被定义为工作方式 0、1、2，由于中断标志位和运行控制位被 TH0 占用，T1 不能中断，只能将计数器溢出直接送给串行口，一般作为串行口波特率发生器使用，故 T1 无法使用方式 3 工作。

4. 定时器 / 计数器的应用

1）定时器 / 计数器的编程

定时器 / 计数器的初始化步骤如下：

（1）确定工作方式，将工作方式控制字写入 TMOD。

（2）根据定时时间或计数要求计算计数初值，并将其写入 TLx 和 THx。

（3）若需要使用中断，ETx、EA 置 1，开放定时器 / 计数器中断和 CPU 中断。

（4）当 GATE=0 时，TRx 置 1，启动计数；当 GATE=1 时，除软件置位外，还必须在外中断引脚处加上相应的电平值才能启动。

定时器 / 计数器的应用一般有查询和中断两种方式。查询方式时在整个计数过程中，通过指令不断查询 TF0 或 TF1 的状态来判断计数是否溢出。这种方式编程较简单，但是需要占用大量 CPU 时间，使得 CPU 效率降低。中断方式是利用中断系统，计数溢出后向 CPU 发出中断请求，将溢出后需要执行的操作放入定时器 / 计数器对应的中断服务程序中执行。采用中断方式可以提高 CPU 的效率。

另外，如果在某些应用中不需要进行定时或计数，则 T0 和 T1 可作为外部中断请求使用。此时将定时器 / 计数器设置成计数方式，计数初值设为最大值，在计数输入端 T0（P3.4）或 T1（P3.5）引脚上发生负跳变时，计数器加 1 便产生溢出中断。这样把 T0 脚或 T1 脚作为外部中断请求输入端口，而计数器的溢出中断作为外部中断请求标志。

2）定时器 / 计数器应用实例

【例 4.1】如图 4.6 所示，P1 口接有 8 个发光二极管，编程使 8 个发光二极管轮流点亮。每个发光二极管亮 100 ms，设晶振频率 f_{osc}=6 MHz。

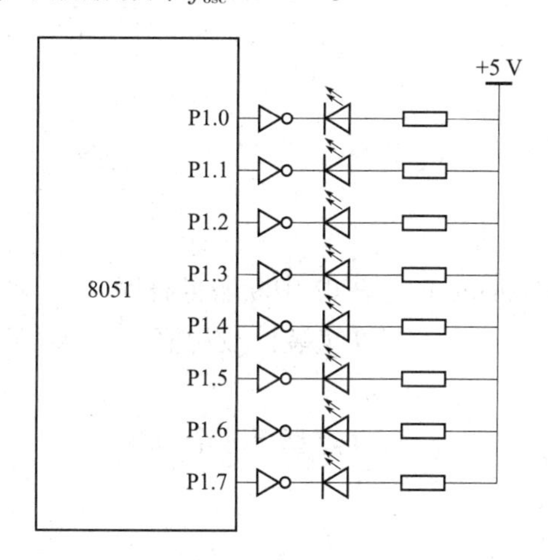

图 4.6　例 4.1 题图

解：

（1）工作方式确定。可用 T1 完成 100 ms 定时时间，使 P1 初始状态为 FEH，每隔 100 ms 左移一次。当晶振频率 f_{osc}=6 MHz 时，机器周期 T_{cy}=2 μs，则计数值计算如下：

$$N=T/T_{cy}=100\ \text{ms}/2\ \mu\text{s}=50\ 000$$

因此采用工作方式 1，工作方式字 TMOD=10H，即

TMOD.0 ~ TMOD.3：因 T0 不用，可取任意值，此处取 0 值；

TMOD.4、TMOD.5：M1M0=01，T1 工作在方式 1；

TMOD.6：C/ $\overline{\text{T}}$ =0，T1 为定时方式；

TMOD.7：GATE=0，计数不受 $\overline{\text{INT1}}$ 脚控制。

（2）计算计数初值：

$$X=2^{16}-N=65\ 536-50\ 000=15\ 536=3\text{CB0H}$$

则 TH0=3CH，TL0=0B0H。

（3）查询方式参考程序。

C 语言源程序如下：

```
#include "reg51.h"
void main ( )
{     P1=0x01;                           // 点亮第一个 LED
TMOD=0x10;                               // T1 工作于方式 1
TR1=1;                                   // 启动 T1 计数
while ( 1 )
{     TH1=0x3c;                          // 装载计数初值
      TL1=0xb0;
      while ( !TF1 );                    // 等待定时器溢出
      P1<<=1;                            // 点亮下一个 LED
      if ( P1==0 ) P1=0x01;
      TF1=0;                             // 软件清除 TF1
 }
}
```

（4）中断方式参考程序。

C 语言源程序如下：

```
#include "reg51.h"
void timer1 ( )interrupt 3 using 1       // T1 中断服务程序
{   TH1=0x3c;                            // 重装计数初值
TL1=0xb0;
P1<<=1;                                  // 点亮下一个 LED
if ( P1==0 ) P1=0x01;
}
void main ( )
{   P1=0x01;                             // 点亮第一个 LED
TMOD=0x10;                               // T1 工作于方式 1
TH1=0x3c;                                // 装载计数初值
TL1=0xb0;
IE=0x88;                                 // 开放 T1 中断
TR1=1;                                   // 启动 T1 计数
while ( 1 );                             // 等待中断
}
```

【例 4.2】在单片机 P1.0 口接一个发光二极管，要求利用定时控制使 LED 亮 1 s 灭 1 s，周而复始，设晶振频率 f_{osc}=6 MHz。

解：

（1）分析与计算。当 f_{osc}=6 MHz 时，机器周期 T_{cy}=2 μs，工作方式 0 最大定时时间为

16.384 ms，工作方式 1 最大定时时间为 131.072 ms，工作方式 2 最大定时时间为 512 μs。显然无法满足定时 1 s 的要求。可以采用方式 0，使 T0 每隔 10 ms 中断一次，利用软件对中断次数进行计数，中断 100 次即实现 1 s 定时。也可以采用方式 1，使 T0 每隔 100 ms 中断一次，中断 10 次实现 1 s 定时。

这里采用 T0 工作方式 0，则 TMOD=00H。

计数初值：

$$X=2^{13}-N=8\,192-(10\text{ ms}/2\ \mu\text{s})=3\,192=0C78H=000\ \underline{0\,1100\,011}\ \underline{1\,1000}B$$

则 TH0=0110 0011B=63H，TL0=0001 1000B=18H。

（2）参考程序。

C 语言源程序如下：

```
#include "reg51.h"
sbit LED=P1^0;
unsigned char num=0;
void timer0 ( ) interrupt 1            // T0 中断服务程序
{TH0=0x63;                             // 重装计数初值
TL0=0x18;
num++;
if (num==100)                          // 1 s 时间到 LED 状态取反
{   LED=~LED;
    num=0;
}
}
void main ( )
{
TMOD=0x00;                             // T0 工作于方式 1
TH0=0x63;                              // 定时 10 ms
TL0=0x18;
ET0=1;                                 // 开放 T0 中断
EA=1;
TR0=1;                                 // 启动 T0 计数
while (1);                             // 等待中断
}
```

【例 4.3】当 GATE=1、TR0=1 时，只有$\overline{\text{INT0}}$引脚上出现高电平时，T0 才被允许计数，试利用这一功能测试$\overline{\text{INT0}}$引脚上正脉冲的宽度（以机器周期表示）。

解：

（1）分析。设外部待测脉冲由$\overline{\text{INT0}}$（P3.2）脚输入，T0 工作在方式 1，设置为定时状态，GATE 置 1。测试时，在$\overline{\text{INT0}}$端为 0 时 TR0 置 1，当$\overline{\text{INT0}}$变为 1 时启动计数；$\overline{\text{INT0}}$再次变为 0 时停止计数。此时的计数值即为被测正脉冲宽度。

（2）参考程序。

C 语言源程序如下：

```
#include "reg51.h"
sbit signal=P3^2;
void main（）
{unsigned int width=0;
TMOD=0x09;                    // T0 工作于方式 1 定时，GATE=1
TH0=0x00;
TL0=0x00;
while（signal）;              // 等待 P3.2 变低
TR0=1;                        // 启动 T0 计数
while（!signal）;             // 等待 P3.2 变高
while（signal）;              // 等待 P3.2 再次变低
TR0=0;                        // 停止计数
width=（TH0<<8）|TL0;
}
```

【任务实施】

一、任务分析

本任务要求设计一个计时时间为 0 ~ 59 s 的简易秒表，其实物图如图 4.7 所示，利用定时器实现 1 s 定时。P3.7 口接一个按键，该按键有 0、1、2 三个功能，分别为开始计时、停止计时和清零。每次按下按键后，按键标识会在 0、1、2 三个数值之间循环。P0、P2 口接共阳极数码管，静态显示秒表计时。用 Keil C51、Proteus 等作开发工具，进行仿真，并完成实物电路制作并测试，最后需完成项目报告。

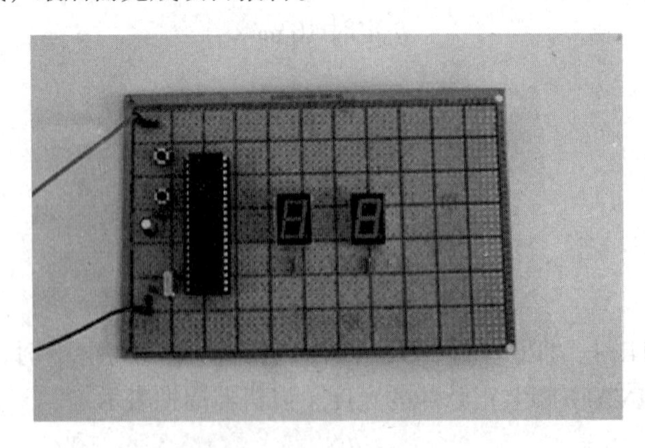

图 4.7　简易秒表实物图

1. 总体方案设计

基于单片机的简易秒表主要包括单片机最小系统、LED 数码管显示电路和按键控制三个部分，总体设计原理框图如图 4.8 所示。1 s 定时可利用定时器 T0 工作方式 1 定时 50 ms，计数 20 次，则定时时间正好为 1 s。

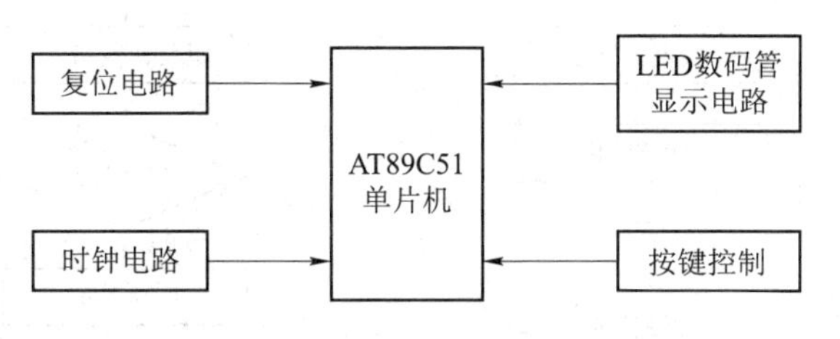

图 4.8　简易秒表原理框图

2. 硬件电路设计

由 AT89C51 单片机、时钟电路、复位电路构成的单片机最小系统的基础上，在 P3.7 引脚上接按键，P0 和 P2 口分别接一共阳极数码管，即构成秒表的硬件电路，其原理图如图 4.9 所示。

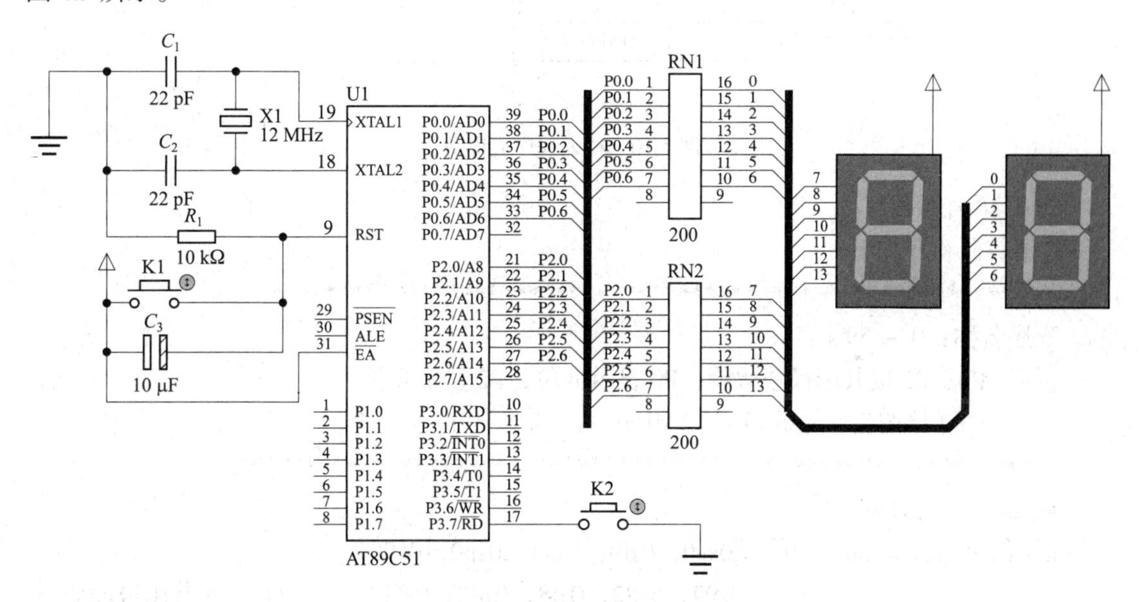

图 4.9　简易秒表电路原理图

（1）复位电路可以提供“上电复位”和“手动复位”两种复位方式。

（2）时钟电路以 12 MHz 的频率向单片机提供时钟，保证单片机以规定的频率运行。

（3）两个共阳极数码管分别连接到 P0 口和 P2 口，a ~ dp 分别对应 P0.0 ~ P0.7 和 P2.0 ~ P2.7，控制高电平有效，即控制端口输出高电平时，对应字段点亮；控制端口输出低电平时，控制端口熄灭。P0 显示低位，P2 显示高位。

（4）按键接至 P3.7 引脚，用于控制秒表功能。

3. 软件设计

1）程序流程图

秒表程序流程图如图 4.10 所示。

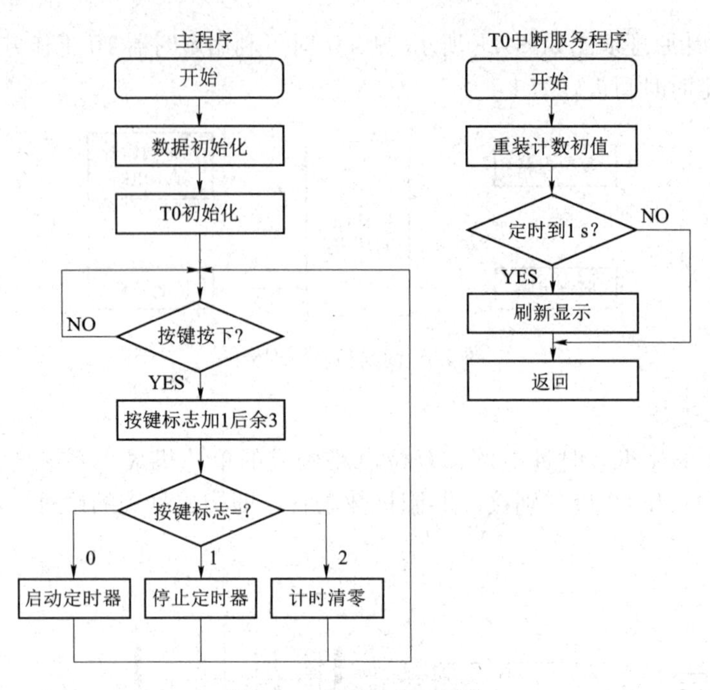

图 4.10　秒表程序流程图

2）C 语言源程序

C 语言源程序如下：

```
/*************************************************************
程序名称：0 ~ 59 s 表
说明：P0、P2 接共阳极数码管，P0 显示低位，P2 显示高位，
        P3.7 接按键，晶振频率 12 MHz
*************************************************************/
#include "reg51.h"
unsigned char segtab［10］={0xc0，0xf9，0xa4，0xb0，0x99，
                          0x92，0x82，0xf8，0x80，0x90}；     //0 ~ 9 共阳极段码表
unsigned char count，key_flag，num；
sbit key=P3^7；
bit key_state；
void Delay（unsigned char n）                    // 延时程序
{
unsigned char i，j；
for（i=0；i<n；i++）
        for（j=0；j<200；j++）；
}
void Timer0（）interrupt 1                       //T0 中断服务程序
{
```

```
TH0=（65536-50000）/256;                    // 重装初值，50 ms
TL0=（65536-50000）%256;
num++;
if（num==20）                               // 每 50 ms × 20=1 s 刷新一次
{   num=0;
    count++;
    P0=segtab［count%10］;                  // 显示个位
    if（count/10==0）                       // 显示十位，十位为 0 则不显示
            P2=0xff;
    else
            P2=segtab［count/10］;
    if（count==60）                         // 计满 59 s 后回 0
            count=0;
 }
}
void Key_Event（ ）                          // 按键处理子程序
{
if（key_state==0）
      key_flag=（key_flag+1）%3;
switch（key_flag）
{        case 0:                            // 启动计时
              TR0=1; break;
      case 1:                               // 停止计时
              TR0=0; break;
      case 2:                               // 清零
              P0=0xc0; P2=0xff; count=0; num=0; break;
 }
}
void main（ ）                               // 主程序
{
P0=0xc0;                                    // 显示 0 s
P2=0xff;
num=0;
count=0;
key_flag=0;                                 // 按键标志初值为 0
key_state=1;
TMOD=0x01;                                  // T0 定时 50 ms
TH0=（65536-50000）/256;
```

```
TL0=（65536-50000）%256;
        EA=1;                                   // 开放中断
        ET0=1;
while（1）                                      // 等待按键
{       if（key_state!=key）
        {       Delay（10）;
                key_state=key;
                Key_Event（）;
        }
 }
}
```

4. 电路仿真

利用 Protues 仿真软件对系统进行电路仿真，仿真结果如图 4.11 所示。

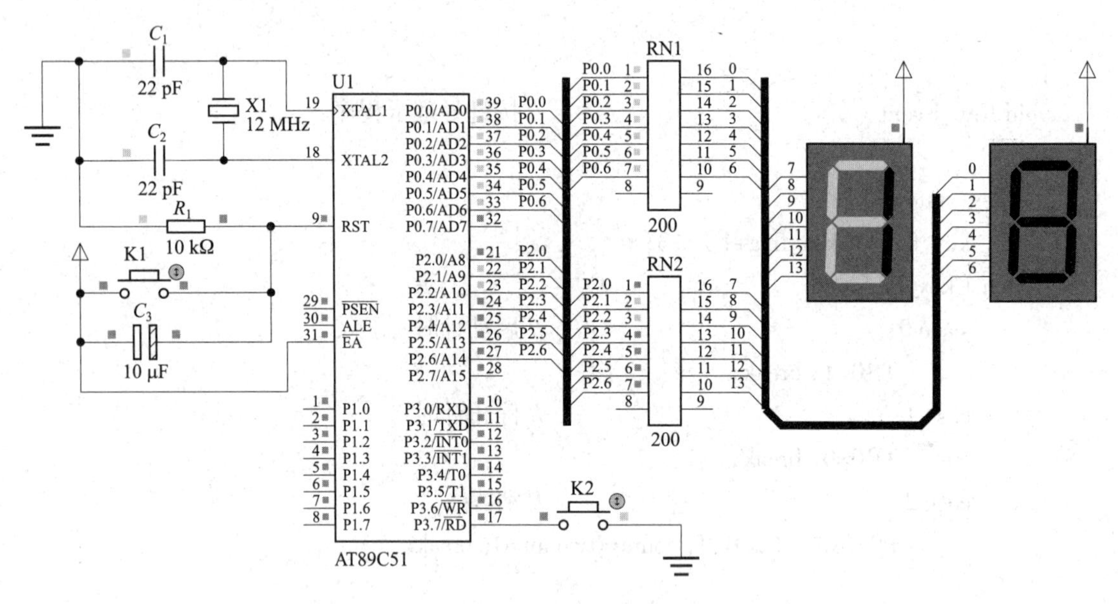

图 4.11　秒表仿真结果

二、安装与调试

1. 任务所需设备、工具、器件、材料

任务所需设备、工具、器件、材料见表 4.4。

2. 系统安装

参照原理图和装配图，具体安装步骤如下：

（1）检查元器件质量。

（2）在万能板（或 PCB 板）上焊接好元器件。

（3）检查焊接电路。

（4）用编程器将 .hex 文件烧写至单片机。

表 4.4　任务所需设备、工具、器件、材料

类型	名称	数量	型号	备注
设备	示波器	1	20M	
工具	万用表	1	普通	
	电烙铁	1	普通	
	斜口钳	1	普通	
	镊子	1	普通	
器件	51 系列单片机	1	AT89C51（AT89S51）	
	晶振	1	12 MHz	
	瓷片电容	2	30 pF	
	电解电容	1	10 μF/16 V	
	电阻	1	10 kΩ	
		16	200 Ω	
	电源	1	直流 400 mA / 5 V 输出	
	LED 数码管	2	共阳极	
	按键	1		
材料	焊锡	若干	ϕ 0.8 mm	
	万能板	1	4 cm × 10 cm	
	PCB 板	1	4 cm × 10 cm	
	导线	若干	ϕ 0.8 mm 多股铜线漆包线	

（5）将单片机插入 IC 座。

3. 系统调试

1）硬件调试

硬件调试是系统的基础，只有硬件能够全部正常工作后才能在以此为基础的平台上加载软件从而实现系统功能。

电源部分提供整个电路所需各种电压（包括 AT89S51 所需的稳压 +5 V），由电源变压器和整流滤波电路及两个辅助稳压输出构成，电源变压器的功率由需要输出的电流大小决定，确保有充足的功率余量。先确定电源是否正确，单片机的电源引脚电压是否正确，是不是所有的接地引脚都接了地。如果单片机有内核电压的引脚，需测试内核电压是否正确。

单片机最小系统调试：先测量晶振有没有起振，一般晶振起振两个引脚都会有 1 V 多的电压；再检查复位电路有没有问题；最后测量单片机的 ALE 引脚，看是否有脉冲波输出判断

单片机是否工作，因为 51 单片机的 ALE 为地址锁存信号，每个机器周期输出两个正脉冲。

LED 数码显示模块：通电后观察数码管是否有显示，如果没有显示说明外接电路有问题，如果有显示可以基本确定外接电路无误。

2）软件调试

如果硬件电路检查后，没有问题却实现不了设计要求，则可能是软件编程的问题，首先应检查主程序，然后是显示程序，对这些分段程序，要注意逻辑顺序、调用关系以及涉及的标号，有时会因为一个标号而影响程序的执行，除此之外，还要熟悉各指令的用法，以免出错。还有一个容易忽略的问题，就是源程序生成的代码是否烧入单片机中，如果这一过程出错，那不能实现设计要求也是情理之中的事。

3）软、硬件联调

软件调试主要是在系统软件编写时体现的，一般使用 Keil 进行软件的编写和调试。进行软件编写时首先要分清软件应该分成哪些部分，不同的部分分开编写调试时是最方便的。

在硬件调试正确和软件仿真也正确的前提下，就可以进行软硬件联调了。首先，先将调试好的程序通过下载器下载入单片机，然后就可以上电看结果。观察系统是否能够实现所要的功能。如果不能就先利用示波器观察单片机的时钟电路，看是否有信号，因为时钟电路是单片机工作的前提，所以一定要保证时钟电路正常。如果不能分析出是硬件问题还是软件问题，就重新检查软硬件。一般情况下硬件电路可以通过万用表等工具检测出来，如果硬件没有问题，则必然是软件问题，就应该重新检查软件。用这种方法调试系统完全正确。

【任务总结与评价】

一、任务总结

本任务在单片机的最小系统基础上，使用按键信号控制系统功能，依次循环实现启动计时、停止计时以及清零的功能。计时的结构通过 P0 和 P2 口送往共阳极 LED 数码管进行静态显示。本任务的主要目的，是使学生理解单片机定时器 / 计数器的工作原理，掌握定时器 / 计数器的基本应用，学习定时器 / 计数器中断和查询两种编程方法。在本任务的基础上，可为按键设置更多功能，也可利用中断来实现按键控制。本任务元器件少、成功率高、修改和扩展性强。

任务完成后需撰写设计总结报告，撰写设计总结报告是工程技术人员在产品设计过程中必须具备的能力，设计总结报告中应包括摘要、目录、正文、参考文献、附录等，其中正文要求有总体设计思路、硬件电路图、程序设计思路（含流程图）及程序清单、仿真调试结果、软硬件综合调试、测试及结果分析等。

二、任务评价

本任务的评价指标及评价内容在项目评价体系中所占分值、小组评价及教师评价在本任务考核成绩中的比例见表 4.5。

表 4.5　考核评价体系表

序 号	评价指标	评价内容	分 值	小组评价（50%）	教师评价（50%）
1	理论知识	是否掌握定时器的应用、单片机应用系统开发流程	50		
2	制作方案	端口选择及显示方案是否合理、PCB 板布局是否优化	10		
3	操作实施	PCB 焊接制作是否可靠、系统功能是否全部实现	20		
4	答辩	本任务所涵盖的知识点是否都比较熟悉	20		

【知识拓展】

将本任务进行修改，按键连接到外部中断 0（P3.2）引脚上，试利用中断来实现同样的按键功能。中断控制的秒表电路原理图如图 4.12 所示。

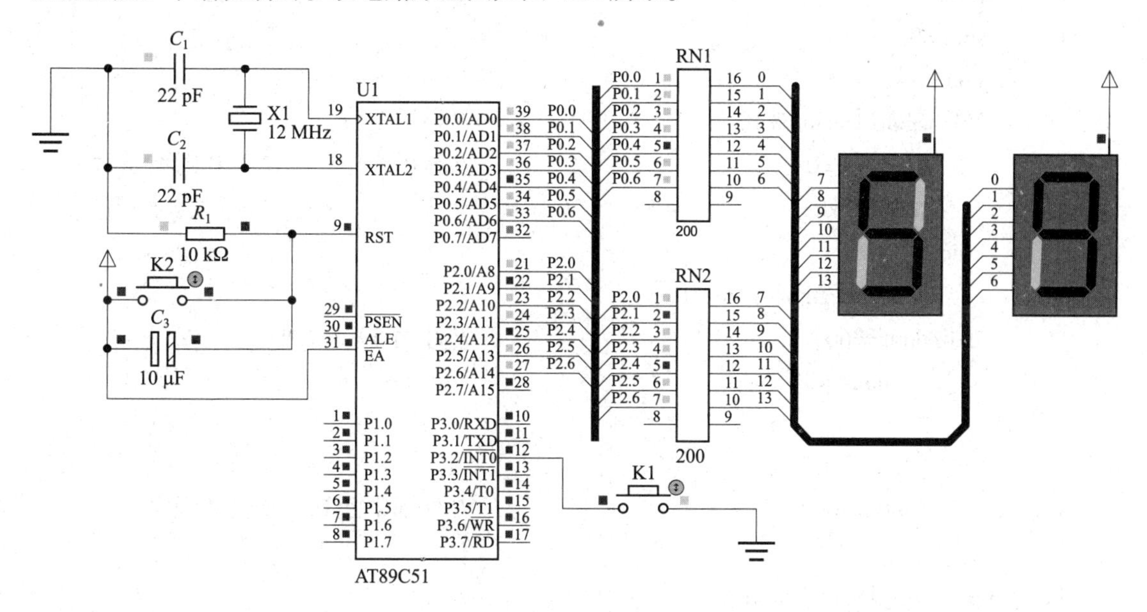

图 4.12　中断控制的秒表电路原理图

C 语言源程序如下：

```
/****************************************************************
程序名称：0 ~ 59 s 表
说明：P0、P2 接共阳极数码管，P0 显示低位，P2 显示高位，
      P3.2 接按键，晶振频率 12 MHz
****************************************************************
#include "reg51.h"
```

```
unsigned char segtab [ 10 ] ={0xc0, 0xf9, 0xa4, 0xb0, 0x99, 0x92, 0x82, 0xf8, 0x80, 0x90};
                                                    //0 ~ 9 共阳极段码表
unsigned char count, key_flag, num;
void Delay ( unsigned char n )                      // 延时程序
{
unsigned char i, j;
for ( i=0; i<n; i++ )
        for ( j=0; j<200; j++ );
}
void Timer0 ( ) interrupt 1                         // T0 中断服务程序
{
TH0= ( 65536-50000 ) /256;                          // 重装初值, 50 ms
TL0= ( 65536-50000 ) %256;
num++;
if ( num==20 )                                      // 每 50 ms × 20=1 s 刷新一次
{       num=0;
        count++;
        P0=segtab [ count%10 ];                     // 显示个位
        if ( count/10==0 )                          // 显示十位, 十位为 0 则不显示
                P2=0xff;
        else
                P2=segtab [ count/10 ];
        if ( count==60 )                            // 计满 59 s 后回 0
                count=0;
 }
}
void Key0 ( ) interrupt 0                           // 外部中断 0 中断服务程序
{
key_flag= ( key_flag+1 ) %3;
switch ( key_flag )
{       case 0:                                     // 启动计时
              TR0=1; break;
        case 1:                                     // 停止计时
              TR0=0; break;
        case 2:                                     // 清零
              P0=0xc0; P2=0xff; count=0; num=0; break;
}
Delay ( 10 );
```

```
}
void main ( )                                    // 主程序
{
P0=0xc0;                                         // 显示 0 s
P2=0xff;
num=0;
count=0;
key_flag=0;                                      // 按键标志初值为 0
TMOD=0x01;                                       // T0 定时 50 ms
TCON=0x01;                                       // 外部中断 0 边沿触发
TH0= (65536-50000) /256;
TL0= (65536-50000) %256;
EA=1;                                            // 开放中断
ET0=1;
EX0=1;
while (1);                                       // 等待按键
}
```

【习题训练】

1. 若 MCS-51 单片机的晶振频率f_{osc}=12 MHz，请利用定时器 T0 定时中断的方法，使 P1.0 输出频率 50 Hz、占空比 75% 的矩形脉冲。

2. 已知 MCS-51 单片机的晶振频率f_{osc}=12 MHz，试利用定时器 T1 测定频率范围在 20 ~ 1 000 Hz 的方波信号周期，并通过 LED 数码管显示，要求测量精度为 1 ms。画出电路原理图，并编写程序。

项目5 电子广告牌的设计与制作

【任务导入】

本项目通过电子广告牌的设计与制作，使学生了解独立式键盘、矩阵式键盘接口电路结构及工作方式；了解LED点阵与LCD显示器的结构及原理；掌握51单片机控制LED点阵与LCD显示器的接口电路及编程方法。与此同时，在设计电路并安装印制电路板（或万能板）、进行电路元器件安装、进行电路参数测试与调整的过程中，进一步锻炼学生印制板制作、焊接技术等技能；加深对电子产品生产流程的认识。项目5学习目标见表5.1。

表5.1 项目5学习目标

序号	类别	目标
一	知识点	1. 键盘的结构和工作原理 2. LED点阵的结构及原理 3. LED显示器与单片机的接口电路 4. LCD液晶显示器的结构及原理 5. LCD显示器与单片机的接口电路
二	技能	1. 电子广告牌硬件电路元件识别与选取 2. 电子广告牌的安装、调试与检测 3. 电子广告牌的电路参数测量 4. 电子广告牌故障的分析与检修
三	职业素养	1. 学生的沟通能力及团队协作精神 2. 良好的职业道德 3. 质量、成本、安全、环保意识

【知识链接】

一、单片机键盘接口技术

1. 键盘工作原理及消抖

通过按键的接通与断开，产生两种相反的逻辑状态：低电平“0”与高电平“1”。由于键位未按下，输出为高电平；键位按下，输出为低电平，如图 5.1 所示。因此，可以通过检测输出线上电平的高 / 低来判断键位是否按下。如果检测到为高电平，说明键位没有按下；如果检测到为低电平，则说明该线路上对应的键位已按下。

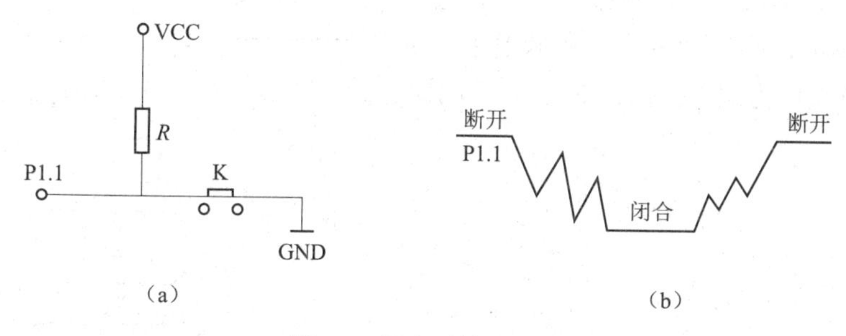

图 5.1　键盘开关及波形

按键时，无论按下键位还是放开键位都会产生抖动，按下键位时产生的抖动称为前沿抖动，松开键位时产生的抖动称为后沿抖动。如果对抖动不做处理，必然会出现按一次键输入多次，为确保按一次键只确认一次，必须消除按键抖动。消除按键抖动通常有两种方法：硬件消抖和软件消抖。

硬件消抖是通过在按键输出电路上加上一定的硬件线路来消除抖动，一般采用 RS 触发器或单稳态电路。如图 5.2 所示，经过图中的 RS 触发器消除抖动后，输出端的信号就变为标准的矩形波了。

软件消抖是利用延时来跳过抖动过程，当判断有键按下时，先执行一段大于 10 ms 的延时程序后再去判断按下的键位是哪一个，从而消除前沿抖动的影响。对于后沿抖动，只需要在接收一个键位后，经过一定时间再去检测有无按键，这样就自然跳过后沿抖动时间而消除后沿抖动了，键盘处理过程大多采用软件消抖的方式。

2. 独立式键盘及其接口

独立式键盘是最简单的键盘结构形式，每个按键的电路都是独立的，每个按键占用一根 I/O 线，相互之间没有影响，按键识别（编程）简单；但占用较多的线，适合 8 键以下使用。按键与 8051 的连接电路如图 5.3 所示。

3. 矩阵式键盘及其接口

矩阵式键盘又叫行列式键盘。用 I/O 接口线组成行、列结构，键位设置在行、列的交点上。例如 4×4 的行、列结构可组成 16 个键的键盘，比一个键位用一根 I/O 接口线的独立式键盘少了一半的 I/O 接口线，而且键位越多，优势就越明显。因此，在按

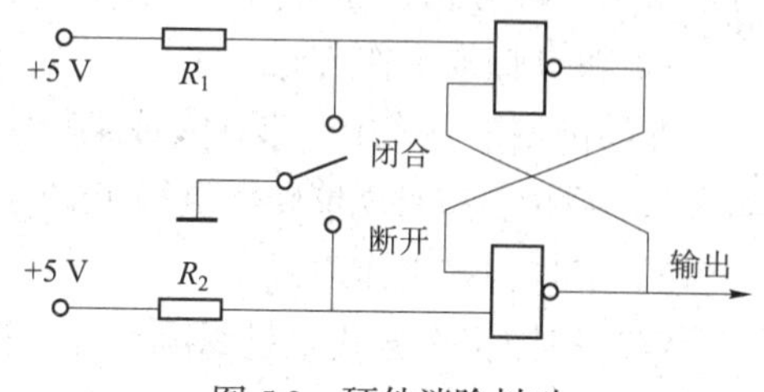

图 5.2　硬件消除抖动

键数目较多时，往往采用矩阵式键盘。4×4 行列结构，可安装 16 个按键，形成一个键盘，如图 5.4 所示：列线：P1.4 ~ P1.7；行线：P1.0 ~ P1.3。

在单片机应用系统中，扫描键盘只是 CPU 的工作任务之一。在某一时刻只让一条列线处于低电平，其余列线均处于高电平，则当这一列有键按下时，该键所在的行电平将会由高电平变为低电平，可判定该列相应的行有键按下。当第 0 列处于低电平时，逐行查找是否有行线变低，若有，则第 0 列与该行的交叉点按键按下；若无，则表示第 0 列无键按下，再让下一列处在低电平，以此循环，这种方式称为键盘扫描，如图 5.5 所示。

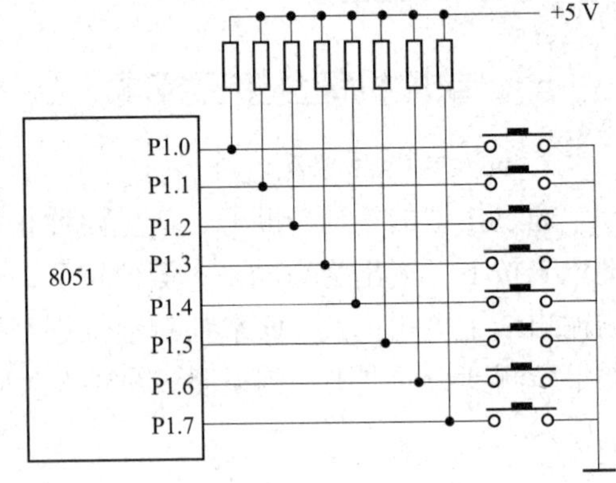

图 5.3　按键与 8051 的连接电路

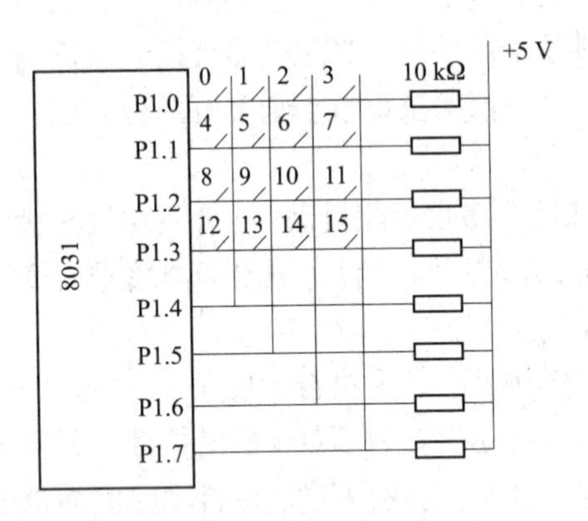

图 5.4　矩阵式键盘及其接口电路

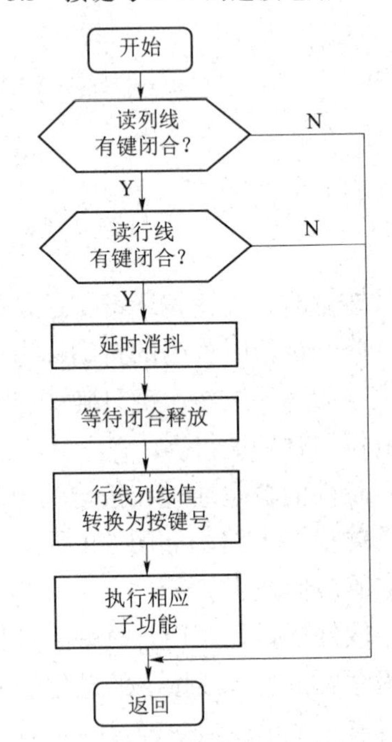

图 5.5　键盘扫描子程序流程

4. 键盘的工作方式

在实际应用中，要想做到既能及时相应键操作，又不过多地占用 CPU 的工作时间，就要根据应用系统中 CPU 的忙闲情况选择适当的键盘工作方式。对于检测键盘上有无键按下通常采用三种方式：随机扫描工作方式、定时扫描工作方式和中断扫描工作方式。

1）随机扫描工作方式

在随机扫描方式中，CPU 完成某特定任务后，即执行键盘扫描程序，以确定键盘有无按键输入，然后根据按键功能转去执行相应的操作。在执行键盘按键规定的功能中不理睬键盘输入。

2）定时扫描工作方式

定时扫描工作方式就是每隔一段时间对键盘扫描一次，它利用单片机内部的定时器产生一定时间（例如 10 ms）的定时，当定时时间到就产生定时器溢出中断。CPU 响应中断后对键盘进行扫描，并在有键按下时识别出该键，再执行该键的功能程序。

3）中断扫描工作方式

为提高 CPU 工作效率，可采用中断扫描工作方式。其工作过程如下：当无键按下时，CPU 处理自己的工作，当有键按下时，产生中断请求，CPU 转去执行键盘扫描子程序，并识别键号。

【例 5.1】 4×4 矩阵式键盘接口电路如图 5.4 所示，完成相应键盘扫描程序。

C 语言源程序如下：

```
# include <reg51.h>
# define uchar unsigned char
# define uint unsigned int
void dlms（ void ）
void kbscan（ void ）;
void main（ void ）
{
uchar key ;
while（ 1 ）
  {  key =kbscan（ ）;
     dlms（ ）;
  }
}
void dlms（ void ）
{  uchar i ;
  for（ i=200 ; i>0 ; i– – ）{ }
}
uchar kbscan（ void ）                               // 键扫描函数
{  uchar scode , recode ;
   P1=oxf0 ;
   if（（P1 & 0xf0 ）! =0xf0 ）                      // 若有键按下
    { dlms（ ）;                                     // 延时去抖动
      if（（ P1 & 0xf0 ）! = 0xf0 ）
       { scode =0xfe ;                              // 逐行扫描初值
         while（（ scode & 0x10 ）!=0 ）
          {  P1=scode ;                             // 输出扫描码
if（（ P1 & 0xf0 ）! =0xf0 ）                        // 本行有键按下
                { recode=（ P1 & 0xf0 ）| 0x0f ;
                   return（（ ~ scode ）+（ ~ recode ））;      // 返回特征字节码
                 }
          else
```

```
            scode =( scode << 1 )| 0x01 ;                       //行扫描左移一位
          }
        }
      }
   return( 0 );
  }
```

二、LED 点阵显示器

1. LED 点阵显示器结构

LED 点阵显示器亦称 LED 点阵或 LED 矩阵板。它是以发光二极管为像素，按照行与列的顺序排列起来，用集成工艺制成的显示器件，具有亮度高且均匀，高可靠性，接线简单，拼装方便等优点，被广泛用于大屏幕 LED 智能显示屏、智能仪器等设备中。常见的规格有 8×8 点阵、16×16 点阵的单色、彩色 LED 点阵显示器。图 5.6 所示为单色 8×8 LED 点阵模块及其内部电路。

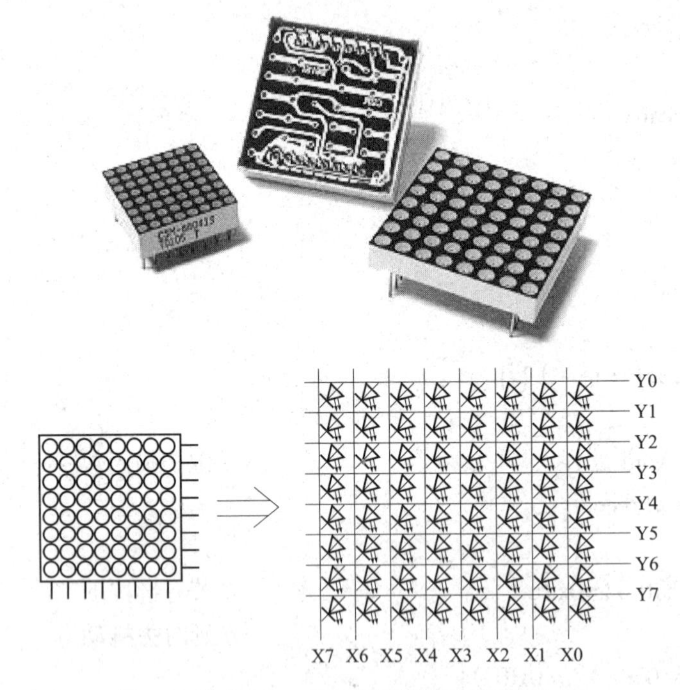

图 5.6　单色 8×8 LED 点阵模块及其内部电路

LED 点阵显示器单块使用时，既可代替数码管显示数字，也可显示各种中西文字及符号，如 5×7 点阵显示器用于显示西文字母，5×8 点阵显示器用于显示中西文，8×8 点阵可以用于显示简单的中文文字，也可用于简单图形显示。用多块点阵显示器组合则可构成大屏幕显示器，但这类实用装置常通过 PC 机或单片机控制驱动。

2. LED 点阵显示器显示方式

LED 点阵显示系统中各模块的显示方式有静态和动态显示两种。静态显示原理简单、控制方便，但硬件接线复杂，在实际应用中一般采用动态显示方式，动态显示采用扫描的方式工作，由峰值较大的窄脉冲电压驱动，从上到下逐次不断地对显示屏的各行进行选通，同时又向各列送出表示图形或文字信息的列数据信号，反复循环以上操作，就可显示各种图形或文字信息。

点阵式LED汉字广告屏绝大部分是采用动态扫描显示方式，这种显示方式巧妙地利用了人眼的视觉暂留特性。将连续的几帧画面高速地循环显示，只要帧速率高于24帧/s，人眼看起来就是一个完整的、相对静止的画面。最典型的例子就是电影放映机。在电子领域中，这种动态扫描显示方式极大地缩减了发光单元的信号线数量，因此在LED显示技术中被广泛使用。

下面以8×8点阵模块为例，介绍其使用方法及控制过程。图5.6中，红色水平线Y0、Y1、…、Y7叫作行线，接内部发光二极管的阳极，每一行8个LED的阳极都接在本行的行线上，相邻两行线间绝缘。同样，蓝色竖直线X0、X1、…、X7叫作列线，接内部每列8个LED的阴极，相邻两列线间绝缘。

在这种形式的LED点阵模块中，若在某行线上施加高电平（用“1”表示），在某列线上施加低电平（用“0”表示），则行线和列线的交叉点处的LED就会有电流流过而发光。例如，Y7为1，X0为0，则右下角的LED点亮。再如Y0为1，X0 ~ X7均为0，则最上面一行8个LED全点亮。

现描述一下用动态扫描显示的方式，显示字符“0”的过程，如图5.7所示。

若形成的列代码为00H，00H，3EH，41H，41H，3EH，00H，00H；只要把这些代码分别送到相应的列线上面，即可实现“0”的数字显示。送显示代码过程如下：送第一列线代码到P3端口，同时置第一行线为“0”，其他行线为“1”，延时2 ms左右，送第二列线代码到P3端口，同时置第二行线为“0”，其他行线为“1”，延时2 ms左右，如此下去，直到送完最后一列代码，又从头开始送。

利用16×16点阵可以显示国标一、二级汉字，西文，数字和字符，常见的汉字均可用32个字节点阵的16进制码表示。以显示汉字“大”为例，来说明其扫描原理。

每一个字由16行16列的点阵组成显示。如果采用8位的AT89C51单片机，一个字需要拆分为两个部分。一般将它拆分为上部和下部，上部由8×16点阵组成，下部也由8×16点阵组成。

在本例中单片机首先显示的是左上角的第一列的上半部分，即第0列的P00 ~ P07口。方向为P00 ~ P07，显示汉字“大”时，P05点亮，控制信号为1，其他二极管为灭，控制信号为0，由上往下排列，二进制为00000100，转换为16进制为04H。字符“大”如图5.8所示。

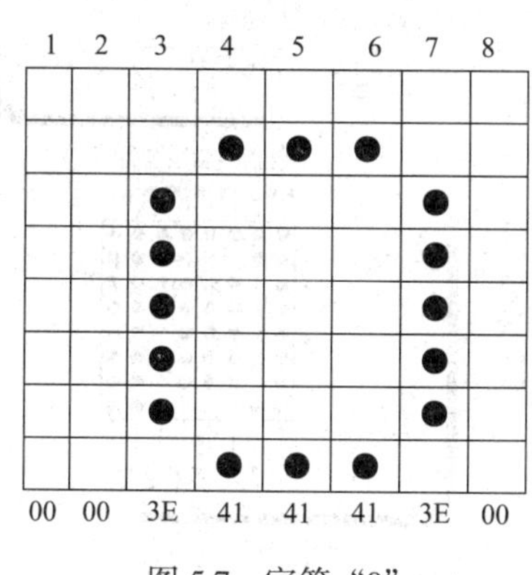

图5.7　字符“0”

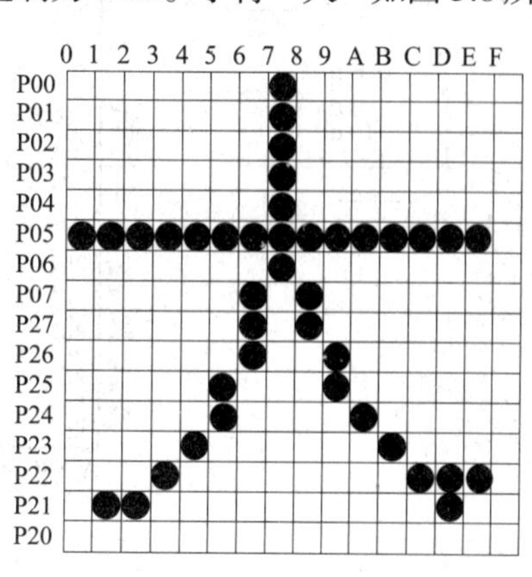

图5.8　字符“大”

上半部第一列完成后，扫描下半部的第一列，为了接线的方便，我们仍设计成由上往下扫描，即从 P27 向 P20 方向扫描，从图 5.8 中可以看到，这一列全部为不亮，即为 00000000，16 进制则为 00H。

然后单片机转向上半部第二列，仍为 P05 点亮，为 00000100，即 16 进制 04H。下半部分的扫描，P21 点亮，为二进制 00000010，即 16 进制 02H。

依照这个方法，继续进行下面的扫描，一共扫描 32 个 8 位，可以得出汉字“大”的扫描代码为

04H，00H，04H，02H，04H，02H，04H，04H

04H，08H，04H，30H，05H，0C0H，0FEH，00H

05H，80H，04H，60H，04H，10H，04H，08H

04H，04H，0CH，06H，04H，04H，00H，00H

通过以上分析得出，无论显示何种字体或图像，都可以采用上述方法来分析出它相应的扫描代码，从而显示在屏幕上。

3. LED 点阵与单片机的接口电路

目前常见的是并行传输方式，通过 8 位锁存器将 8 位总线上的列数据进行锁存显示，各 8 位锁存器的片选信号由译码器提供。此种方式的优点是传输速度快，对微控制器（MCU）的通信速度要求较低。下面以 51 单片机控制 8 × 8 LED 点阵显示数字 0 ~ 9 的数字为例予以介绍。

LED 点阵与 51 单片机的接口电路如图 5.9 所示，此电路核心件是 MCS–51 单片机（AT89C51），包括时钟电路、复位电路以及 74LS245 驱动电路。

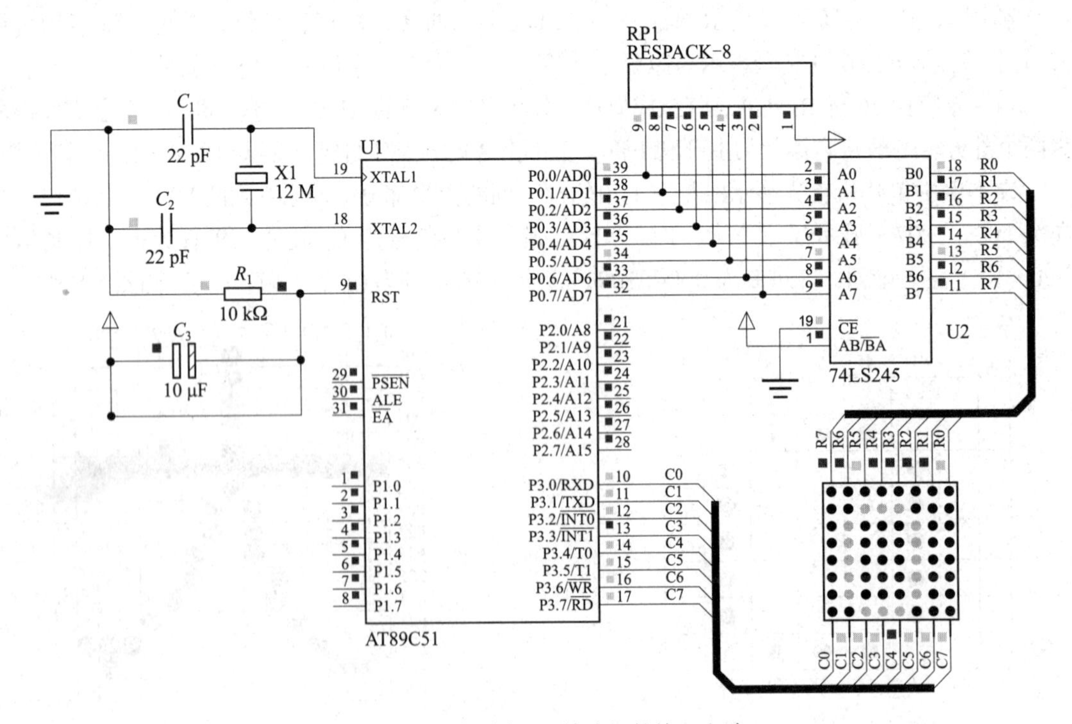

图 5.9　LED 点阵与 51 单片机的接口电路

C 语言源程序如下：

```
#include<reg51.h>
#include<intrins.h>
#define uchar unsigned char
#define uint unsigned int
uchar code Table_of_Digits［ ］=
{
0x00，0x3e，0x41，0x41，0x41，0x3e，0x00，0x00，// 0
0x00，0x00，0x00，0x21，0x7f，0x01，0x00，0x00，// 1
0x00，0x27，0x45，0x45，0x45，0x39，0x00，0x00，// 2
0x00，0x22，0x49，0x49，0x49，0x36，0x00，0x00，// 3
0x00，0x0c，0x14，0x24，0x7f，0x04，0x00，0x00，// 4
0x00，0x72，0x51，0x51，0x51，0x4e，0x00，0x00，// 5
0x00，0x3e，0x49，0x49，0x49，0x26，0x00，0x00，// 6
0x00，0x40，0x40，0x40，0x4f，0x70，0x00，0x00，// 7
0x00，0x36，0x49，0x49，0x49，0x36，0x00，0x00，// 8
0x00，0x32，0x49，0x49，0x49，0x3e，0x00，0x00 // 9
};
uchar i=0，t=0，Num_Index;
// 主程序
void main（ ）
{
P3=0x80;
Num_Index=0;                              // 从 0 开始显示
TMOD=0x00;                                // T0 方式 0
TH0=（8192-2000）/32;                     // 2 ms 定时
TL0=（8192-2000）%32;
IE=0x82;
TR0=1;                                    // 启动 T0
while（1）;
}
// T0 中断函数
void LED_Screen_Display（ ）interrupt 1
{
TH0=（8192-2000）/32;                     // 恢复初值
TL0=（8192-2000）%32;
P0=0xff;                                  // 输出位码和段码
P0= ~ Table_of_Digits［Num_Index*8+i］;
```

```
P3=_crol_(P3, 1);
if(++i==8)i=0;                              // 每屏一个数字由 8 个字节构成
if(++t==250)                                // 每个数字刷新显示一段时间
{
t=0;
if(++Num_Index==10)Num_Index=0;             // 显示下一个数字
}
}
```

三、LCD 液晶显示器

LCD（Liquid Crystal Display，液晶显示器），构造是在两片平行的玻璃基板当中放置液晶盒，下基板玻璃上设置 TFT（薄膜晶体管），上基板玻璃上设置彩色滤光片，通过 TFT 上的信号与电压改变来控制液晶分子的转动方向，从而达到控制每个像素点偏振光出射与否而达到显示目的。

液晶显示器具有功耗低、体积小、质量轻等优点，自问世以来就得到了广泛应用。用 LCD 显示屏显示图像或文字，不但需要 LCD 驱动器，还需要有相应的控制器。通常 LCD 驱动器会与 LCD 玻璃基板制作在一起，称为“液晶显示模块”或“LCD”；而控制器常常由外部电路来实现，如单片机、ARM 处理器、DSP（数字信号处理）等。

液晶显示的分类方法有很多种，通常可按其显示方式分为段式，字符式（内部含有字库，字符、汉字的显示依赖字库实现），点阵式（内部没有字库，所有显示数据依赖用户自己写入）等。除了黑白显示外，液晶显示器还有多灰度及彩色显示等。如果根据驱动方式来分，可以分为静态驱动（static）、单纯矩阵驱动（simple matrix）和主动矩阵驱动（active matrix）三种。

下面以 LCD1602 为例介绍点阵字符型液晶显示模块在单片机系统中的应用。

1. LCD1602 简介

字符型液晶显示模块是一种专门用于显示字母、数字、符号等点阵式 LCD，目前常用 16×1，16×2，20×2 和 40×2 行等的模块。下面以某公司的 1602 字符型液晶显示器为例介绍其用法。一般 1602 字符型液晶显示器实物图如图 5.10 所示。

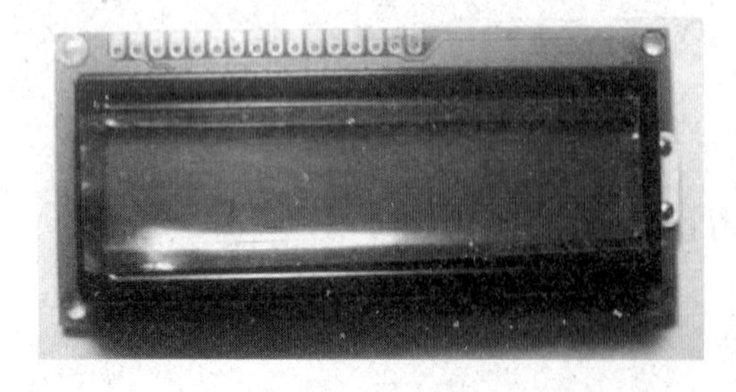

图 5.10　1602 字符型液晶显示器实物图

1）LCD1602 的基本参数及引脚功能

LCD1602 分为带背光和不带背光两种，基本控制器大部分为 HD44780，带背光的比不带背光的厚，是否带背光在应用中并无差别，两者尺寸差别如图 5.11 所示。

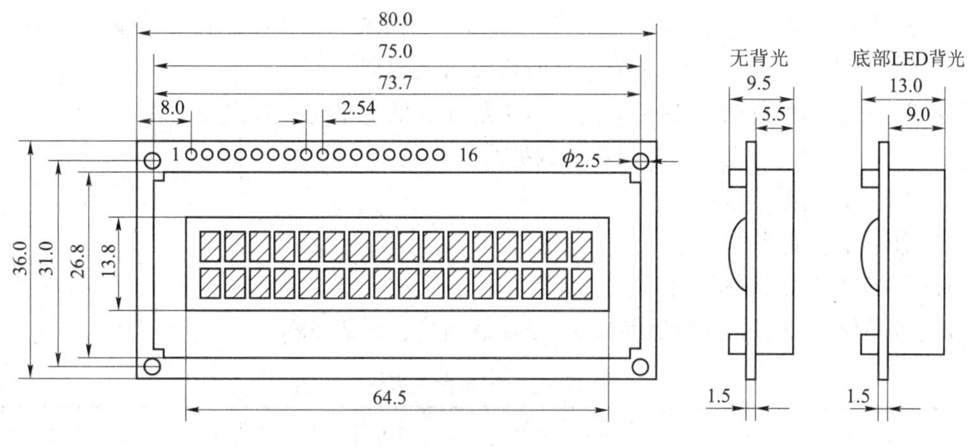

图 5.11　LCD1602 尺寸图

（1）LCD1602 主要技术参数如下。

显示容量：16 × 2 个字符。

芯片工作电压：4.5 ～ 5.5 V。

工作电流：2.0 mA（5.0 V）。

模块最佳工作电压：5.0 V。

字符尺寸：2.95 mm × 4.35 mm（W × H）。

（2）引脚功能说明。

LCD1602 采用标准 14 脚（无背光）或 16 脚（带背光）接口，其引脚接口说明见表 5.2。

表 5.2　LCD1602 引脚接口说明

编号	符号	引脚	编号	符号	引脚
1	VSS	电源地	9	D2	数据
2	VDD	电源正极	10	D3	数据
3	VL	液晶显示偏压	11	D4	数据
4	RS	数据 / 命令选择	12	D5	数据
5	R/W	读 / 写选择	13	D6	数据
6	E	使能信号	14	D7	数据
7	D0	数据	15	BLA	背光源正极
8	D1	数据	16	BLK	背光源负极

第 1 脚：VSS 为电源地。

第 2 脚：VDD 接 5 V 正电源。

第 3 脚：VL 为液晶显示器对比度调整端，接正电源时对比度最弱，接地时对比度最高，对比度过高时会产生“鬼影”，使用时可以通过一个 10 kΩ 的电位器调整对比度。

第 4 脚：RS 为寄存器选择，高电平时选择数据寄存器、低电平时选择指令寄存器。

第 5 脚：R/W 为读写信号线，高电平时进行读操作，低电平时进行写操作。当 RS 和

R/W 共同为低电平时可以写入指令或者显示地址，当 RS 为低电平、R/W 为高电平时可以读忙信号，当 RS 为高电平、R/W 为低电平时可以写入数据。

第 6 脚：E 端为使能端，当 E 端由高电平跳变成低电平时，液晶模块执行命令。

第 7 ~ 14 脚：D0 ~ D7 为 8 位双向数据线。

第 15 脚：背光源正极。

第 16 脚：背光源负极。

2）LCD1602 的指令说明及时序

1602 液晶模块内部的控制器共有 11 条控制指令，见表 5.3。

表 5.3　控制命令表

序号	指令	RS	R/W	D7	D6	D5	D4	D3	D2	D1	D0
1	清显示	0	0	0	0	0	0	0	0	0	1
2	光标复位	0	0	0	0	0	0	0	0	1	*
3	置输入模式	0	0	0	0	0	0	0	1	I/D	S
4	显示开 / 关控制	0	0	0	0	0	0	1	D	C	B
5	光标或字符移位	0	0	0	0	0	1	S/C	R/L	*	*
6	置功能	0	0	0	0	1	DL	N	F	*	*
7	置字符发生存储器地址	0	0	0	1	字符发生存储器地址					
8	置数据存储器地址	0	0	1	显示数据存储器地址						
9	读忙标志或地址	0	1	BF	计数器地址						
10	写数到 CGRAM 或 DDRAM	1	0	要写的数据内容							
11	从 CGRAM 或 DDRAM 读数	1	1	读出的数据内容							

1602 液晶模块的读写操作、屏幕和光标的操作都是通过指令编程来实现的（说明：1 为高电平、0 为低电平）。基本操作时序见表 5.4。

表 5.4　基本操作时序

读状态	输入	RS=L，R/W=H，E=H	输出	D0 ~ D7= 状态字
写指令	输入	RS=L，R/W=L，D0 ~ D7= 指令码，E= 高脉冲	输出	无
读数据	输入	RS=H，R/W=H，E=H	输出	D0 ~ D7= 数据
写数据	输入	RS=H，R/W=L，D0 ~ D7= 数据，E= 高脉冲	输出	无

指令 1：清显示，指令码 01H，光标复位到地址 00H 位置。

指令 2：光标复位，光标返回到地址 00H。

指令 3：光标和显示模式设置。I/D：光标移动方向，高电平右移，低电平左移；S：屏幕上所有文字是否左移或者右移。高电平表示有效，低电平则无效。

指令 4：显示开 / 关控制。D：控制整体显示的开与关，高电平表示开显示，低电平表示关显示；C：控制光标的开与关，高电平表示有光标，低电平表示无光标；B：控制光标是否闪烁，高电平闪烁，低电平不闪烁。

指令 5：光标或字符移位。S/C：高电平时移动显示的文字，低电平时移动光标。

指令 6：功能设置命令。DL：高电平时为 4 位总线，低电平时为 8 位总线；N：低电平时为单行显示，高电平时双行显示；F：低电平时显示 5×7 的点阵字符，高电平时显示 5×10 的点阵字符。

指令 7：字符发生器 RAM 地址设置。

指令 8：DDRAM 地址设置。

指令 9：读忙信号和光标地址。BF：为忙标志位，高电平表示忙，此时模块不能接收命令或者数据，如果为低电平表示不忙。

指令 10：写数据。

指令 11：读数据。

读写操作时序分别如图 5.12 和图 5.13 所示。

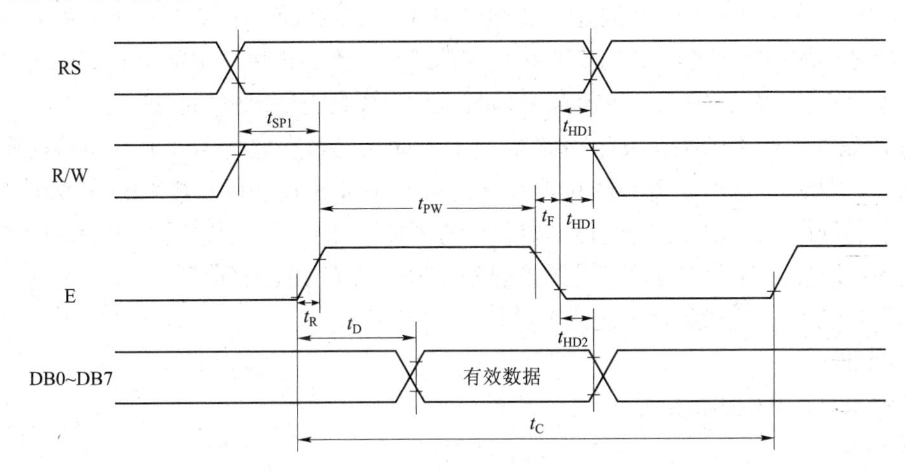

图 5.12　读操作时序

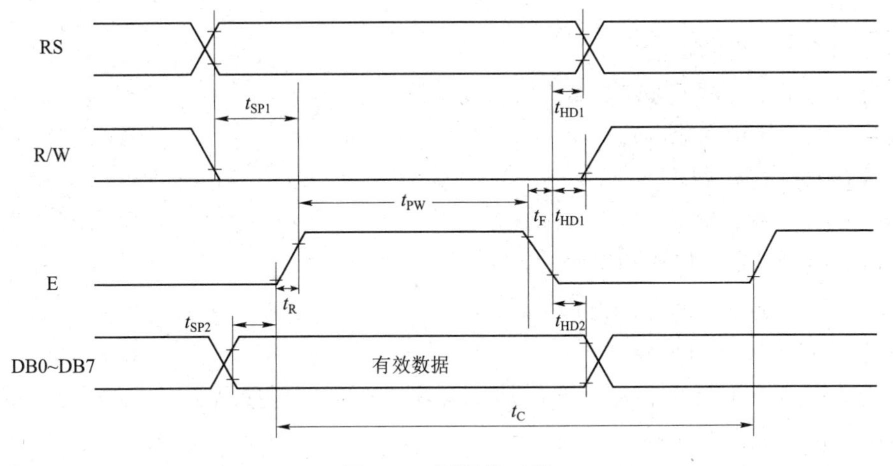

图 5.13　写操作时序

3）LCD1602 的 RAM 地址映射及标准字库表

液晶显示模块是一个慢显示器件，所以在执行每条指令之前一定要确认模块的忙标志为低电平，表示不忙，否则此指令失效。要显示字符时要先输入显示字符地址，也就是告诉模块在哪里显示字符，图 5.14 所示为 LCD1602 内部显示地址。

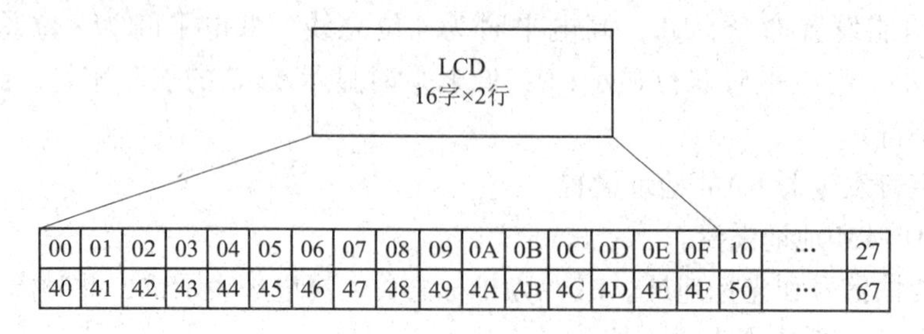

图 5.14 LCD1602 内部显示地址

例如，第二行第一个字符的地址是 40H，那么是否直接写入 40H 就可以将光标定位在第二行第一个字符的位置呢？这样不行，因为写入显示地址时要求最高位 D7 恒定为高电平 1，所以实际写入的数据应该是 01000000B(40H)+10000000B(80H)=11000000B(C0H)。

在对液晶模块的初始化中要先设置其显示模式，在液晶模块显示字符时光标是自动右移的，无须人工干预。每次输入指令前都要判断液晶模块是否处于忙的状态。

1602 液晶模块内部的字符发生存储器（CGROM）已经存储了 160 个不同的点阵字符图形，如图 5.15 所示，这些字符有阿拉伯数字、英文字母的大小写、常用的符号和日文假名等，每一个字符都有一个固定的代码，如大写的英文字母“A”的代码是 01000001B(41H)，显示时模块把地址 41H 中的点阵字符图形显示出来，我们就能看到字母“A”。

4）LCD1602 的一般初始化（复位）过程

延时 15 ms

写指令 38H（不检测忙信号）

延时 5 ms

写指令 38H（不检测忙信号）

延时 5ms

写指令 38H（不检测忙信号）

以后每次写指令、读 / 写数据操作均需要检测忙信号。

写指令 38H：显示模式设置

写指令 08H：显示关闭

写指令 01H：显示清屏

写指令 06H：显示光标移动设置

写指令 0CH：显示开及光标设置

2. LCD1602 与单片机的接口电路

LCD1602 在 AT89C51 的控制下显示演示程序，在第一行显示“welcome”，在第二行显示“MCS-51 danpianji”。

Upper 4 Bit Hexadecimal

Lower 4 Bit Hexadecimal

Uoper 4 bits / Lower 4 bits	0000 (0)	0010 (2)	0011 (3)	0100 (4)	0101 (5)	0110 (6)	0111 (7)	1010 (A)	1011 (B)	1100 (C)	1101 (D)	1110 (E)	1111 (F)
××××0000 (0)	CG RAM (1)		0	@	P	`	p		ー	タ	ミ	α	p
××××0001 (1)	(2)	!	1	A	Q	a	q	。	ア	チ	ム	ä	q
××××0010 (2)	(3)	"	2	B	R	b	r	「	イ	ツ	メ	β	θ
××××0011 (3)	(4)	#	3	C	S	c	s	」	ウ	テ	モ	ε	∞
××××0100 (4)	(5)	$	4	D	T	d	t	、	エ	ト	ヤ	μ	Ω
××××0101 (5)	(6)	%	5	E	U	e	u	・	オ	ナ	ユ	σ	ü
××××0110 (6)	(7)	&	6	F	V	f	v	ヲ	カ	ニ	ヨ	ρ	Σ
××××0111 (7)	(8)	'	7	G	W	g	w	ァ	キ	ヌ	ラ	g	π
××××1000 (8)	(1)	(	8	H	X	h	x	ィ	ク	ネ	リ	√	x̄
××××1001 (9)	(2)	)	9	I	Y	i	y	ゥ	ケ	ノ	ル	⁻¹	y
××××1010 (A)	(3)	*	:	J	Z	j	z	ェ	コ	ハ	レ	j	千
××××1011 (B)	(4)	+	;	K	[	k	{	ォ	サ	ヒ	ロ	ˣ	万
××××1100 (C)	(5)	,	<	L	¥	l	|	ャ	シ	フ	ワ	¢	円
××××1101 (D)	(6)	-	=	M	]	m	}	ュ	ス	ヘ	ン	£	÷
××××1110 (E)	(7)	.	>	N	^	n	→	ョ	セ	ホ	゛	ñ	
××××1111 (F)	(8)	/	?	O	_	o	←	ッ	ソ	マ	゜	ö	█

图 5.15　字符代码与图形对应图

如图 5.16 所示，P0.0 ~ P0.7 接 LCD1602 的 DB0 ~ DB7，P0 口要接上拉电阻，阻值 4K7；AT89C51 的 P2.5、P2.6、P2.7 分别与 LCD1602 的 RS、RW、E 对应连接。LCD1602 的总线接口和 51 系列单片机采用的总线接口不兼容，没有 /WR、/RD、ALE 之类的控制引脚，可以使用 P2.5、P2.6、P2.7 来模拟 LCD1602 的接口时序，通常称为间接控制方式；还可以增加组合逻辑电路来凑出 Intel 总线接口，称为直接控制方式。图 5.16 所示为 LCD1602 间接控制方式原理图。

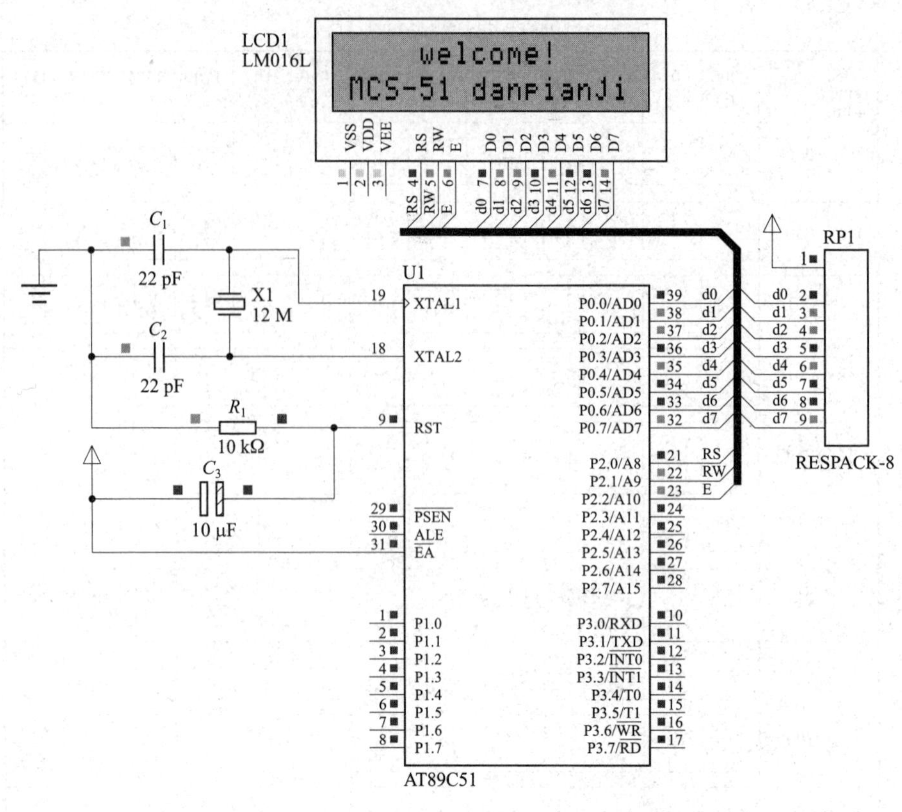

图 5.16　LCD1602 间接控制方式原理图

C 语言源程序如下：

```
#include <reg51.h>
#include <intrins.h>
typedef unsigned char BYTE;
typedef unsigned int WORD;
typedef bit BOOL ;
sbit rs = P2^0; // 数据 / 命令选择
sbit rw = P2^1; // 读 / 写选择
sbit ep = P2^2; // 使能信号
BYTE code dis1 [ ]= {"welcome!"};
BYTE code dis2 [ ]= {"MCS-51 danpianji "};
delay ( BYTE ms )
{                                                   // 延时子程序
    BYTE i;
    while ( ms-- )
    {
        for ( i = 0; i< 250; i++ )
        {
```

```
                _nop_ ( );
                _nop_ ( );
                _nop_ ( );
                _nop_ ( );
            }
        }
}
BOOL lcd_bz ( )
{                                                   // 测试 LCD 忙碌状态
    BOOL result;
    rs = 0;
    rw = 1;
    ep = 1;
    _nop_ ( );
    _nop_ ( );
    _nop_ ( );
    _nop_ ( );
    result = ( BOOL ) ( P0 & 0x80 ) ;
    ep = 0;
    return result;
}

lcd_wcmd ( BYTE cmd )
{                                                   // 写入指令数据到 LCD
    while ( lcd_bz ( )) ;
    rs = 0;
    rw = 0;
    ep = 0;
    _nop_ ( );
    _nop_ ( );
    P0 = cmd;
    _nop_ ( );
    _nop_ ( );
    _nop_ ( );
    _nop_ ( );
    ep = 1;
    _nop_ ( );
    _nop_ ( );
```

```
        _nop_ ( );
        _nop_ ( );
        ep = 0;
    }

    lcd_pos ( BYTE pos )
    {                                          // 设定显示位置
        lcd_wcmd ( pos | 0x80 );
    }

    lcd_wdat ( BYTE dat )
    {                                          // 写入字符显示数据到 LCD
        while ( lcd_bz ( ) );
        rs = 1;
        rw = 0;
        ep = 0;
        P0 = dat;
        _nop_ ( );
        _nop_ ( );
        _nop_ ( );
        _nop_ ( );
        ep = 1;
        _nop_ ( );
        _nop_ ( );
        _nop_ ( );
        _nop_ ( );
        ep = 0;
    }
    lcd_init ( )
    {                                          // LCD 初始化设定
        lcd_wcmd ( 0x38 );
        delay ( 1 );
        lcd_wcmd ( 0x0c );
        delay ( 1 );
        lcd_wcmd ( 0x06 );
        delay ( 1 );
        lcd_wcmd ( 0x01 );                     // 清除 LCD 的显示内容
        delay ( 1 );
```

```
}
main ( )
{
    BYTE i;
    lcd_init ( );                        //初始化 LCD
    delay ( 10 );
    lcd_pos ( 4 );                       //设置显示位置为第一行的第 5 个字符
    i = 0;
    while ( dis1 [ i ]!= '\0' )
    {                                    //显示字符“welcome!”
          lcd_wdat ( dis1 [ i ]);
          i++;
    }
    lcd_pos ( 0x40 );                    //设置显示位置为第二行第一个字符
    i = 0;
    while ( dis2 [ i ]!= '\0' )
    {
          lcd_wdat ( dis2 [ i ]);        //显示字符“MCS-51 danpianji”
          i++;
    }
    while ( 1 );
}
```

【任务实施】

一、任务分析

1. 总体方案设计

本任务要求设计与制作一个基于 51 单片机的 LED 点阵显示屏系统，实现一组汉字或图形（本任务以箭头为例）的滚动显示。单片机通过串口发送数据到 2 片 8×8 点阵屏滚动显示。

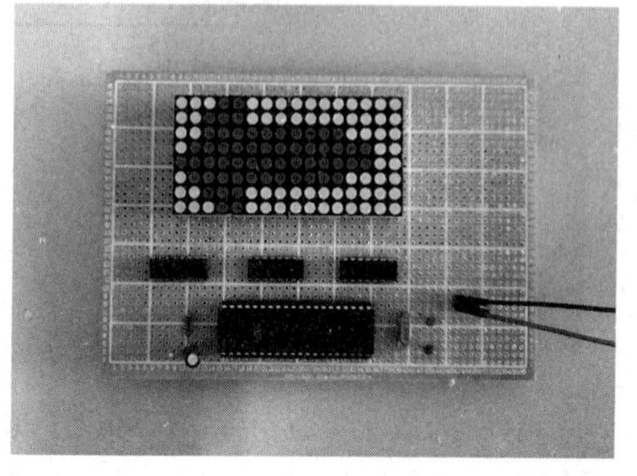

图 5.17　LED 点阵显示屏实物图

本任务要求用 Keil、Proteus 等作开发工具，进行调试与仿真，并在万能板或 PCB 板上进行电路元器安装、电路参数测试与调整，下载程序并测试好，LED 点阵显示屏实物图如图 5.17 所示，最后需完成任务设计总结报告。

2. 硬件电路设计

系统采用 AT89C51 单片机为控制器，整个电路主要由 AT89C51 单片机、LED 点阵驱动显示电路、时钟电路、复位电路、串口通信电路、8×8 点阵屏和电源电路等。LED 点阵显示系统的结构框图如图 5.18 所示。

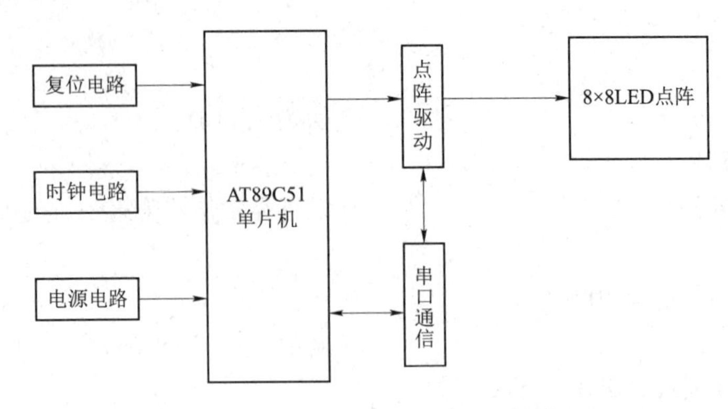

图 5.18 LED 点阵显示屏系统的结构框图

根据图 5.18 的总体设计框图，设计出 LED 点阵显示屏系统原理图，如图 5.19 所示。单片机通过串口发送数据到 2 片 8×8 点阵屏，其中通过串口发送数据到 3 片串入并出芯片 74LS595，前 2 片分别发送两块电子屏的行码，第 3 片负责两点阵屏的列码。

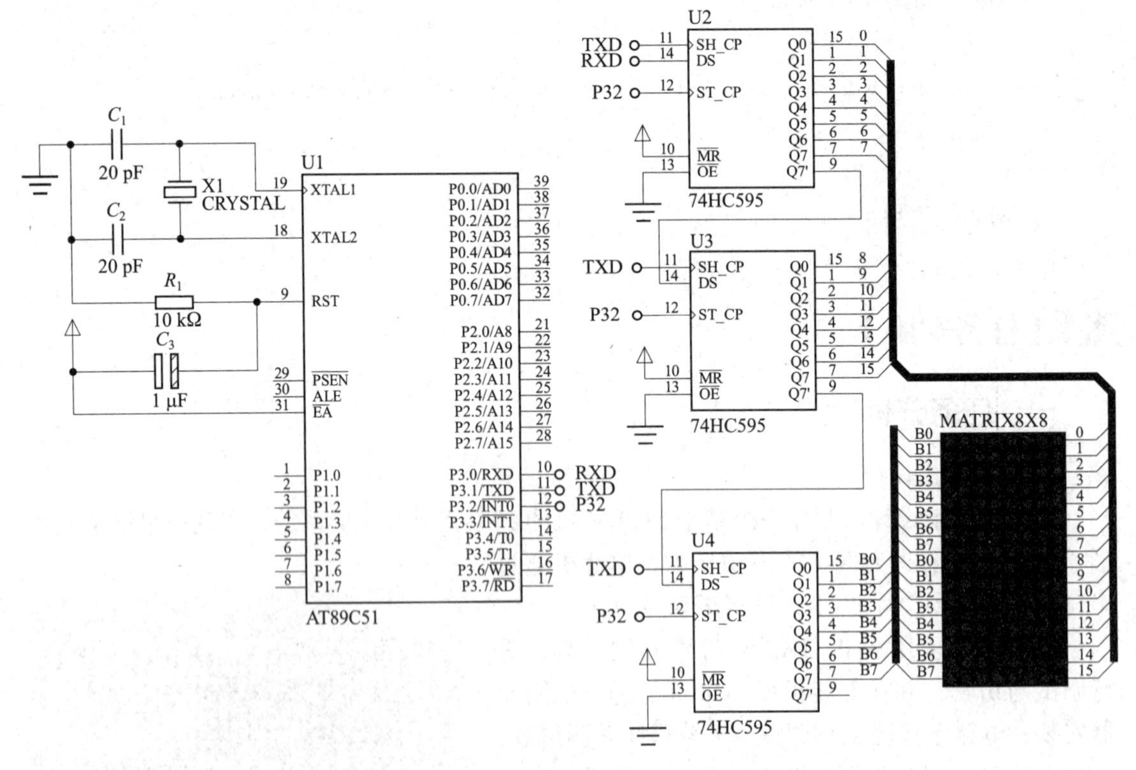

图 5.19 LED 点阵显示屏系统原理图

1）单片机最小系统

单片机最小系统包括 AT89C51 单片机、复位电路、时钟电路，其中复位电路采用上电复位。

在该系统中，单片机串口RXD端接第1片74LS595的DS端，P3.2接74LS595的ST_CP端控制串入并出芯片的工作状态。

2）LED点阵驱动电路

本设计的核心是利用单片机读取显示字型码，通过驱动电路对8×8 LED点阵进行动态列扫描，以实现汉字的滚动显示。为了解决单片机I/O端口不足的问题，行译码所用器件为串入并出芯片74LS595驱动，74LS595是一个八位串行输入三态并行输出的移位寄存器。

3）LED点阵显示屏

系统采用8×16LED点阵显示屏，可使用2块8×8点阵显示屏构建一块8×16点阵显示屏。

4）串口通信电路

为了方便地更新8×16点阵LED显示数据，系统设计了串行接口通过串入并出芯片74LS595发送数据到2块8×8点阵显示屏。

5）电源电路

在系统中AT89S51、74LS595都需要5 V的供电电压，故系统电源可由7805构成的三端稳压器输出5 V直流电压为显示系统供电。

3. 软件设计

系统软件采用C语言编写，按照模块化的设计思路。首先分析程序所要实现的功能，程序要实现串口通信、静态显示、动态显示三大功能。通信程序接收单片机发送的数据，交给主程序处理再通过控制程序选择不同的显示程序进行显示。

1）程序流程图

程序开始时首先必须对单片机进行初始化，其中初始化的内容包括：中断优先级的设定，中断初始化，串行通信时通信方式的选择和波特率的设定，各IO口功能的设定，等等。初始化完成后程序进入待机状态等待中断的发生，该程序中主要用到了两个外部中断源和串行中断。外部中断源由按键的电平变化触发，外部中断主要功能是选择LED点阵显示屏的控制方式（由按键控制还是上位机控制）和显示状态（静态显示还是动态显示）。串行中断包括发送中断和接收中断，都是由软件触发的。中断产生后由预先初始化时设定跳转执行中断子程序。中断程序设定了LED点阵显示屏所要显示的内容和方式，最后执行的是各种显示程序。按照设定的内容和方式显示出所需要的内容。主程序流程图如图5.20所示。

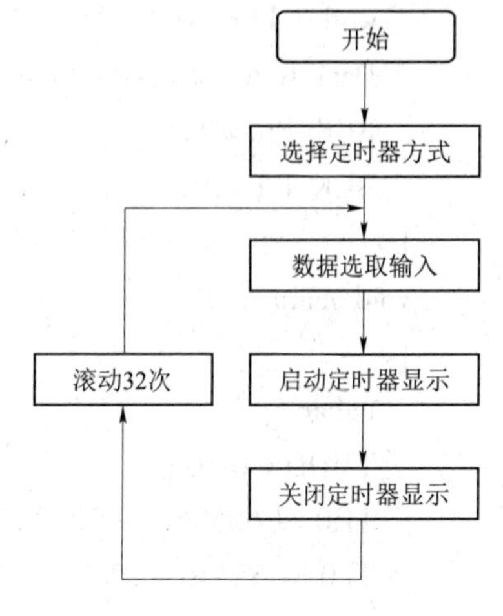

图5.20 主程序流程图

2）C语言源程序

C语言源程序如下：

```
#include <reg51.h>
#include <intrins.h>
#include <stdio.h>
#define uchar unsigned char
#define uint  unsigned int
sbit   RCK_Pin=P3^2;
```

```
uchar code DSY_CONTENT_8X8 [ ] =
{
 0xFF, 0xFF, 0xFF, 0xFF, 0xFF, 0xFF, 0xFF, 0xFF,
 0xFF, 0xFF, 0xFF, 0xFF, 0xFF, 0xFF, 0xFF, 0xFF,
 0xFF, 0xFF, 0xF7, 0xE3, 0x81, 0x00, 0xC3, 0xC3,
 0xC3, 0xC3, 0xC3, 0xC3, 0xC3, 0xE7, 0xE7, 0xFF,
 0xFF, 0xFF, 0xFF, 0xFF, 0xFF, 0xFF, 0xFF, 0xFF,
 0xFF, 0xFF, 0xFF, 0xFF, 0xFF, 0xFF, 0xFF, 0xFF,
};
uchar Scan_BIT = 0x01;
uchar Offset, Data_Index = 0;
void Delay ( uint t )
{
  uchar i;
  while( t-- ) for ( i=0; i<120; i++ );
}
void T0_Led_Display_Control( )interrupt 1
{
  TH0 =( 65536 - 1000 ) / 256;
  TL0 =( 65536 - 1000 ) % 256;
  Scan_BIT = _cror_ ( Scan_BIT, 1 );
  putchar ( Scan_BIT );
  while( TI == 0 );
  putchar ( DSY_CONTENT_8X8[ Offset + Data_Index+8 ] );
  while( TI == 0 );
  putchar ( DSY_CONTENT_8X8 [ Offset + Data_Index ] );
  while( TI == 0 );
  Data_Index =( Data_Index + 1 )% 8;
  RCK_Pin = 1;
  RCK_Pin = 0;
}
void main ( )
{
  uchar i;
  TMOD = 0x01;
  TH0 =( 65536 - 1000 )/ 256;
  TL0 =( 65536 - 1000 )% 256;
   IE = 0x82;
```

```
    TCON = 0x00;
    TI = 1;
    while ( 1 )
    {
      for ( i = 0; i < 32; i++ )
      {
          Offset = i;
          TR0 = 1;
          Delay ( 50 );
          TR0 = 0;
      }
  }
}
```

4. 电路仿真

利用 Protues 仿真软件对系统进行电路仿真，仿真结果如图 5.21 所示。

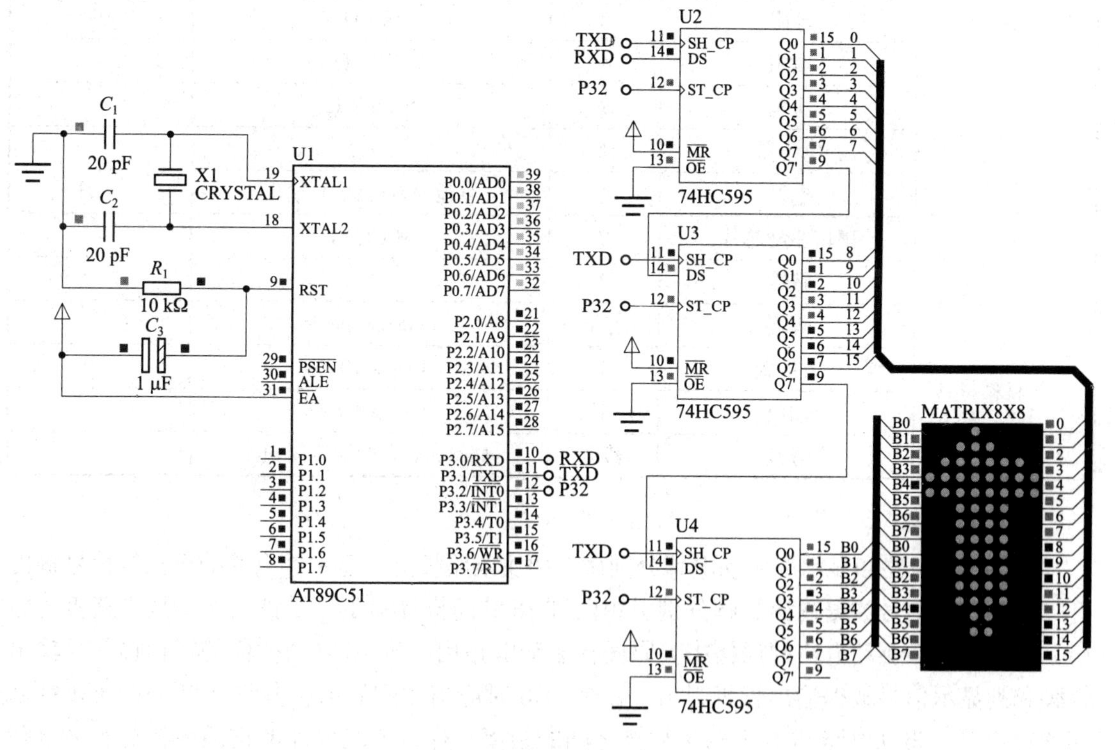

图 5.21　仿真结果

二、安装与调试

1. 任务所需设备、工具、器件、材料

任务所需设备、工具、器件、材料见表 5.5。

表 5.5　任务所需设备、工具、器件、材料

类型	名称	数量	型号	备注
设备	示波器	1	20M	
工具	万用表	1	普通	
	电烙铁	1	普通	
	斜口钳	1	普通	
	镊子	1	普通	
器件	51 系列单片机	1	AT89C51（AT89S51）	
	译码器	1	74LS154	
	串入并出芯片	2	74LS595	
	点阵	4	8 × 8	
	串口	1	9 针	
	晶振	1	12 MHz	
	瓷片电容	2	30 pF	
	电解电容	1	10 μF/16 V	
	电阻	2	10 kΩ	
	电阻	4	0.22 kΩ	
	排阻	2	1 K × 8 Ω	
	电位器	1	1 kΩ	
	电源	1	直流 400 mA/5 V 输出	
	串口驱动芯片	2	MAX232	
	按键	3		
材料	焊锡	若干	ϕ 0.8 mm	
	万能板	1	4 cm × 10 cm	
	PCB 板	1	4 cm × 10 cm	
	导线	若干	ϕ 0.8 mm 多股铜线漆包线	

2. 系统安装

把显示屏电路和显示屏驱动电路分别做在两块电路板上，显示屏电路的行扫描信号输出管脚和列显示信号数据输出管脚分别引用两排 16 针的排针引出，排针长端接到电路板的底层，以方便插入驱动电路的插槽中。同样在驱动电路用两排 16 脚的插槽将行扫描信号输出管脚和列显示信号数据输出管脚引出，在画 PCB 时应当注意显示屏电路 PCB 中两排排针之间的距离要与驱动电路 PCB 中两排插槽之间的距离一样，才能保证能正确地将显示屏电路板排到驱动电路电路板上方。

在画 PCB 时注意双面电路板的做板规则，特别要注意以下几个方面：

（1）双面电路板的过孔比较大，一般在 80 mil[①]以上。

① 密耳，1 mil=0.025 4 mm。

（2）定位孔的放置。

（3）要在顶层焊接时，应注意在顶层插上元器件后是否会影响到焊接，如芯片等管脚比较短的元器件，当插在电路板后要在顶层焊接其管脚是比较困难的。

安装电路后，可将程序烧写到 AT89C51 中，将 AT89C51 插入驱动电路。

3. 系统调试

1）硬件调试

硬件调试主要是调试各部分的焊接是否合格和各芯片的输出输入电压是否符合设计要求，最后测试各硬件部分能否完成设计功能。因此把硬件调试按照以下几步来进行：

（1）短路与虚焊检测。检测工具为万用表，使用万用表的短路报警功能，逐个测试相邻的两个焊点检测是否短路。按照电路图检测需要连接的两点是否短路来检测是否已经连接上，以此来检测虚焊的情况。检测和修改完成后为下一步通电检测排除了短路的危险和由于虚焊引起检测结果不真实的麻烦。

（2）上电测试。由于系统测试时是采用 USB（通用串行总线）电源为系统电源，所以电源输入都为 5 V。显示系统中单片机、译码器、锁存器、驱动电路的电源电压均要求为 5 V，所以可同时直接接入。

上电后首先观察电路是否有过热、异味、冒烟的现象出现。经过观察，没有这些现象出现。然后测试各器件的电源、接地及一些电平应该固定的端口的电压。测试的结果为：各器件电源端在 4.3 ~ 4.8 V，满足器件的电源电压要求，单片机端口在未接负载时端口电压为 4.5 V。

（3）串口调试。串口部分的作用为单片机与 74LS595 机之间通信，要检查硬件是否正常工作可以采用将单片机输出口与输入口直接相连的办法来测试。功能上表示将单片机的输出口与输入口直接相连，单片机收到数据的同时就将数据发送回 PC 机。如果发送的数据能够被接收则证明串口通信部分的硬件是正常的。将串口与计算机 COM1 相接，通过串口调试助手发送不同位数的数据再在把发送的数据与接收数据相比较。

2）软件调试

软件调试主要是软件编译和将各功能块程序分别写入以验证其功能的可实现性。在进行功能调试前必须用 Keil 对所有程序进行编译，编译成功生产可执行的 .hex 后方可进行功能测试。软件调试主要是在系统软件编写是时体现的，一般使用 Keil 进行软件编写和调试。进行软件编写时首先要分清软件应该分成哪些部分，不同的部分分开编写和调试时是最方便的。

如果硬件电路检查后，没有问题却实现不了设计要求，则可能是软件编程的问题，首先应检查初始化程序，然后是读温度程序、显示程序以及继电器控制程序，对这些分段程序，要注意逻辑顺序、调用关系以及涉及的标号，有时会因为一个标号而影响程序的执行，除此之外，还要熟悉各指令的用法，以免出错。还有一个容易忽略的问题，就是源程序生成的代码是否烧入单片机中，如果这一过程出错，那不能实现设计要求也是情理之中的事。

其中测试串口程序的功能是否完善不但要连接单片机系统还要借助串口调试工具。串口调试工具选用的是串口调试助手，其功能是按照设定的串口、波特率向单片机发送数据和接收单片机向PC机发送的数据，并且能把发送和接收的数据内容显示在状态栏内。因此只要设定PC机向单片机发送的内容和单片机向PC机发送的内容就可以通过串口调试助手验证串口通信是否准确，是否满足功能要求。

3）软、硬件联调

在硬件调试正确和软件仿真也正确的前提下，就可以进行软硬件联调了。首先，先将调试好的程序通过下载器下载入单片机，然后就可以上电看结果，观察系统是否能够实现所要的功能。如果不能就先利用示波器观察单片机的时钟电路，看是否有信号，因为时钟电路是单片机工作的前提，所以一定要保证时钟电路正常。如果不能分析出是硬件问题还是软件问题，就重新检查软硬件。一般情况下硬件电路可以通过万用表等工具检测出来，如果硬件没有问题，则必然是软件问题，就应该重新检查软件。用这种方法调试系统完全正确。

经过硬件调试和软件调试，排除了硬件的连接问题和验证了串口功能的可实现性。其余功能的软件便可以在此基础上调试验证其功能的正确性。联合调试的具体方法如下：

（1）编写一个逐点扫描的显示程序，再结合硬件电路运行。这样做的目的在于检测各器件是否能够正常运行和显示屏的各个LED灯是否有损坏。结果显示显示屏中只有边角处有一个LED灯被烧坏，其他器件逻辑功能运行正常。

（2）将静态显示子程序与各种动态显示程序结合硬件电路进行调试。系统运行时显示如图5.21所示，显示图像比较清晰，各动态显示效果也能实现。但显示存在两个问题：一是发光点的下方会出现一个很微弱的亮点，影响了整体的显示效果；二是同一列的LED灯被点亮的数量与其亮度成反比，即如果同一列的灯都被点亮，则亮度比只点亮几个时要暗一点。

（3）将串口通信、显示、硬件联合调试。按照设定的通信协议，先由PC机向单片机发送起始控制字s，接着再发送32 Bit的显示数据，最后发送控制显示方式的显示控制字。再发送不同的显示数据和显示控制字，观察各种显示方式的运行情况和各种显示方式之间的切换情况。结果是显示屏执行显示控制指令，显示所发送的内容。

【任务总结与评价】

一、任务总结

通过基于51单片机的LED点阵显示屏系统的设计与制作，使学生了解LED点阵显示屏的原理及应用；掌握51单片机控制LED点阵显示屏的编程方法；掌握51单片机串口通信基本原理及应用；掌握单片机应用系统的软硬件设计方法。本任务元器件少、成功率高、修改和扩展性强。

任务完成后需撰写设计总结报告，撰写设计总结报告是工程技术人员在产品设计过程中必须具备的能力，设计总结报告中应包括摘要、目录、正文、参考文献、附录等，其中正文要求有总体设计思路、硬件电路图、程序设计思路（含流程图）及程序清单、仿真调试结果、软硬件综合调试、测试及结果分析等。

二、任务评价

本任务的评价指标及评价内容在项目评价体系中所占分值、小组评价及教师评价在本任务考核成绩中的比例见表 5.6。

表 5.6　考核评价体系表

序号	评价指标	评价内容	分值	小组评价（50%）	教师评价（50%）
1	理论知识	是否了解 LED 点阵显示屏的原理；是否掌握 51 单片机控制 LED 点阵显示屏的编程方法；是否掌握 51 单片机串口通信原理及应用	50		
2	制作方案	电路板的制作步骤是否完善，设计、布局是否合理	10		
3	操作实施	焊接质量是否可靠、能否测试分析数据	20		
4	答辩	本任务所涵盖的知识点是否都比较熟悉	20		

【知识拓展】

本例以 51 单片机作为微控制器，通过 LCD1602 显示屏显示电话拨号键盘，键值包括数字 0 ~ 9 及“*”“#” 12 个按键，数字显示为逐个显示方式，如图 5.22 所示。

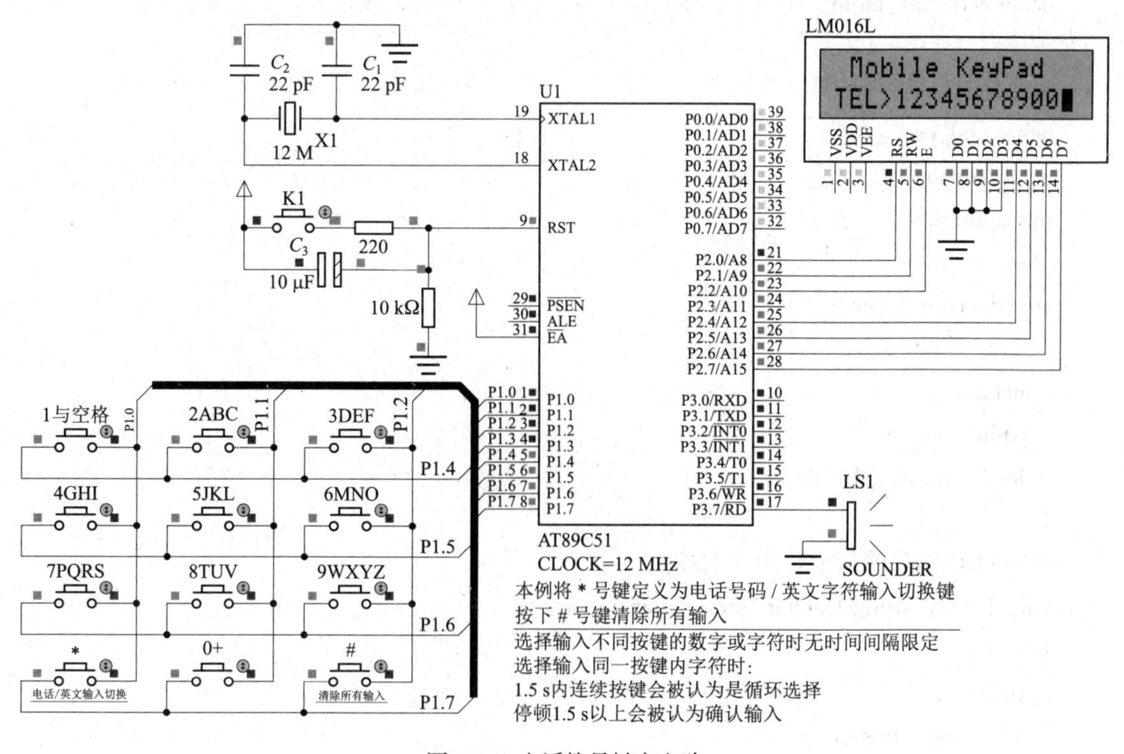

图 5.22　电话拨号键盘电路

C 语言源程序如下：

```
// 名称：LCD1602 显示电话拨号键盘按键
// 说明：本例将电话拨号键盘上所拨号号码显示在 1602 液晶屏上
#include<reg51.h>
#include<intrins.h>
#define uchar unsigned char
#define uint unsigned int
#define DelayNOP（）{_nop_（）; _nop_（）; _nop_（）; _nop_（）; }

sbit BEEP=P1^0;
sbit LCD_RS=P2^0;
sbit LCD_RW=P2^1;
sbit LCD_EN=P2^2;

void LCD_pos（uchar）;
void LCD_wdat（uchar）;
// 标题字符串
char code title_text［］={"-- phone code --"};
// 键盘序号与键盘符号映射表
uchar code key_table［］={'1', '2', '3', '4', '5', '6', '7', '8', '9', '*', '0', '#'};

// 键盘拨号数字缓冲
uchar dial_code_str［］={"                "};
uchar keyno=0xff;
int tcount=0;

void delayms（uint x）
{
   uchar i;
   while（x--）
   for（i=0; i<120; i++）;
}
// 在 LCD 指定的行上显示字符串
void display_string（uchar *str, uchar lineno）
{
   uchar k;
   LCD_pos（lineno）;
   for（k=0; k<16; k++）LCD_wdat（str［k］）;
```

```
}

bit LCD_Busy_Check（ ）
{
   bit Result;
    LCD_RS=0;                                             // 寄存器选择
    LCD_RW=1;                                             // 读的状态选择
    LCD_EN=1;                                             // 开始读
   DelayNOP（ ）;
   Result=（bit）（P0&0x80）;
   LCD_EN=0;
   return Result;
}
void LCD_wcom（uchar cmd）
{
      while（LCD_Busy_Check（ ））;
      LCD_RS=0; LCD_RW=0; LCD_EN=0;
      _nop_（ ）; _nop_（ ）;
      P0=cmd; DelayNOP（ ）;
      LCD_EN=1; DelayNOP（ ）;
      LCD_EN=0;

}
void LCD_wdat（uchar str）
{
   while（LCD_Busy_Check（ ））;                          // 忙等待
   LCD_RS=1; LCD_RW=0; LCD_EN=0; P0=str; DelayNOP（ ）;
   LCD_EN=1; DelayNOP（ ）; LCD_EN=0;

}
void LCD_init（ ）
{
   delayms（5）; LCD_wcom（0x38）;
         delayms（5）; LCD_wcom（0x0c）;                  // 清屏
               delayms（5）; LCD_wcom（0x06）;            // 字符进入模式，屏幕不动，字
                                                          符后移
                     delayms（5）; LCD_wcom（0x01）; // 显示开，关光标
                           delayms（5）;
```

```
}
void LCD_pos（uchar pos）
{
    LCD_wcom（pos | 0x80）;
}

// T0 控制按键声音
void T0_INT（）interrupt 1
{
    TH0=-600/256;
    TL0=-600%256;
    BEEP= ~ BEEP;
  if（++tcount==200）
  {
  tcount=0; TR0=0;
  }

}

// 键盘扫描
uchar getkey（）
{
  uchar i, j, k=0;
  uchar keyscancode［］={0xef, 0xdf, 0xbf, 0x7f};          // 键盘扫描码
  // 键盘特征码
  uchar keycodetable［］={0xee, 0xed, 0xeb, 0xde, 0xdd, 0xdb, 0xbe, 0xbd, 0xbb,
0x7e, 0x7d, 0x7b};
   P3=0x0f;                                            // 扫描键盘获取按键序号
  if（P3!=0x0f）
  {
      for（i=0; i<4; i++）
     {
          P3=keyscancode［i］;
          for（j=0; j<3; j++）
          {
              k=i*3+j;
              if（P3==keycodetable［k］）return k;
          }
```

```
        }
    }
    return 0xff;
}

// 主程序
void main ( )
{
    uchar i=0, j;
    P0=P2=P1=0xff;
    IE=0x82; TMOD=0x01;
    LCD_init ( );                                // 初始化 LCD
    display_string ( title_text, 0x00 );         // 在第一行显示标题
    while ( 1 )
    {
        keyno=getkey ( );                        // 获取按键
        if ( keyno==0xff ) continue;             // 无按键时继续扫描
        if ( ++i==11 )                           // 超过 11 位时清空
        {
            for ( j=0; j<16; j++ ) dial_code_str [ j ] =' '; i=0;
        }
            dial_code_str [ i ] =key_table [ keyno ];
            display_string ( dial_code_str, 0x40 );  // 在第二行显示号码
            TR0=1;                                   // T0 中断控制按键声音
            while ( getkey ( ) !=0xff );             // 等待释放
    }
}
```

【习题训练】

1. 试采用 AT89C51 及两块 8×8 共阴极 LED 点阵，编程实现“AT89C51”这几个字符的显示。

2. 简述采用 MCS-51 单片机控制的 16×16 点阵汉字编码方法。

项目6 简易数字电压表的设计与制作

【任务导入】

本项目通过简易数字电压表的设计与制作，使学生掌握51单片机与A/D转换器件接口电路的设计方法；掌握在对测量数据处理过程中数值的量程转换方法；体会A/D转换器的位数对测量精度的影响。与此同时，在设计电路并安装印制电路板（或万能板）、进行电路元器件安装、进行电路参数测试与调整的过程中，进一步锻炼学生印制板制作、焊接技术等技能；加深对电子产品生产流程的认识。项目6学习目标见6.1。

表6.1　项目6学习目标

序号	类别	目标
1	知识点	1. A/D转换器的作用 2. ADC0809芯片原理及应用 3. MCS-51单片机与A/D转换器的接口电路
2	技能	1. 单片机简易数字电压表硬件电路元件识别与选取 2. 单片机简易数字电压表的安装、调试与检测 3. 单片机简易数字电压表电路参数测量 4. 单片机简易数字电压表故障的分析与检修
3	职业素养	1. 学生的沟通能力及团队协作精神 2. 良好的职业道德 3. 质量、成本、安全、环保意识

【知识链接】

一、A/D 转换器的作用与分类

1. A/D 转换器的作用

A/D 转换器的作用就是将模拟量转换为数字量，以便计算机接收处理。A/D 转换器的作用示意图如图 6.1 所示。

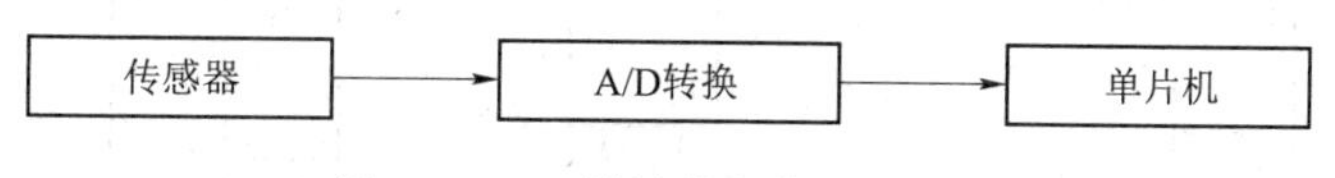

图 6.1　A/D 转换器的作用示意图

2. A/D 转换器的分类

A/D 转换器按转换原理可分为计数型 A/D 转换器、逐次逼近型 A/D 转换器、双重积分型 A/D 转换器和并行式 A/D 转换器等；按转换方法可分为直接 A/D 转换器和间接 A/D 转换器；按分辨率可分为 4 ~ 16 位的 A/D 转换器。

其中逐次逼近式典型 A/D 转换器有以下几种：

（1）ADC0801 ~ ADC0805 型 8 位 MOS 型 A/D 转换器。

（2）ADC0808 / 0809 型 8 位 MOS 型 A/D 转换器。

（3）ADC0816 / 0817 型 8 位 MOS 型 A/D 转换器。

二、ADC0809 A/D 转换器

1. 主要特性

（1）8 路 8 位 A/D 转换器。

（2）具有转换启停控制端。

（3）转换时间为 100 μs。

（4）单个 +5 V 电源供电。

（5）模拟输入电压范围为 0 ~ +5 V，不需零点和满刻度校准。

（6）工作温度范围为 −40 ~ +85 ℃。

（7）低功耗，约 15mW。

（8）时钟频率最高为 640 kHz。

2. 内部逻辑结构

ADC0809 内部逻辑结构如图 6.2 所示。ADC0809 是 CMOS 单片型逐次逼近式 A/D 转换器，由 8 路模拟开关、地址锁存与译码器、比较器、8 位 A/D 转换器、一个三态输出锁存器组成。一个 A/D 转换器和多路开关可选通 8 个模拟通道，允许 8 路模拟量分时输入，共用 A/D 转换器进行转换。三态输出锁存器用于锁存 A/D 转换完的数字量，当 OE 端为高电平时，才可以从三态输出锁存器取出转换完的数据。因此，ADC0809 可处理 8 路模拟量也可单独工作，输入输出与 1vrL 兼容，且有三态输出能力。

3. 外部特性

ADC0809 芯片为双列直插式 28 引脚封装，其引脚图如图 6.3 所示。

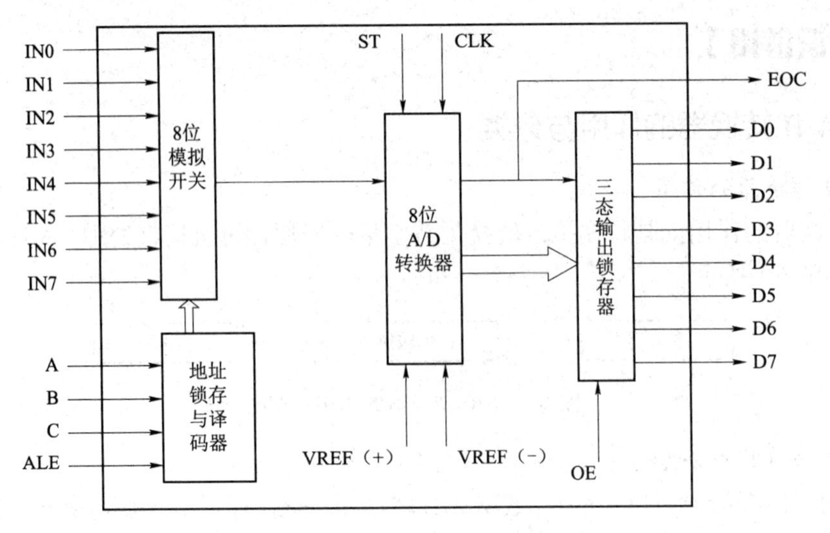

图 6.2　ADC0809 内部逻辑结构

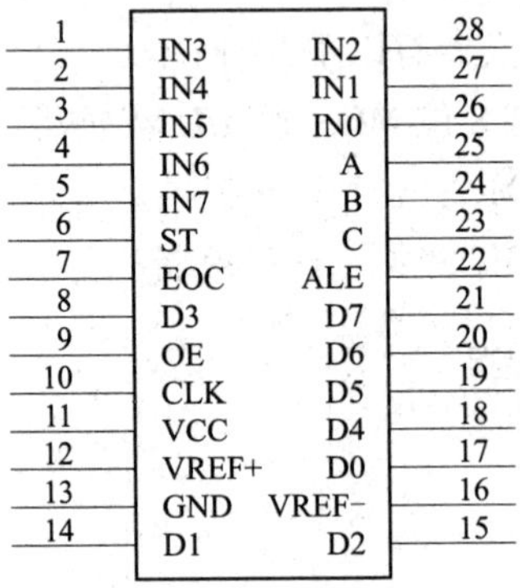

引脚	名称	名称	引脚
1	IN3	IN2	28
2	IN4	IN1	27
3	IN5	IN0	26
4	IN6	A	25
5	IN7	B	24
6	ST	C	23
7	EOC	ALE	22
8	D3	D7	21
9	OE	D6	20
10	CLK	D5	19
11	VCC	D4	18
12	VREF+	D0	17
13	GND	VREF-	16
14	D1	D2	15

图 6.3　ADC0809 引脚图

ADC0809 芯片引脚功能如下：

（1）IN0 ~ IN7。8 路模拟量输入端。

（2）D0 ~ D7。8 位数字量输出端。

（3）A、B、C。3 位通道选择位，用于选通 8 路模拟输入中的 1 路，见表 6.2。

表 6.2　通道选择

C	B	A	选择的通道
0	1	0	IN0
0	0	1	IN1
0	1	0	IN2
0	1	1	IN3
1	0	0	IN4
1	0	1	IN5
1	1	0	IN6
1	1	1	IN7

（4）ALE。地址锁存允许信号（输入），高电平有效。

（5）ST（ART）。A/D 转换启动信号（输入），高电有效。

（6）EOC。A/D 转换结束信号（输出），当 A/D 转换结束时，此端输出一个高电平（转换期间一直为低电平）。

（7）OE。数据输出允许信号（输入），高电平有效。当 A/D 转换结束时，此端输入一个高电平才能打开输出三态门，输出数字量。

（8）CLK。时钟脉冲输入端。因 ADC0809 的内部没有时钟电路，所以需时钟信号必须由外界提供，要求时钟频率不高于 640 kHz，通常使用的频率为 500 kHz。

（9）VREF（+）、VREF（-）。基准电压。

（10）VCC。电源，+5 V。

（11）GND。地。

4. 工作时序

ADC0809 的工作时序图如图 6.4 所示。从时序图可知：由 A、B、C 输入 3 位通道选择位，在 ALE 上升沿经锁存和译码选通一路模拟量。START 上升沿将逐次逼近寄存器复位，START 下降沿启动 A/D 转换，EOC 输出信号变低，指示转换正在进行。当 A/D 转换完成，EOC 变为高电平，结果数据已存入锁存器。当 OE 输入高电平时，输出三态门打开，转换结果输出到数字量输出端 D0 ~ D7。

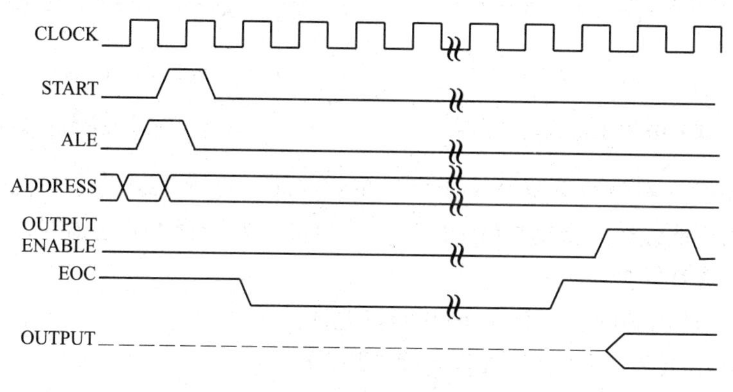

图 6.4　ADC0809 的工作时序图

三、MCS-51 单片机与 ADC0809 的接口

ADC0809 与 MCS-51 单片机的连接如图 6.5 所示。电路连接主要涉及两个问题：一是 8 路模拟信号通道的选择，二是 A/D 转换完成后转换数据的传送。

1. 8 路模拟通道选择

如图 6.6 所示，模拟通道选择信号 A、B、C 分别接最低三位地址 A0、A1、A2，即 P0.0、P0.1、P0.2，而地址锁存允许信号 ALE 由 P2.0 控制，则 8 路模拟通道的地址为 0FEF8H ~ 0FEFFH，此外，通道地址选择以 WR 作写选通信号，这一部分电路连接如图 6.5 所示。从图 6.5 中可以看到，把 ALE 信号与 START 信号接在一起，这样连接使得在信号的前沿写入（锁存）通道地址，紧接着在其后沿就启动转换。图 6.7 所示为有关信号的时间配合。

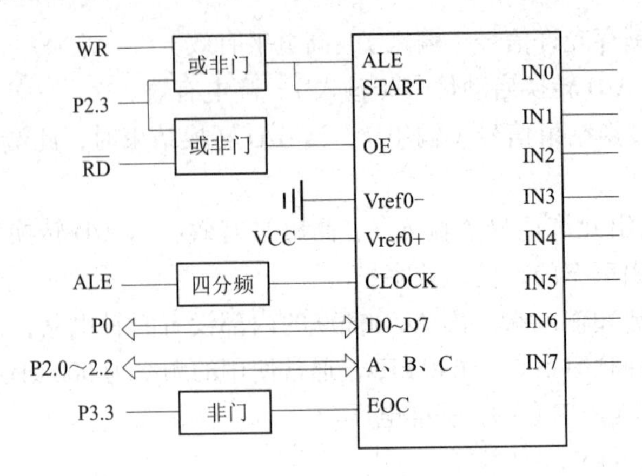

图 6.5　ADC0809 与 MCS-51 单片机的连接

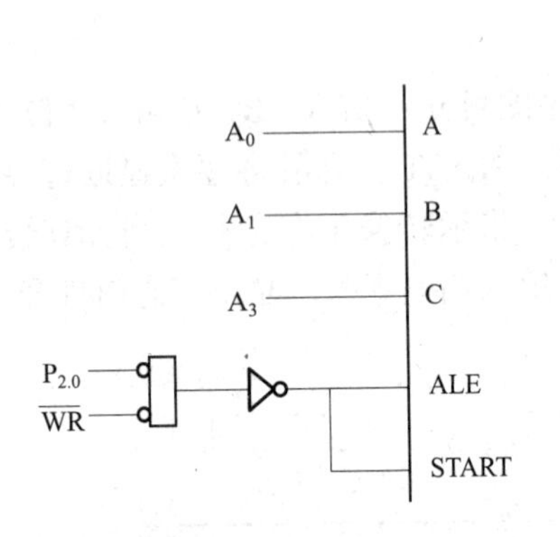

图 6.6　ADC0809 的部分信号连接

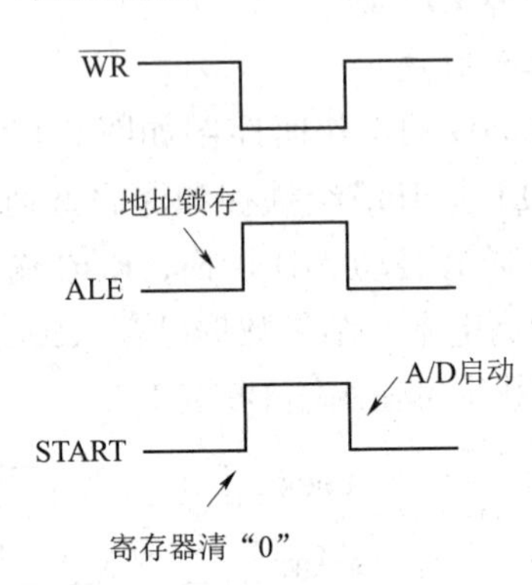

图 6.7　有关信号的时间配合

启动 A/D 转换只需要一条 MOVX 指令。在此之前，要将 P2.0 清零并将最低三位与所选择的通道对应的口地址送入数据指针 DPTR 中。例如，要选择 IN0 通道时，可采用如下两条指令，即可启动 A/D 转换：

```
MOV     DPTR, #FE00H  ; 送入 0809 的口地址
MOVX    @DPTR, A      ; 启动 A/D 转换（IN0）
```

注意：此处的 A 与 A/D 转换无关，可为任意值。

2. 转换数据的传送

A/D 转换后得到的数据应及时传送给单片机进行处理。数据传送的关键问题是如何确认 A/D 转换的完成，因为只有确认完成后，才能进行传送。为此可采用下述三种方式：

1）定时传送方式

对于一种 A/D 转换器来说，转换时间作为一项技术指标是已知的和固定的。例如，ADC0809 转换时间为 128 μs，相当于 6 MHz 的 MCS-51 单片机共 64 个机器周期。可据此设计一个延时子程序，A/D 转换启动后即调用此子程序，延迟时间一到，转换肯定已经完成了，接着就可进行数据传送。

2）查询方式

A/D 转换器有表明转换完成的状态信号，如 ADC0809 的 EOC 端。因此可以用查询方式，测试 EOC 的状态，即可知道转换是否完成，并接着进行数据传送。

3）中断方式

把表明转换完成的状态信号（EOC）作为中断请求信号，以中断方式进行数据传送。

不管使用上述哪种方式，只要一旦确定转换完成，即可通过指令进行数据传送。首先送出口地址并以 RD 信号有效，OE 信号即有效，把转换数据送上数据总线，供单片机接收。所用的指令为 MOVX 读指令，仍以图 6.4 所示为例，则有

```
MOV   DPTR，#FE00H
MOVX  A，@DPTR
```

该指令在送出有效口地址的同时，发出有效信号 RD，使 0809 的输出允许信号 OE 有效，从而打开三态门输出，使转换后的数据通过数据总线送入累加器 A 中。

这里需要说明的是，ADC0809 的三个地址端 A、B、C 即可如前所述与地址线相连，也可与数据线相连，如与 D0 ~ D2 相连。这是启动 A/D 转换的指令与上述类似，只不过 A 的内容不能为任意数，而必须和所选输入通道号 IN0 ~ IN7 相一致。例如，当 A、B、C 分别与 D0、D1、D2 相连时，启动 IN7 的 A/D 转换指令如下：

```
MOV  DPTR，#FE00H  ；送入 0809 的口地址
MOV  A，#07H   ；D2D1D0=111 选择 IN7 通道
MOVX
@DPTR，A       ；启动 A/D 转换
```

四、A/D 转换应用举例

如图 6.8 所示，一个 8 路模拟量输入的巡回监测系统，采样数据依次存放在 RAM 30H ~ 37H 单元中，按图 6.8 所示的接口电路，P0.0 ~ P0.2 通过 74LS373 与 ADC0809 的 A、B、C 的 8 路模拟开关的地址线相连，请说明图中各路信号的作用，8 路模拟量通道地址，编写 8 路数据采集程序。

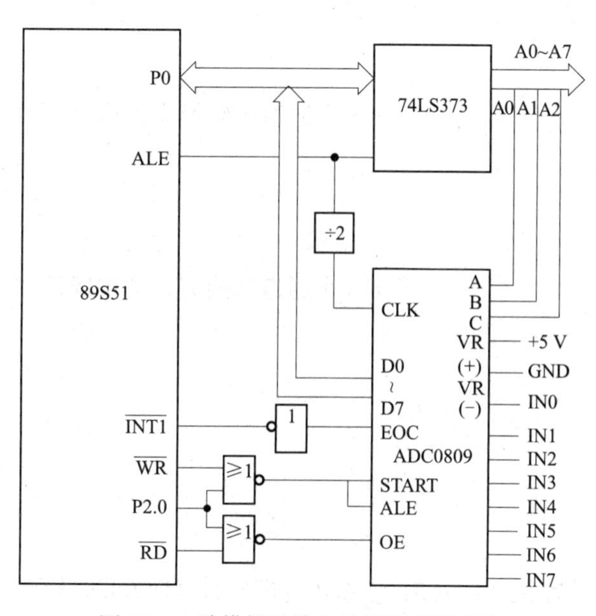

图 6.8　8 路模拟量输入的巡回监测系统

C 语言源程序如下：

```
#include  <reg51.h>
#include  <absacc.h>              // 定义绝对地址访问
#define uchar unsigned char
#define  IN0  XBYTE [ 0x0000 ]    // 定义 IN0 为通道 0 的地址
static  uchar  data  x [ 8 ];     // 定义 8 个单元的数组，存放结果
uchar  xdata *ad_adr;             // 定义指向通道的指针
uchar  i=0;
void  main ( void )
{
   IT0=1;                         // 初始化
   EX0=1;
  EA=1;
  i=0;
  ad_adr=&IN0;                    // 指针指向通道 0
  *ad_adr=i;                      // 启动通道 0 转换
 for  ( ; ; ){; }                 // 等待中断
}
void  int_adc ( void ) interrupt 0   // 中断函数
{
  x [ i ] =*ad_adr;               // 接收当前通道转换结果
  i++;
  ad_adr++;                       // 指向下一个通道
  if( i<8 )
 {
  *ad_adr=i;                      // 8 个通道未转换完，启动下一个通道返回
 }
 else
 {
  EA=0; EX0=0;                    // 8 个通道转换完，关中断返回
 }
 }
```

【任务实施】

一、任务分析

本任务要求利用单片机 AT89C51 与 A/D 转换器件 ADC0809 设计一个简易数字电压表，能够测量 0 ~ 5 V 的直流电压值，并用 4 位数码管实时显示该电压值。用 Keil C51、Proteus

等作开发工具，进行调试与仿真，并在万能板或PCB板上进行电路元器安装、电路参数测试与调整，下载程序并测试，实物图如图6.9所示，最后需完成任务设计总结报告。

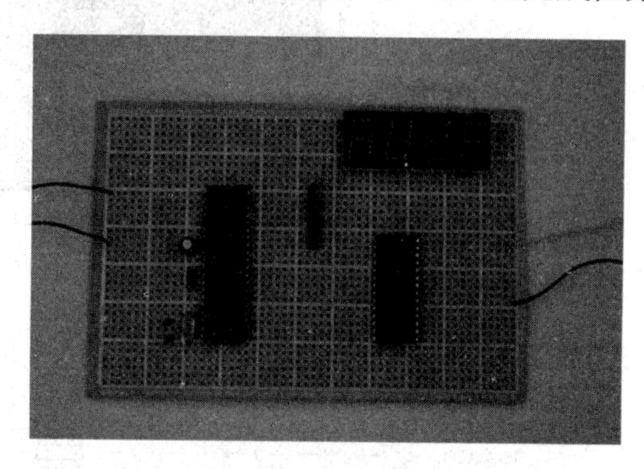

图6.9 基于ADC0809的简易数字电压表实物图

1. 总体方案设计

简易数字电压表的电路主要包括AT89C51单片机最小系统（包括AT89C51单片机、时钟电路、复位电路、电源电路），4位数码管显示，ADC0809 A/D转换和测试电压输入端。简易数字电压表结构方框图如图6.10所示。

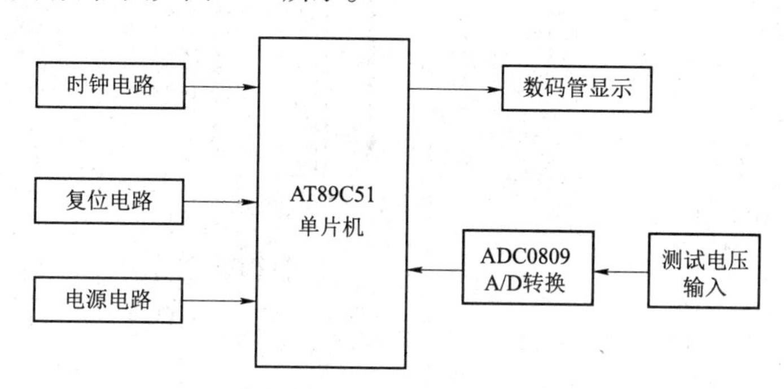

图6.10 简易数字电压表结构方框图

2. 硬件电路设计

用AT89C51单片机、时钟电路、复位电路构成一个基本的单片机最小系统作控制、ADC0809作A/D转换、一个4位共阴数码管作显示。P0.0 ~ P0.7电压显示输出，P1.0 ~ P1.3作为数码管的位选控制端口；P2.0 ~ P2.7用作A/D转换器的数据输入端口；AT89C51通过P1.4端口为ADC0809提供CLOCK信号；ADC0809的START、EOC、OE引脚分别接在AT89C51的P1.5、P1.6、P1.7；ADC0809的IN7端子作为测试电压输入端口，其原理图如图6.11所示。

3. 软件设计

ADC0809在进行A/D转换时需要有CLOCK信号，在硬件电路设计中将ADC0809的CLOCK信号接在AT89C51单片机的P1.4端口上，即通过P1.4端口为ADC0809提供CLOCK信号，因此在程序编写时要由软件产生该时钟信号。

1）程序流程图

系统程序流程图如图6.12 ~图6.16所示。

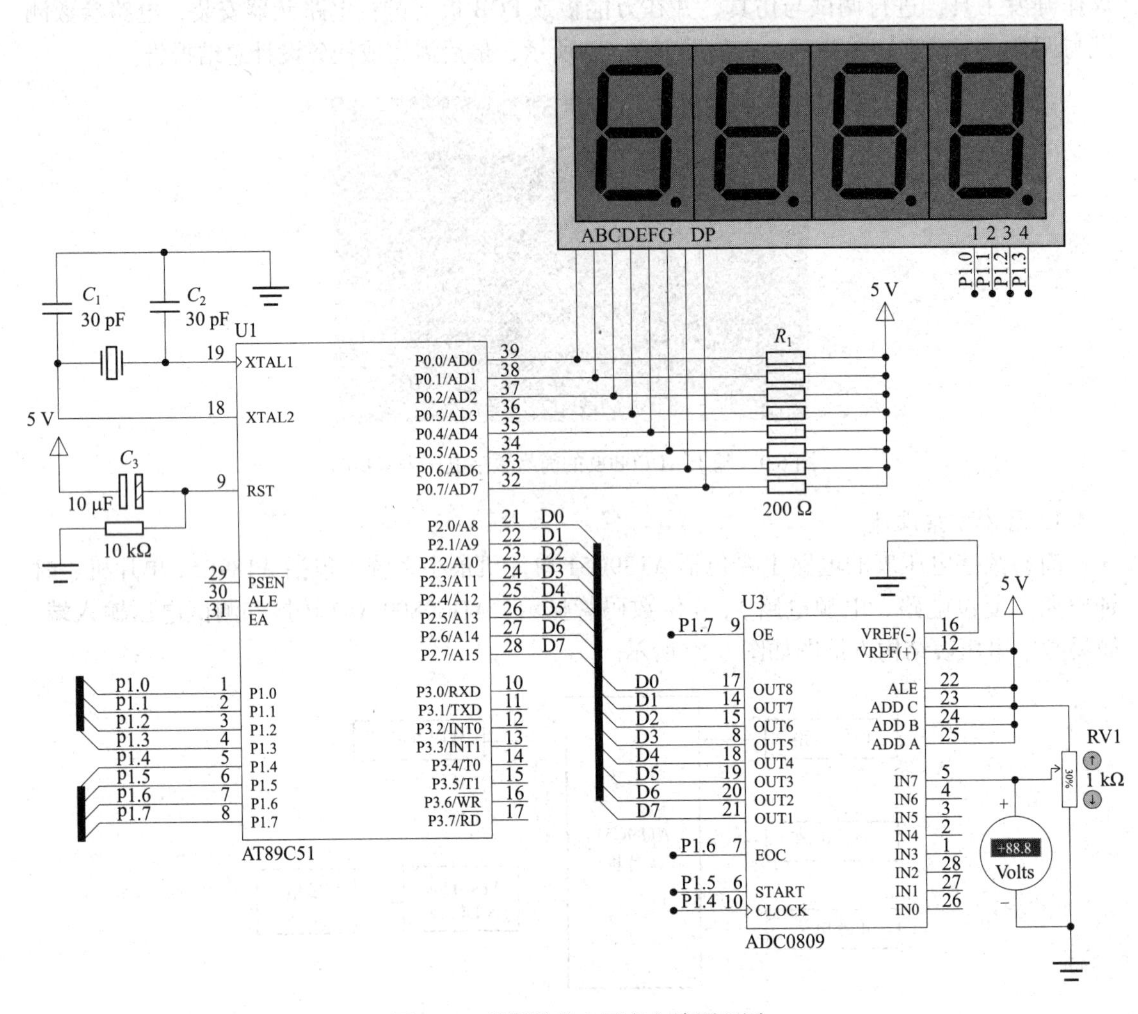

图 6.11　简易数字电压表电路原理图

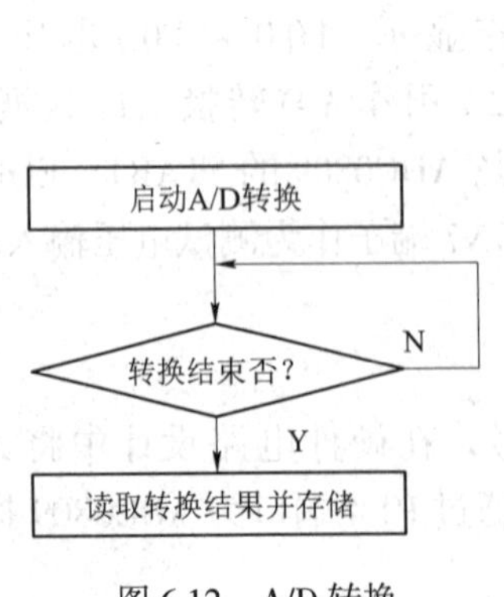

图 6.12　A/D 转换

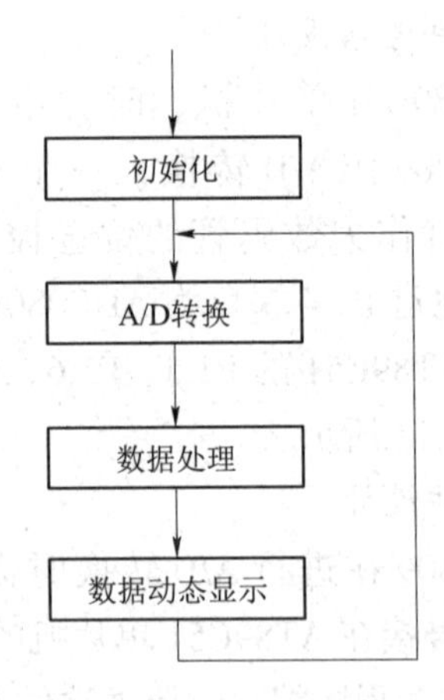

图 6.13　主程序流程

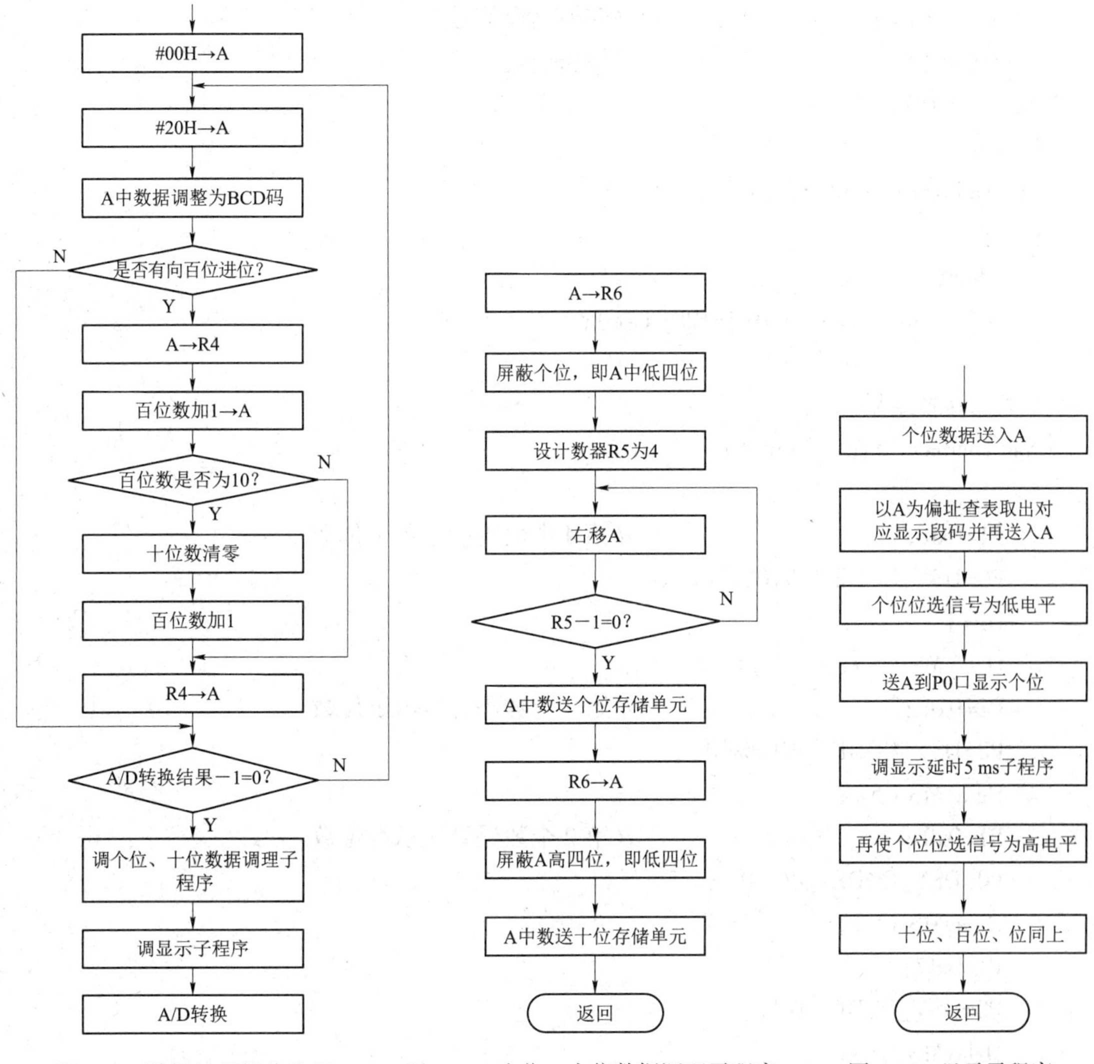

图 6.14　数据处理部分流程　　图 6.15　个位、十位数据调理子程序　　图 6.16　显示子程序

2）C 语言源程序

C 语言源程序如下：

```
//*  名称：ADC0809 数模转换与显示
        说明：ADC0809 采样通道 7 输入的模拟量，转换后的结果显示在数码管上。
#include<reg51.h>
#define uchar unsigned char
#define uint unsigned int
unsigned int temp;
// 各数字的数码管段码（共阴）
uchar code DSY_CODE［ ］={0x3f，0x06，0x5b，0x4f，0x66，0x6d，0x7d，0x07，0x7f，0x6f};
sbit CLK=P1^4;                    // 时钟信号
sbit ST=P1^5;                     // 启动信号
```

```
sbit EOC=P1^6;                        // 转换结束信号
sbit OE=P1^7;                         // 输出使能
sbit DP=P0^7;
// 延时
void DelayMS（uint ms）
{
   uchar i;
   while（ms--）for（i=0; i<120; i++）;
}
// 显示转换结果
void Display_Result（uint d）
{
    P1=0xfe;                          // 第 4 个数码管显示个位数
    P0=DSY_CODE［d/100%10］;
    DP=1;
    DelayMS（5）;
    P1=0xfd;                          // 第 3 个数码管显示十位数
    P0=DSY_CODE［d/10%10］;
    DelayMS（5）;
    P1=0xfb;                          // 第 2 个数码管显示百位数
    P0=DSY_CODE［d%10］;
    DelayMS（5）;
    P1=0xf7;
    P0=DSY_CODE［0］;
    DelayMS（5）;
}
// 主程序
void main（）
{
    TMOD=0x02;                        // T1 工作模式 2
    TH0=0x14;
    TL0=0x00;
    IE=0x82;
    TR0=1;
    P1=0x7f;                          // 选择 ADC0809 的通道 7（0111）（P1.4 ~ P1.6）
    while（1）
    {
          ST=0; ST=1; ST=0;           // 启动 A/D 转换
```

```
        while（EOC==0）;                    // 等待转换完成
        OE=1;
        temp=P2*1.0/255*500;
        Display_Result（temp）;
        OE=0;     }
}
// T0 定时器中断给 ADC0809 提供时钟信号
void Timer0_INT（ ）interrupt 1
{
    CLK= ~ CLK;
}
```

4. 电路仿真

ADC0809 与 ADC0808 的工作原理基本一样，但是在 Proteus 仿真软件里没有 ADC0809 的仿真模型，所以熟悉 ADC0809 的读者也可用 ADC0808 器件作替代来进行 A/D 转换。利用 Protues 仿真软件对系统进行电路仿真，仿真结果如图 6.17 所示。

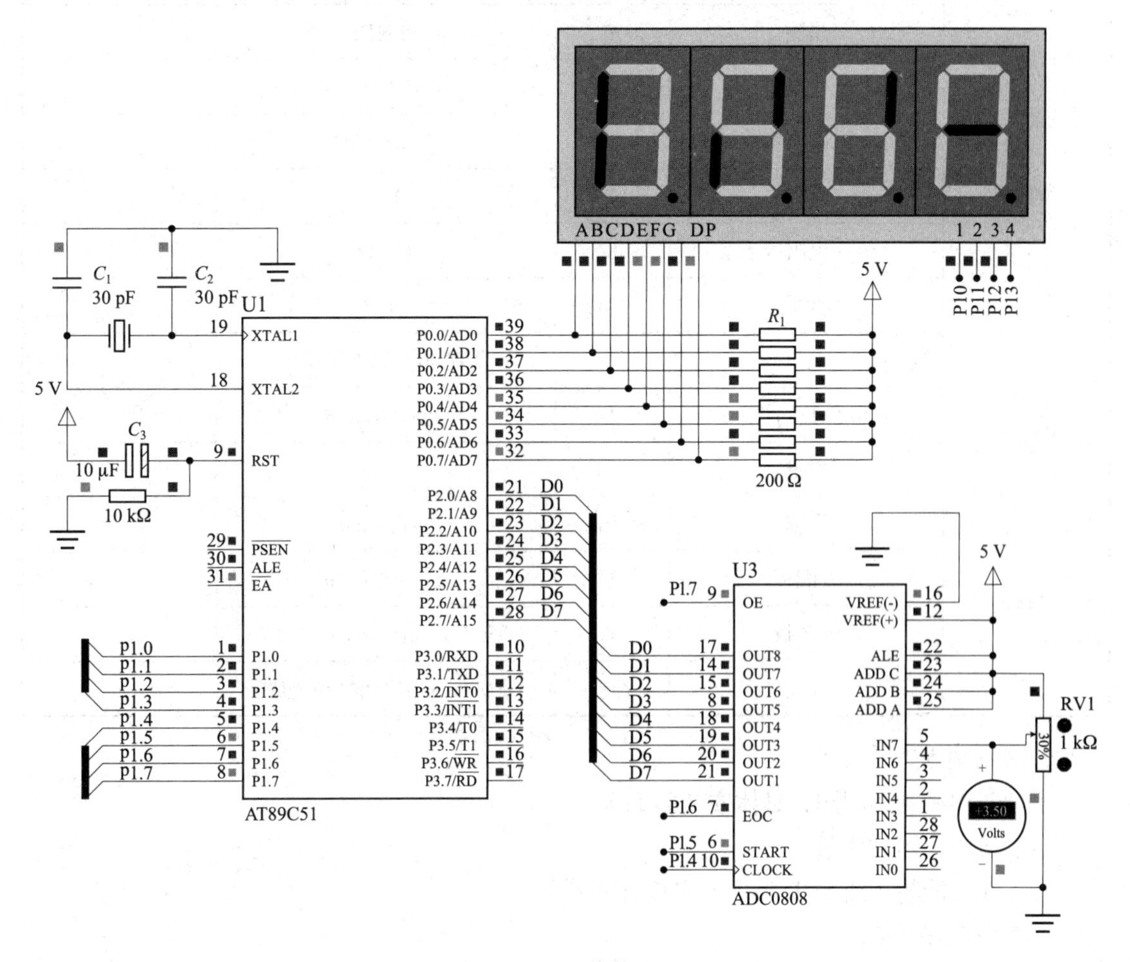

图 6.17　仿真结果

二、安装与调试

1. 任务所需设备、工具、器件、材料

任务所需设备、工具、器件、材料见表 6.3。

表 6.3　任务所需设备、工具、器件、材料

类型	名称	数量	型号	备注
设备	示波器	1	20M	
工具	万用表	1	普通	
	电烙铁	1	普通	
	斜口钳	1	普通	
	镊子	1	普通	
器件	51 系列单片机	1	AT89C51（AT89S51）	
	A/D 转换器	1	ADC0809	
	晶振	1	12 MHz	
	瓷片电容	2	30 pF	
	电解电容	1	10 μF/16V	
	电阻	1	10 kΩ	
	电阻	8	470 Ω	
	电位器	1	1 kΩ	
	电源	1	直流 400 mA/5 V 输出	
	4 位数码管	1	CPS05641AR	
	按键	1		
材料	焊锡	若干	ϕ0.8 mm	
	万能板	1	4 cm × 10 cm	
	PCB 板	1	4 cm × 10 cm	
	导线	若干	ϕ0.8 mm 多股铜线漆包线	

2. 系统安装

参照原理图和装配图，具体安装骤如下：

（1）检查元器件质量。

（2）在万能板（或 PCB 板）上焊接好元器件。

（3）检查焊接电路。

（4）用编程器将 .hex 文件烧写至单片机。

（5）将单片机插入 IC 座。

3. 系统调试

1）硬件调试

硬件调试是系统的基础，只有硬件能够全部正常工作后才能在以此为基础的平台上加载软件从而实现系统功能。

电源模块调试：电源部分提供整个电路所需各种电压（包括 ADC 芯片和 AT89C51 所需的稳压 +5 V），由电源变压器和整流滤波电路及两个辅助稳压输出构成，电源变压器的功率由需要输出的电流大小决定，确保有充足的功率余量。先确定电源是否正确，单片机的电源引脚电压是否正确，是不是所有的接地引脚都接了地。如果单片机有内核电压的引脚，需测试内核电压是否正确。

单片机最小系统调试：测量晶振有没有起振，一般晶振起振两个引脚都会有 1 V 多的电压。检查复位电路是否正常，再测量单片机的 ALE 引脚，看是否有脉冲波输出，以判断单片机是否工作，因为 51 单片机的 ALE 为地址锁存信号，每个机器周期输出两个正脉冲。

LED 数码显示模块：通电后观察数码管是否有显示，如果没有显示说明外接电路有问题，如果有显示可以基本确定外接电路无误。

2）软件调试

如果硬件电路检查后，没有问题却实现不了设计要求，则可能是软件编程的问题，首先应检查主程序，然后是 A/D 转换程序、显示程序，对这些分段程序，要注意逻辑顺序、调用关系以及涉及的标号，有时会因为一个标号而影响程序的执行，除此之外，还要熟悉各指令的用法，以免出错。还有一个容易忽略的问题，就是源程序生成的代码是否烧入单片机中，如果这一过程出错，那不能实现设计要求也是情理之中的事。

3）软、硬件联调

软件调试主要是在系统软件编写时体现的，一般使用 Keil 进行软件的编写和调试。进行软件编写时首先要分清软件应该分成哪些部分，不同的部分分开编写调试时是最方便的。

在硬件调试正确和软件仿真也正确的前提下，就可以进行软硬件联调了。首先，先将调试好的程序通过下载器下载到单片机，然后就可以上电看结果。观察系统是否能够实现所要的功能。如果不能就先利用示波器观察单片机的时钟电路，看是否有信号，因为时钟电路是单片机工作的前提，所以一定要保证时钟电路正常。如果不能分析出是硬件问题还是软件问题，就重新检查软硬件。一般情况下硬件电路可以通过万用表等工具检测出来，如果硬件没有问题，则必然是软件问题，就应该重新检查软件。用这种方法调试系统完全正确。

【任务总结与评价】

一、任务总结

本任务通过数字电压表的设计与制作，使学生掌握 51 单片机与 A/D 转换器件接口电路和单片机应用程序的设计方法；掌握在对测量数据处理过程中数值的量程转换方法；比较数码管显示的电压值与数字电压表数值间的误差，分析误差产生原因，体会 A/D 转换器的位数对测量精度的影响。本任务元器件少、成功率高、修改和扩展性强。

任务完成后需撰写设计总结报告，撰写设计总结报告是工程技术人员在产品设计过程中必须具备的能力，设计总结报告中应包括摘要、目录、正文、参考文献、附录等，其中正文要求有总体设计思路、硬件电路图、程序设计思路（含流程图）及程序清单、仿真调试结果、软硬件综合调试、测试及结果分析等。

二、任务评价

本任务的评价指标及评价内容在项目评价体系中所占分值、小组评价及教师评价在本任务考核成绩中的比例见表 6.4。

表 6.4　考核评价体系表

序号	评价指标	评价内容	分值	小组评价（50%）	教师评价（50%）
1	理论知识	是否了解 ADC0809 工作原理；是否掌握与单片机接口电路及编程方法	50		
2	制作方案	电路板的制作步骤是否完善，设计、布局是否合理	10		
3	操作实施	焊接质量是否可靠、能否测试分析数据	20		
4	答辩	本任务所涵盖的知识点是否都比较熟悉	20		

【知识拓展】

本制作可以用 ADC0832 代替 ADC0809 完成模数转换。ADC0832 是美国国家半导体公司生产的一种 8 位分辨率、双通道 A/D 转换芯片。其最高分辨可达 256 级，可以适应一般的模拟量转换要求。其内部电源输入与参考电压的复用，使得芯片的模拟电压输入在 0 ~ 5 V。芯片转换时间仅为 32 μs，据有双数据输出可作为数据校验，以减少数据误差，转换速度快且稳定性能强。独立的芯片使能输入，使多器件挂接和处理器控制变得更加方便。通过 DI 数据输入端，可以轻易地实现通道功能的选择。ADC0832 芯片能将 0 ~ 5 V 的模拟电压量转换为 0 ~ 255 级的数字量。基于 ADC0832 和 LCD1602 的简易数字电压表原理图如图 6.18 所示。

C 语言源程序如下：

```
#include <reg52.h>
#include <intrins.h>
#define uint unsigned int
#define uchar unsigned char
#define delay4us ( ){_nop_ ( ); _nop_ ( ); _nop_ ( ); _nop_ ( ); }
```

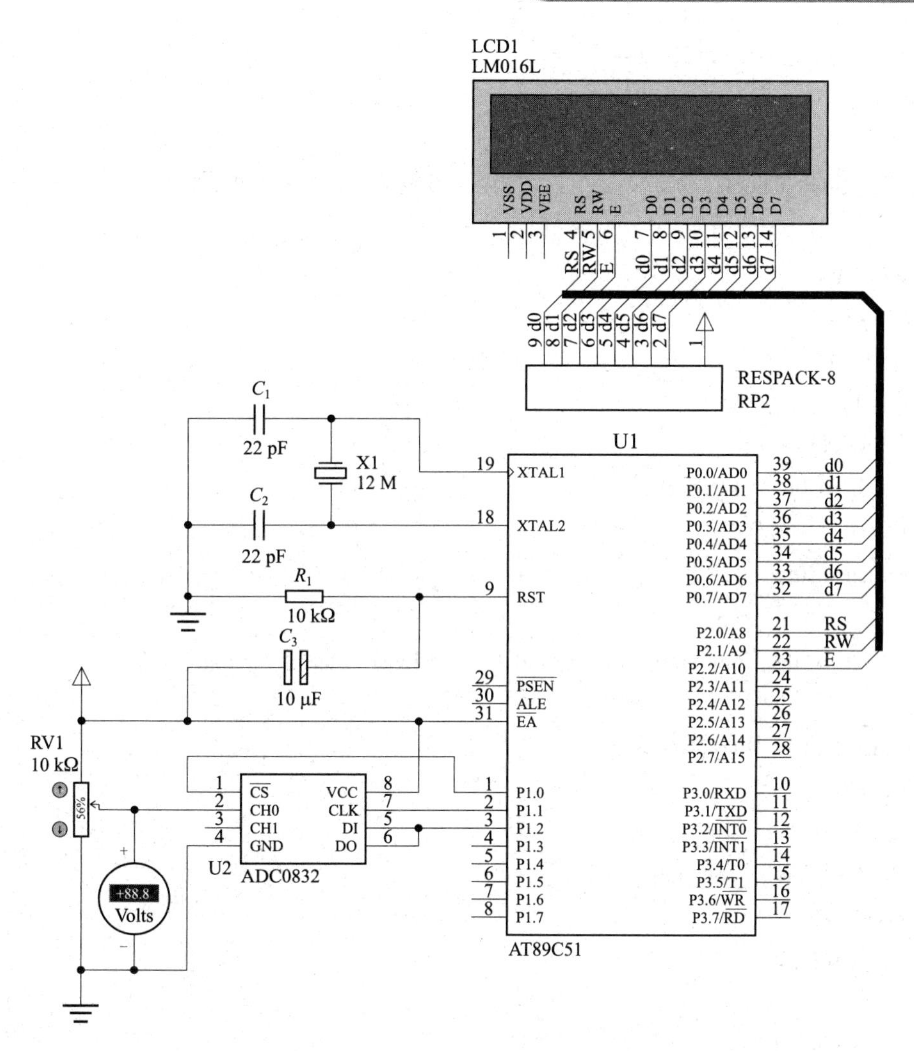

图 6.18　基于 ADC0832 和 LCD1602 的简易数字电压表原理图

```
sbit RS = P2^0;
sbit RW = P2^1;
sbit E  = P2^2;
sbit CS  = P1^0;
sbit CLK = P1^1;
sbit DIO = P1^2;
uchar Display_Buffer [ ]= "0.00V";
uchar code Line1 [ ]= "Current Voltage";
void DelayMS ( uint ms )
{
    uchar i;
    while ( ms-- )
    {
```

```
        for（i=0; i<120; i++）;
    }
}
bit LCD_Busy_Check（）                          //检查 LCD 是否忙碌
{
    bit result;
    RS = 0;
    RW = 1;
    E = 1;
    Delay MS（4）;
    result =（bit）（P0&0x80）;
    E = 0;
    return result;
}
void LCD_Write_Command（uchar cmd）        //LCD 写命令
{
    while（LCD_Busy_Check（））;
    RS = 0;
    RW = 0;
    E = 0; _nop_（）; _nop_（）;
    P0 = cmd;
    DelayMS（4）;
    E = 1;
    DelayMS（4）;
    E = 0;
}
void Set_Disp_Pos（uchar pos）                //置数
{
    LCD_Write_Command（pos|0x80）;
}
void LCD_Write_Data（uchar dat）              //LCD 写数据
{
    while（LCD_Busy_Check（））;
    RS = 1;
    RW = 0;
    E = 0;
    P0 = dat;
    DelayMS（4）;
```

```
    E = 1;
    DelayMS(4);
    E = 0;
}
void LCD_Initialise ( )                          // LCD 初始化
{
    LCD_Write_Command (0x38); DelayMS (1);
    LCD_Write_Command (0x0c); DelayMS (1);
    LCD_Write_Command (0x06); DelayMS (1);
    LCD_Write_Command (0x01); DelayMS (1);
}
uchar Get_AD_Result ( )                          // 单片机从 AD0832 获得数据
{
    uchar i, dat1=0, dat2=0;
    CS  = 0;
     CLK = 0;
    DIO = 1; _nop_ ( ); _nop_ ( );
    CLK = 1; _nop_ ( ); _nop_ ( );
    CLK = 0; DIO = 1; _nop_ ( ); _nop_ ( );
    CLK = 1; _nop_ ( ); _nop_ ( );
    CLK = 0; DIO = 0; _nop_ ( ); _nop_ ( );
    CLK = 1; DIO = 1; _nop_ ( ); _nop_ ( );
    CLK = 0; DIO = 1; _nop_ ( ); _nop_ ( );
    for (i=0; i<8; i++)
    {
            CLK = 1; _nop_ ( ); _nop_ ( );
            CLK = 0; _nop_ ( ); _nop_ ( );
            dat1 =dat1<<1|DIO ;
    }
    for (i=0; i<8; i++)
    {
          dat2 = dat2| ((uchar)(DIO) <<i);
          CLK = 1; _nop_ ( ); _nop_ ( );
          CLK = 0; _nop_ ( ); _nop_ ( );
    }
    CS = 1;
    return(dat1 == dat2) ?dat1: 0;
    }
```

```
void main()
{
    uchar i;
    uint d;
    LCD_Initialise();
    DelayMS(10);
    while(1)
    {
        d = Get_AD_Result()*500.0/255;        //将电压数放大一百倍
        Display_Buffer[0]=d/100+'0';
        Display_Buffer[2]=d/10%10+'0';
        Display_Buffer[3]=d%10+'0';
        Set_Disp_Pos(0x01);                   //从第一行显示
        i = 0;
        while(Line1[i]!='\0')
        LCD_Write_Data(Line1[i++]);
        Set_Disp_Pos(0x46);
        i = 0;
        while(Display_Buffer[i]!='\0')
        LCD_Write_Data(Display_Buffer[i++]);
    }
}
```

【习题训练】

1. 简述 ADC0809 的工作过程。

2. 对 ADC0809 进行数据采集编程。要求对 8 路模拟量连续采集 24 h，每隔 10 min 采集一次。

项目 7

DDS低频信号发生器的设计与制作

【任务导入】

本项目通过 DDS 低频信号发生器的设计与制作，使学生掌握 51 单片机与 D/A 转换器件接口电路的设计方法；掌握单片机控制 DAC0832 器件的编程方法；掌握数控直流电压源设计的基本原理和方法。与此同时，在设计电路并安装印制电路板（或万能板）、进行电路元器件安装、进行电路参数测试与调整的过程中，进一步锻炼学生印制板制作、焊接技术等技能；加深对电子产品生产流程的认识。项目 7 学习目标见表 7.1。

表 7.1　项目 7 学习目标

序号	类别	目标
一	知识点	1. D/A 转换器的作用 2. DAC0809 芯片原理及应用 3. MCS-51 单片机与 D/A 转换器的接口电路
二	技能	1. 单片机 DDS 低频信号发生器硬件电路元件识别与选取 2. 单片机 DDS 低频信号发生器的安装、调试与检测 3. 单片机 DDS 低频信号发生器电路参数测量 4. 单片机 DDS 低频信号发生器故障的分析与检修
三	职业素养	1. 学生的沟通能力及团队协作精神 2. 良好的职业道德 3. 质量、成本、安全、环保意识

【知识链接】

一、D/A 转换器的作用与分类

1. D/A 转换器的作用

D/A 转换器实现把数字量转换成模拟量，在单片机应用系统设计中经常用到它，单片机处理的是数字量，而单片机应用系统中控制的很多控制对象都是通过模拟量控制，单片机输出的数字信号必须经 D/A 转换器转换成模拟信号后，才能送给控制对象进行控制。D/A 转换器的作用示意图如图 7.1 所示。

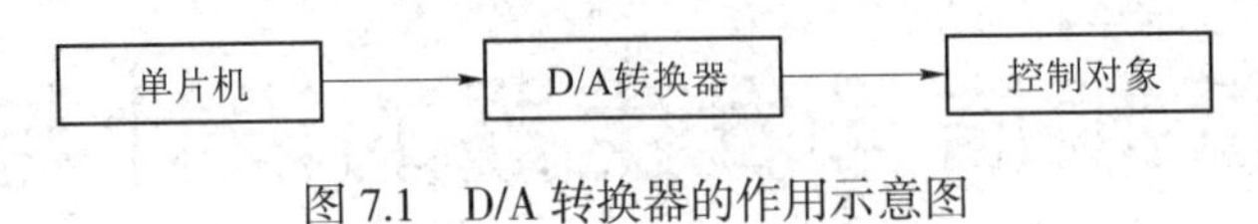

图 7.1　D/A 转换器的作用示意图

2. D/A 转换器的分类

目前，集成 D/A 转换器有很多类型和不同的分类方法。从电路结构来看，各类集成 D/A 转换器至少都包括电阻网络和电子开关两个基本组成部分。

1）按网络结构分类

根据电阻网络结构的不同，D/A 转换器可分为权电阻网络 D/A 转换器、R–2R 正梯形电阻网络 D/A 转换器和 R–2R 倒梯形电阻网络 D/A 转换器等。

2）按电子开关分类

根据电子开关的不同，D/A 转换器可分为 CMOS 电子开关 D/A 转换器和双极型电子开关 D/A 转换器。双极型电子开关 D/A 转换器比 CMOS 电子开关的开关速度快。

3）按输出模拟信号的类型分类

根据输出模拟信号的类型，D/A 转换器可分为电流型和电压型两种。常用的 D/A 转换器大部分是电流型，当需要将模拟电流转换成模拟电压时，通常在输出端外加运算放大器。

常用的 D/A 转换器有 8 位、10 位、12 位、16 位等种类，每种又有不同的型号。

二、DAC0832 D/A 转换器

1. 主要特性

（1）8 位分辨率。

（2）电流稳定时间 1 μs。

（3）可在满量程下调整其线性度。

（4）单一电源供电（+5 V ～ +15 V）。

（5）可单缓冲、双缓冲或直接数字输入。

（6）数据电平输入与 TTL 电平兼容。

（7）低功耗，约 20 mW。

2. 内部逻辑结构

DAC0832 的内部结构如图 7.2 所示，它由 1 个 8 位输入寄存器、1 个 8 位 DAC 寄存器

和 1 个 8 位 D/A 转换器组成。DAC0832 内部包括两个 8 位数据缓冲寄存器，1 个由 T 形电阻网络和电子开关构成的 8 位 D/A 转换器和 3 个控制逻辑门。两个 8 位寄存器均带有使能控制端 EN，当 EN=1（高电平）时，寄存器输出跟随输入数据变化；当 EN=0（低电平）时，输入数据被锁存到寄存器中，寄存器输出不再受输入数据变化的影响。

3. 引脚功能

DAC0832 是 20 引脚的双列直插式芯片。DAC0832 的引脚排列如图 7.3 所示，各引脚的特性如下：

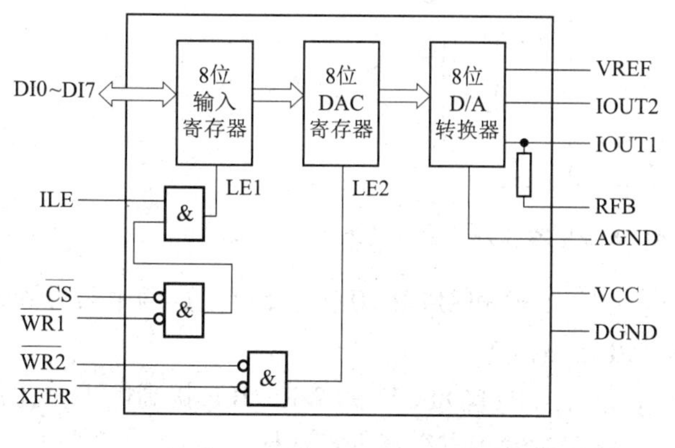

图 7.2　DAC0832 的内部结构

引脚	编号	编号	引脚
$\overline{CS}$	1	20	VCC
$\overline{WR1}$	2	19	ILE
AGND	3	18	$\overline{WR2}$
DI3	4	17	$\overline{XFER}$
DI2	5	16	DI4
DI1	6	15	DI5
DI0	7	14	DI6
VREF	8	13	DI7
RFB	9	12	IOUT2
DGND	10	11	IOUT1

图 7.3　DAC0832 的引脚排列

DI0 ~ DI7——数据输入端，TTL 电平，有效时间大于 90 ms。

$\overline{CS}$——片选信号输入端，低电平有效。

ILE——数据锁存允许控制信号输入端，高电平有效。

$\overline{WR1}$——输入寄存器写选通输入端，负脉冲有效。当$\overline{CS}$为 0，ILE 为 1，$\overline{WR1}$为 0 时，DI0 ~ DI7 状态被锁存到输入寄存器。

$\overline{WR2}$——DAC 寄存器写选通输入端，负脉冲有效。当$\overline{XFER}$为 0，$\overline{WR2}$为 0 时，输入寄存器的状态被传送到 DAC 寄存器中。

$\overline{XFER}$——数据传送控制信号输入端，低电平有效 。

IOUT1——电流输出端，当输入数据全为 1 时，输出电流最大；当输入数据全为 0 时，输出电流最小。

IOUT2——电流输出端，IOUT1+IOUT2= 常数。

RFB——反馈电阻端，芯片内部此端与 IOUT1 之间已接有一个 15 kΩ 电阻。

VREF——基准电压输入端，该电压可正可负，范围为 −10 ~ +10 V。

DGND——数字地。

AGND——模拟地。

4. DAC0832 工作方式

DAC0832 利用 $\overline{WR2}$、$\overline{WR2}$、ILE、$\overline{XFER}$、$\overline{CS}$ 控制信号可以构成三种不同的工作方式。

1）直通方式

当$\overline{WR1}$ = $\overline{WR2}$ =0 时，数据可以从输入端经两个寄存器直接进入 D/A 转换器。

2）单缓冲方式

两个寄存器之一始终处于直通，即$\overline{WR1}$=0或$\overline{WR2}$=0，另一个寄存器处于受控状态。

所谓单缓冲方式就是使DAC0832的两个输入寄存器中有一个（多位DAC寄存器）处于直通方式，而另一个处于受控锁存方式。DAC0832单缓冲方式接口电路如图7.4所示。

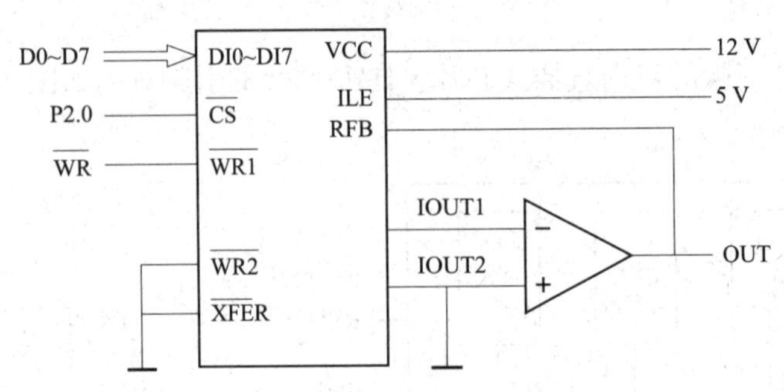

图7.4　DAC0832单缓冲方式接口电路

为使DAC寄存器处于直通方式，应使$\overline{WR2}$=0和$\overline{XFER}$=0。为此可把这两个信号固定接地，或电路中把$\overline{WR2}$与$\overline{WR1}$相连，把$\overline{XFER}$与$\overline{CS}$相连。

为使输入寄存器处于受控锁存方式，应把$\overline{WR1}$接80C51的WR，ILE接高电平。此外还应把$\overline{CS}$接高位地址线或地址译码输出，以便于对输入寄存器进行选择。

【例7.1】设计一个MCS-51单片机与DAC0832的接口电路产生锯齿波，已知：单片机CLK为12 MHz，D/A转换器的地址为7FFFH，当输入数字范围为00H ~ FFH时，其输出电压范围为0 ~ 5 V。画出接口电路图并编写相应的控制程序（输出2个周期的锯齿波）。

如图7.5所示，DAC0832工作于单缓冲方式，其中输入寄存器受控，而DAC寄存器直通。假定输入寄存器地址为7FFFH，产生锯齿波的C语言源程序如下：

```
#include<reg51.h>
#include<absacc.h>
#define DAC0832  XBYTE［0xFFFF］                    //定义DAC0832端口地址
#define uchar unsigned char
//*………………延时………………*//
void DelayMS（uchar ms）
  {
    uchar t
    while（ms--）for（t=0; t<120; t++）;
  }
///*…………主程序…………*//
 void main（ ）
 {
    uchar i;
    while（1）                                        //连续输出锯齿波
```

```
{
    For(i=0; i<256; i++) DAC0832=i;
    DelayMS(1);
    }
}
```

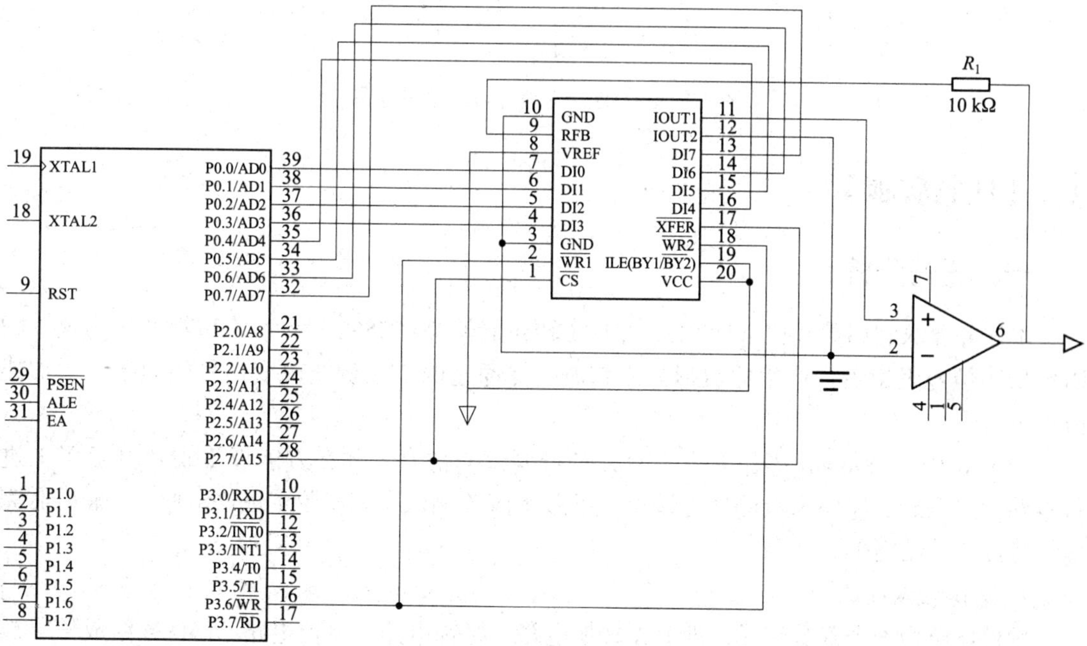

图 7.5　用 DAC0832 产生锯齿波电路

执行上述程序就可得到如图 7.6 所示的锯齿波。

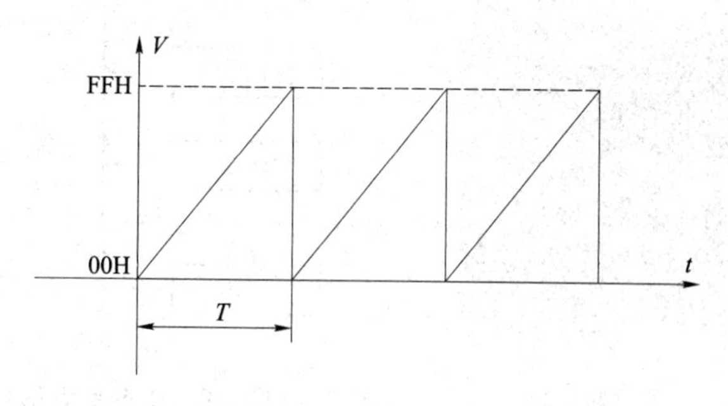

图 7.6　D/A 转换产生的锯齿波

3）双缓冲方式

两个寄存器均处于受控状态，这种工作方式适合于多模拟信号同时输出的应用场合。

在多路 D/A 转换的情况下，若要求同步转换输出，必须采用双缓冲方式。DAC0832 采用双缓冲方式时，数字量的输入锁存和 D/A 转换输出是分两步进行的，如图 7.7 所示。

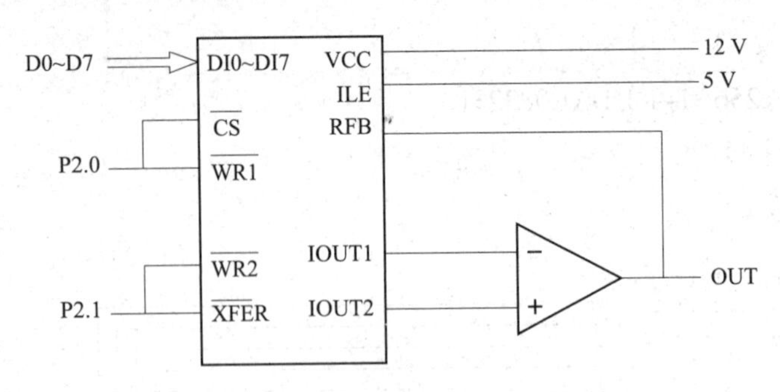

图 7.7 DAC0832 双缓冲方式接口电路

【任务实施】

一、任务分析

本任务要求利用单片机 AT89C51 与 D/A 转换器件 DAC0832 设计一个以单片机为核心的 DDS 低频信号发生器，产生的波形为正弦波，并通过两个按键能改变信号的频率（增加或减小）。

用 Keil C51、Proteus 等作开发工具，进行调试与仿真，并在万能板（或 PCB 板）上进行电路元器安装、电路参数测试与调整，下载程序并测试，其实物如图 7.8 所示，最后需完成任务设计总结报告。

1. 总体方案设计

硬件电路由 5 个部分组成，即 D/A 转换电路、时钟电路、复位电路、LM324 组成信号放大电路、键盘模块。DDS 低频信号发生器结构方框图如图 7.9 所示。

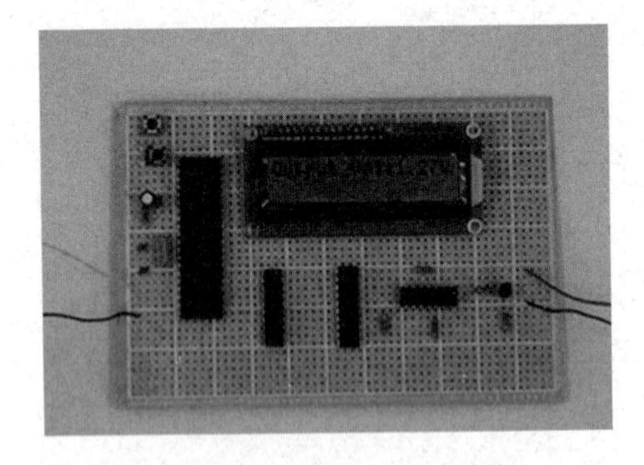

图 7.8 DDS 低频信号发生器实物

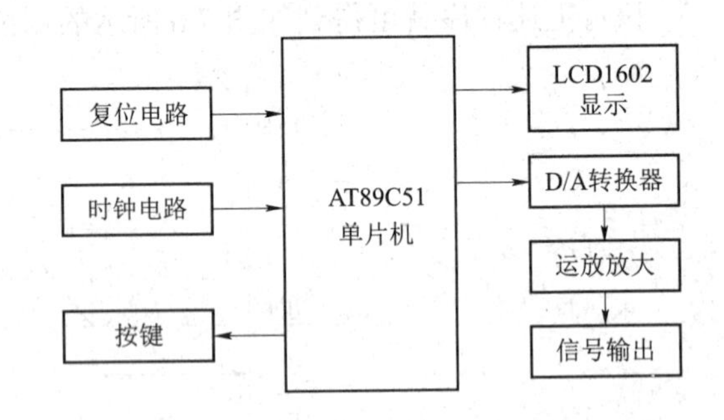

图 7.9 DDS 低频信号发生器结构方框图

各部分功能如下。

D/A 转换电路：产生一定频率的正弦波。

单片机时钟电路、复位电路：单片机正常工作需要。

LM324 信号放大电路：对转换信号进行放大处理。

键盘模块：调整频率。

2. 硬件电路设计

根据如图 7.9 所示的结构方框图，设计出数控直流电压源的总体硬件电路图。单片机的 P0 口控制 DAC0832 的数据端，P3.6 为 DAC0832 的写入控制，P3.2 和 P3.3 为频率按键控制，P3.2 为增加控制键，P3.3 为减小控制键。DDS 低频信号发生器原理图如图 7.10 所示。

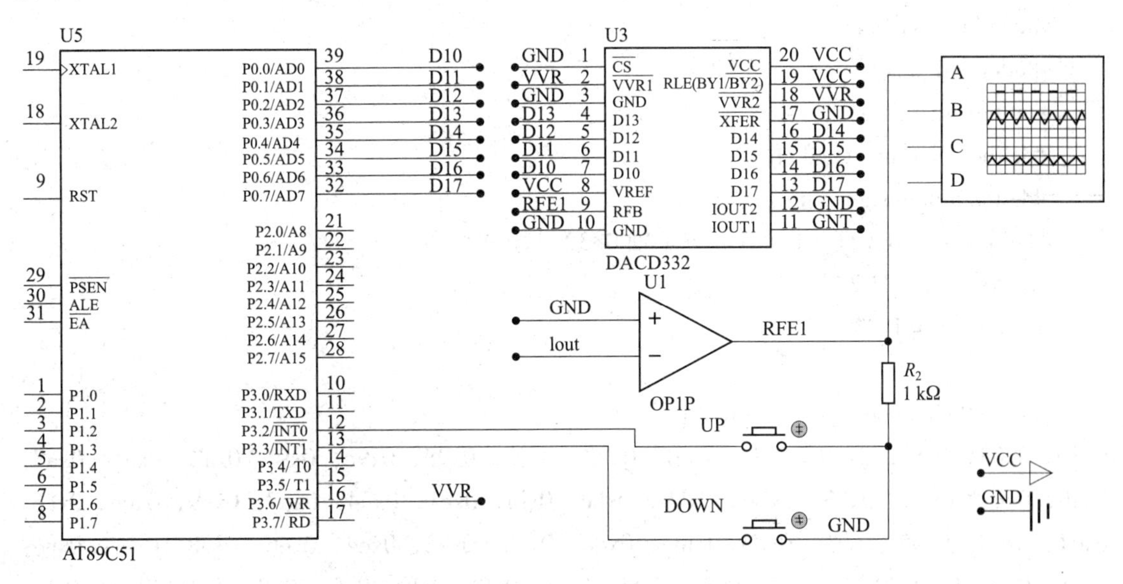

图 7.10　DDS 低频信号发生器原理图

3. 软件设计

1）程序流程图

主程序流程图如图 7.11 所示。

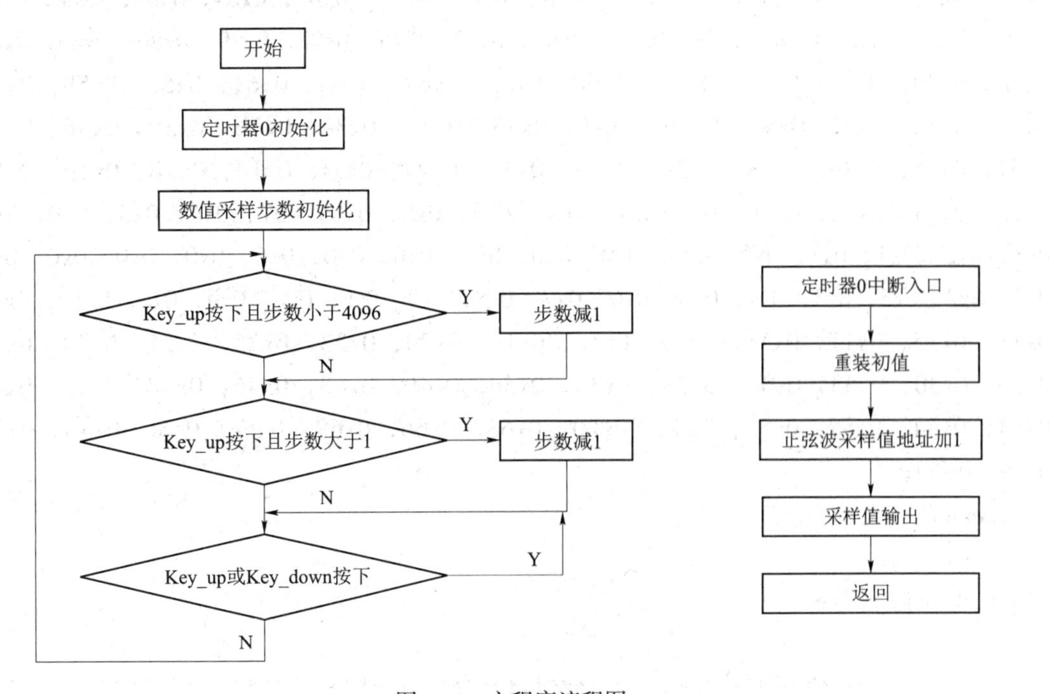

图 7.11　主程序流程图

2）C 语言程序

C 语言源程序如下：

```
#include<reg51.h>
#include<absacc.h>
#ifndef  sin_dds_H
#define  sin_dds_H 1
 #define uchar unsigned char
 #define uint unsigned int
#define dac1 XBYTE［0xdfff］ // X 轴 0832 一级锁存地址
 sbit key_up = P3^2;
sbit key_dw = P3^3;

unsigned char code type［256］={
0x80, 0x83, 0x86, 0x89, 0x8c, 0x8f, 0x92, 0x95, 0x98, 0x9c, 0x9f, 0xa2, 0xa5, 0xa8,
0xab, 0xae, 0xb0, 0xb3, 0xb6, 0xb9, 0xbc, 0xbf, 0xc1, 0xc4, 0xc7, 0xc9, 0xcc, 0xce,
0xd1, 0xd3, 0xd5, 0xd8, 0xda, 0xdc, 0xde, 0xe0, 0xe2, 0xe4, 0xe6, 0xe8, 0xea, 0xec,
0xed, 0xef, 0xf0, 0xf2, 0xf3, 0xf4, 0xf6, 0xf7, 0xf8, 0xf9, 0xfa, 0xfb, 0xfc, 0xfc, 0xfd,
0xfe, 0xfe, 0xff, 0xff, 0xff, 0xff, 0xff, 0xff, 0xff, 0xff, 0xff, 0xff, 0xff, 0xfe, 0xfe,
0xfd, 0xfc, 0xfc, 0xfb, 0xfa, 0xf9, 0xf8, 0xf7, 0xf6, 0xf5, 0xf3, 0xf2, 0xf0, 0xef, 0xed,
0xec, 0xea, 0xe8, 0xe6, 0xe4, 0xe3, 0xe1, 0xde, 0xdc, 0xda, 0xd8, 0xd6, 0xd3, 0xd1,
0xce, 0xcc, 0xc9, 0xc7, 0xc4, 0xc1, 0xbf, 0xbc, 0xb9, 0xb6, 0xb4, 0xb1, 0xae, 0xab,
0xa8, 0xa5, 0xa2, 0x9f, 0x9c, 0x99, 0x96, 0x92, 0x8f, 0x8c, 0x89, 0x86, 0x83, 0x80,
0x7d, 0x79, 0x76, 0x73, 0x70, 0x6d, 0x6a, 0x67, 0x64, 0x61, 0x5e, 0x5b, 0x58,
0x55, 0x52, 0x4f, 0x4c, 0x49, 0x46, 0x43, 0x41, 0x3e, 0x3b, 0x39, 0x36, 0x33,
0x31, 0x2e, 0x2c, 0x2a, 0x27, 0x25, 0x23, 0x21, 0x1f, 0x1d, 0x1b, 0x19, 0x17,
0x15, 0x14, 0x12, 0x10, 0xf, 0xd, 0xc, 0xb, 0x9, 0x8, 0x7, 0x6, 0x5, 0x4, 0x3,
0x3, 0x2, 0x1, 0x1, 0x0, 0x0, 0x0, 0x0, 0x0, 0x0, 0x0, 0x0, 0x0, 0x0, 0x0, 0x1,
0x1, 0x2, 0x3, 0x3, 0x4, 0x5, 0x6, 0x7, 0x8, 0x9, 0xa, 0xc, 0xd, 0xe, 0x10, 0x12,
0x13, 0x15, 0x17, 0x18, 0x1a, 0x1c, 0x1e, 0x20, 0x23, 0x25, 0x27, 0x29, 0x2c,
0x2e, 0x30, 0x33, 0x35, 0x38, 0x3b, 0x3d, 0x40, 0x43, 0x46, 0x48, 0x4b, 0x4e,
0x51, 0x54, 0x57, 0x5a, 0x5d, 0x60, 0x63, 0x66, 0x69, 0x6c, 0x6f, 0x73, 0x76,
0x79, 0x7c};
#endif
uchar i, j;
uint counter, step;

/************** 定时器 0 初始化 ***********************************/
void Init_Timer0（void）
```

```
{
    TMOD =(TMOD & 0XF0)| 0X01;                    // 定时器 0，方式 1
    TH0 = 0xff;                                   // 定时器初值
    TL0 = 0xff;
    TR0 =1;                                       // 启动定时器 0
    ET0 =1;                                       // 开定时器 0 中断
}

/************************** 主函数 ***********************************/
main ( )
{
    Init_Timer0 ( );                              // 定时器 0 初始化
    step=2;                                       // 数值采样步数初始化
    EA = 1;                                       // CPU 开中断
    while ( 1 )
    {
        if ( key_up == 0 )if ( step<4096 )step++;  // 数值采样步数加 1，采样频率变高，
                                                   正弦波周期变小
        if ( key_dw == 0 )if ( step>1 )step--;     // 数值采样步数减 1，采样频率变低，
                                                   正弦波周期变大
        while (( !key_up ) || ( !key_dw ));        // 若有一个键按下去，则正弦波周期
                                                   始终保持不变
    }
}
/****************** 系统 OS 定时中断服务 ****************************/
void OS_Timer0 ( void )interrupt 1 using 2
{
    TH0 = 0xff;                                   // 重装定时器初值
    TL0 = 0xff;
    counter = counter + step;                     // counter 以 step 的步数递增
    dac1=type [( unsigned int ) counter>>8 ];     // 当 counter 加满（256/step）时，dac1
                                                   的采样值变化一次
}
```

4. 电路仿真

利用 Protues 仿真软件对系统进行电路仿真，仿真结果如图 7.12 所示。

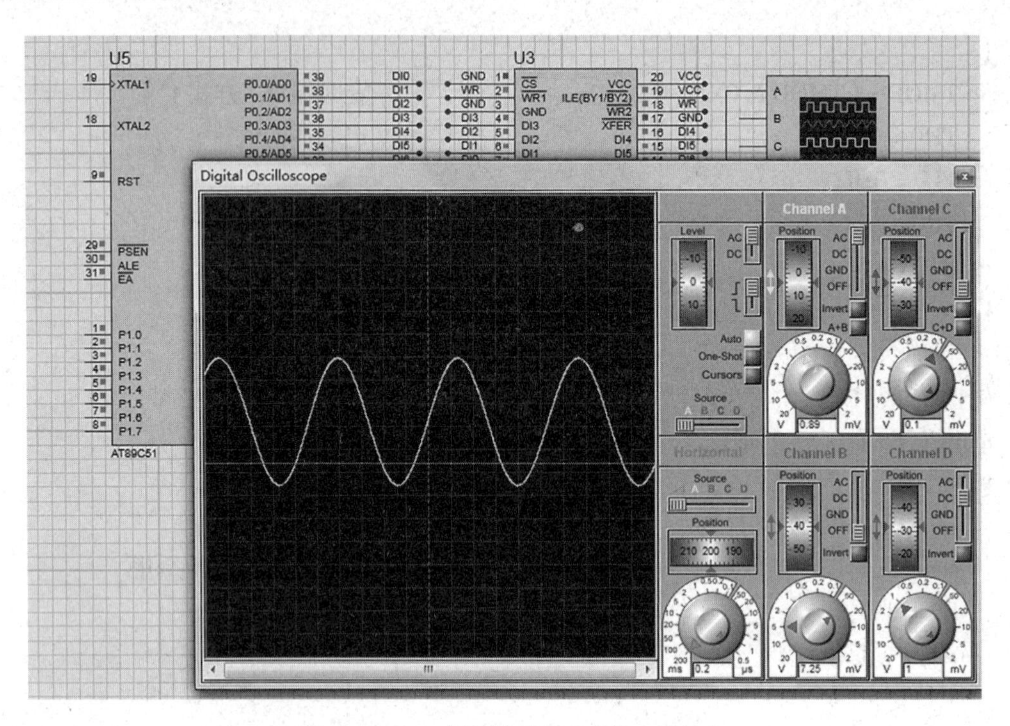

图 7.12　DDS 低频信号发生器仿真结果

二、安装与调试

1. 任务所需设备、工具、器件、材料

任务所需设备、工具、器件、材料见表 7.2。

表 7.2　任务所需设备、工具、器件、材料

类型	名称	数量	型号	备注
设备	示波器	1	20M	
工具	万用表	1	普通	
	电烙铁	1	普通	
	斜口钳	1	普通	
	镊子	1	普通	
器件	51 系列单片机	1	AT89C51（AT89S51）	
	D/A 转换器	1	DAC0832	
	运放	1	LM324	
	晶振	1	12 MHz	
	瓷片电容	2	30 pF	
	电解电容	1	10 μF/16 V	
	电阻	1	10 kΩ	
	电阻	8	470 Ω	

续表

类型	名称	数量	型号	备注
器件	电位器	1	1 kΩ	
	电源	1	直流 400 mA/5 V 输出	
	按键	3		
材料	焊锡	若干	ϕ 0.8 mm	
	万能板	1	4 cm × 10 cm	
	PCB 板	1	4 cm × 10 cm	
	导线	若干	ϕ 0.8 mm 多股铜线漆包线	

2. 系统安装

电流取样电阻 R_1 要选择大功率的电阻（5 W 或 10 W），也可使用废旧万用表上拆下来的电阻线。电流取样电阻发热量大，不能紧贴 PCB 板安装，应该将其适当升高再安装；运放 TL084 可用 LM324 代换，功率管建议用 TO–3 金属封装的 2N3055，可用 TIP3055 或 C3182 等大功率 NPN 管代换，功率调整管工作时发热量较大，散热片要尽可能大些或采用 CPU 风扇散热。具体安装步骤如下：

（1）检查元器件质量。

（2）在万能板（或 PCB 板）上焊接好元器件。

（3）检查焊接电路。

（4）用编程器将 .hex 文件烧写至单片机。

（5）将单片机插入 IC 座。

3. 系统调试

1）硬件调试

硬件调试是系统的基础，只有硬件能够全部正常工作后才能在以此为基础的平台上加载软件从而实现系统功能。

电源模块调试：电源部分提供整个电路所需各种电压（包括 ADC 芯片和 AT89C51 所需的稳压 +5 V），由电源变压器和整流滤波电路及两个辅助稳压输出构成，电源变压器的功率由需要输出的电流大小决定，确保有充足的功率余量。先确定电源是否正确，单片机的电源引脚电压是否正确，是不是所有的接地引脚都接了地。如果单片机有内核电压的引脚，需测试内核电压是否正确。

单片机最小系统调试：测量晶振有没有起振，一般晶振起振两个引脚都会有 1 V 多的电压。检查复位电路是否正常，再测量单片机的 ALE 引脚，看是否有脉冲波输出，以判断单片机是否工作，因为 51 单片机的 ALE 为地址锁存信号，每个机器周期输出两个正脉冲。

LED 数码显示模块：通电后观察数码管是否有显示，如果没有显示说明外接电路有问题，如果有显示可以基本确定外接电路无误。

2）软件调试

如果硬件电路检查后，没有问题却实现不了设计要求，则可能是软件编程的问题，首先应检查主程序，然后是 A/D 转换程序、显示程序，对这些分段程序，要注意逻辑顺序、调用关系以及涉及的标号，有时会因为一个标号而影响程序的执行，除此之外，还要熟悉各指令的用法，以免出错。还有一个容易忽略的问题，就是源程序生成的代码是否烧入单片机中，如果这一过程出错，那不能实现设计要求也是情理之中的事。

3）软、硬件联调

软件调试主要是在系统软件编写时体现的，一般使用 Keil 进行软件的编写和调试。进行软件编写时首先要分清软件应该分成哪些部分，不同的部分分开编写调试时是最方便的。

在硬件调试正确和软件仿真也正确的前提下，就可以进行软硬件联调了。首先，先将调试好的程序通过下载器下载到单片机，然后就可以上电看结果。观察系统是否能够实现所要的功能。如果不能就先利用示波器观察单片机的时钟电路，看是否有信号，因为时钟电路是单片机工作的前提，所以一定要保证时钟电路正常。如果不能分析出是硬件问题还是软件问题，就重新检查软硬件。一般情况下硬件电路可以通过万用表等工具检测出来，如果硬件没有问题，则必然是软件问题，就应该重新检查软件，用这种方法调试系统完全正确。

一、任务总结

本任务通过 DDS 低频信号发生器的设计与制作，使学生掌握 51 单片机与 D/A 转换器件接口电路和单片机应用程序的设计方法；掌握单片机控制 DAC0832 器件的编程方法；掌握 DDS 低频信号发生器的设计的基本原理和方法。本任务元器件少、成功率高、修改和扩展性强。

任务完成后需撰写设计总结报告，撰写设计总结报告是工程技术人员在产品设计过程中必须具备的能力，设计总结报告中应包括摘要、目录、正文、参考文献、附录等，其中正文要求有总体设计思路、硬件电路图、程序设计思路（含流程图）及程序清单、仿真调试结果、软硬件综合调试、测试及结果分析等。

二、任务评价

本任务的评价指标及评价内容在项目评价体系中所占分值、小组评价及教师评价在本任务考核成绩中的比例见表 7.3。

表 7.3　考核评价体系表

序号	评价指标	评价内容	分值	小组评价（50%）	教师评价（50%）
1	理论知识	是否了解掌握 DAC0832 工作原理及接口电路；是否掌握单片机控制 DAC0832 器件的编程方法	50		
2	制作方案	电路板的制作步骤是否完善，设计、布局是否合理	10		
3	操作实施	焊接质量是否可靠、能否测试分析数据	20		
4	答辩	本任务所涵盖的知识点是否都比较熟悉	20		

【知识拓展】

利用 AT89C51 单片机和 DAC0832 可产生调频与调幅的三角波、方波、正弦波。通过 3 个按键，分别实现波形类型的选择，其中 SW2 作波形和调频功能选择，每按一次 SW2、SW3、SW4 的功能在控制波形选择控制和频率加减控制之间进行切换。按键 SW3、SW4 均做波形切换时，每按一次，循环便改变输出波形，SW3、SW4 做频率调节时，一个为频率递增，一个为频率递减。同时通过 8 位数码管显示波形的类型以及其对应的频率，其原理图如图 7.13 所示。系统软件设计可分为主程序、显示、按键扫描、参数设置四个部分，C 语言源程序如下：

```
#include<reg51.h>
#define duan P0
#define wei P2
#define KEY P3
#define uchar unsigned char
uchar code LEDTAB [ ] ={0xC0, 0xF9, 0xA4, 0xB0, 0x99, 0x92, 0x82, 0xF8, 0x80,
0x90, 0x83, 0x8c, 0x8e, 0xTf, 0xff ); // 共阴段码.
uchar code LEDE [ ] ={0x01, 0x02, 0x04, 0x08, 0x10, 0x20, 0x40, 0x80 ); /* 数码管
自左向右 0 ~ 7*/
uchar code aE50 [ ] ={128, 144, 160, 175, 189, 203, 215, 226, 235, 243, 249,
253, 255, 255, 253, 249, 243, 235, 226, 215, 203, 189, 175, 160, 144, 128, 112,
96, 81, 67, 53, 41, 30, 21, 13, 7, 3, 1, 1, 3, 7, 13, 21, 30, 41, 53, 67, 81,
96, 112 );                    // 正弦波数据表
data char b [ 50 ];           // 波形数据输出数据缓存区
uchar code ts [ 3 ] ={10, 11, 12 );
uchar xiancun [ 8 ] ={10, 14, 14, 14, 14, 14, 14, 14 );
sbit SW2=P3A0:
sbit SW3=P3A1:
sbit SW4=P3 A2:
uchar l, 11, jz=0;            //l 为方波宽度变量，11 为中断次数变量，jz 为波形控制变量
uchar j, k=0, kg0;            // j 为取数变量，k 为方波初值，kg0 为 SW2 按下次数变量
uchar weishu;
unsigned int jzl=20;          // jzl 为频率调节变量
bit anjianbz;                 // 按键按下标志
/*……延迟子函数……*/
void delay ( unsigned int N )
{
    int i;
    for ( i=0; i<N; i++ );
```

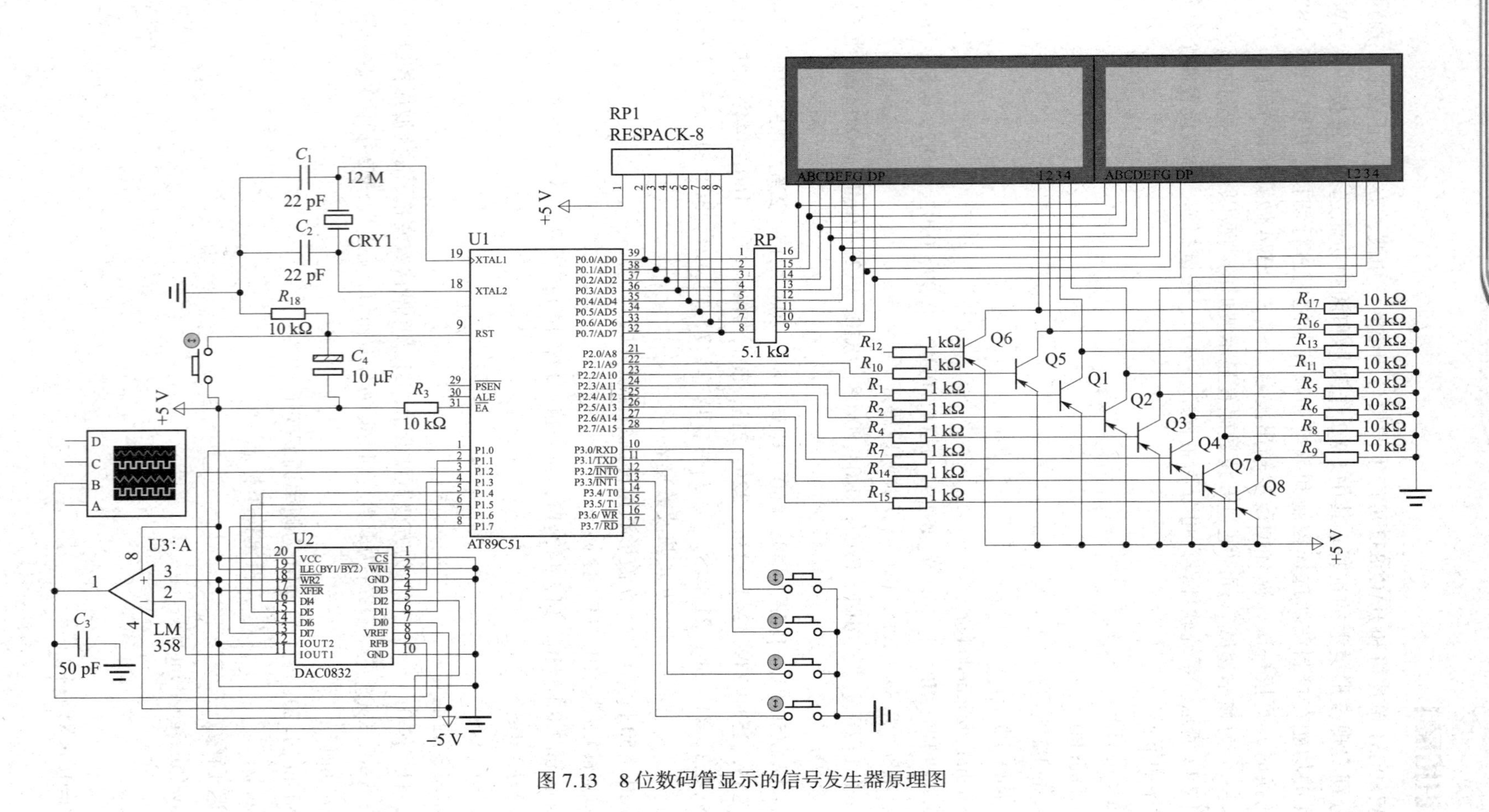

图 7.13　8 位数码管显示的信号发生器原理图

```
  }
/*……波形类型子函数……*/
  void boxing ( )
{
     xiancun [ 1 ] =14;
     xiancun [ 2 ] =14:
     xiancun [ 3 ] =14;
     xiancun [ 4 ] =14;
     xiancun [ 5 ] =14;
     xiancun [ 6 ] =14;
     xiancun [ 7 ] =jz;
}
  /*…. . SW3 功能 1 子函数…. .  */
SW31 ( )
{
     anjianbz=1;
     if ( jz==2 )
     jz=0;
     else.
     jz+-+;
}
/*……SW3 功能 2 子函数……*/
SW32 ( )
{
   anjianbz=1;
   if ( jzl<=19 )
   jzl++;
   else
   jzl=jz+10;
}
  /*……SW4 功能 1 子函数……*/
SW41 ( )
{
   anjianbz=1;
   if ( jz==0 )
   jz=2;
   else
   jz--;
```

```
  }
/*……SW4 功能 2 子函数……*/
SW42 ( )
{  anjianbz=1;
   if ( jzl<=19 )
  {
    Jzl--;
    if ( jzl=-0 )
    jzl=1;
   }
   else
     jzl=jzl=10;
/*……SW2 键盘处理子函数……*/
manage_SW2 ( )
    anjianbz=1;
    if ( kg0=-1 )
    kg0=0;
    else
    kg0++;
    xiancun [ 0 ] =ts [ -kg0- ];
/*……SW3 键盘处理子函数……*/
manage_SW3 ( )
{
  switch ( kg0 )
  {
      case 0: SW31 ( ); boxing ( ); break;
      case 1: SW32 ( ); break;
      default: break;
    }
   }
/*……SW4 键盘处理子函数……*/
      manage_SW4 ( )
      { switch ( kg0 )
        {
        case 0: SW41 ( ); boxing ( ); break;
        case 1: SW42 ( ); break
        default: break;
        }
```

```
    }
 /*……键盘查询子函数……*/
   void judge_key（ ）
       {
        unsigned char KEY—value=0;                          // 键值
        KEY-value= ~ KEY&0x0f;
        if（(KEY-value &（ ~ KEY)) != 0）
        delay（1000）;                                      // 消抖动
        if（(KEY_value&（ ~ KEY)) != 0）                    // 判断是否干扰
 {
        while（(KEY—value&（ ~ KEY)) =0）;                 // 等待按键释放
        switch（KE E value）                                // 按键散转
       {
              case 0x01：manage_SW2（ ）
              ase 0x02：manage—SW3（ ）;
              case 0x04：manage_SW4（ ）
                 }
              }
           }
       }
/*……操作显示子函数……*/
 void xshi（ ）
{
     wei=0x00;
     duan=LEDTABExiancunEweishu;
             wei［weishu］;
             if（weishu==7）
             weishu=0;
             else
             weishu++;
     }
/*……正弦波子函数……*/
 void zhengxuanbo（void）
{
        uchar i;
        for（i=0; i<50; i++）
       {
        b［i］=aEi;
```

```
    }
  }
/*……三角波子函数……*/
 void sanjiaobo（void）
{
        uchar i;
        for（i=0; i<50; i++）
        {
         if（i<25）
        {
         b［i］-10*i;
        }
      else
      // 在这里可以定义组合键
    ; break;
    break;
    ; break;
{
       b［-iJ- 10*（50-i）;
                }
            }
}
/*……方波子函数……*/
 void fangbo（void）
{
        uchar m;
        for（m=0; m<50; m++）
       {
        if（m<25）
       {
        b［m］=k:
       }
        else
        b［m］= ~ k:
      }
 }
/*……波形选择函数……*/
  void boxingshuchu（Void）
```

```
{
    if（anjianbz==1）
   {
     anjianbz=0;
     switch（jz）
    {
      case 0: zhengxuanbo（）; break;
      case 1: sanj ~ aobo（） ~ break;
      case 2: fangbo（）; break;
      default: break;
       }
    }
}
/*……主函数……*/
  main（）
{
    TMOD=0x02;                                   // 8 位方式 2
    TH0=0xc8;                                    // 初值为 200
    TL0=0xc8;
    TR0=1:
  EA=l。
  ETO=1:
  while（1）
{
  Judge-key（）;
  boxingshuchu（）;
  xshi（）;   .
   }
  }
TO 中断服务子函数
   void time0（void）interrupt 1
{
      ll++;
      if（1l==jzl）
     {
      Ll=0:
      P1=b［j］;
      j++;
```

```
    if ( j===50 )
    j=0;
    }
}
```

【习题训练】

1. 简述 DAC0832 的工作过程。
2. DAC0832 有哪几种工作方式？这几种工作方式是如何实现的？
3. DAC0832 与 AT89C51 单片机连接时有哪些控制信号？它们的作用各是什么？

项目8 水温报警器的设计与制作

【任务导入】

本项目通过水温报警器的设计与制作，使学生了解 DS18B20 温度传感器的原理及应用；掌握单片机控制 DS18B20 器件的编程方法；掌握单片机应用系统的软硬件设计方法。与此同时，在设计电路并安装印制电路板（或万能板）、进行电路元器件安装、进行电路参数测试与调整的过程中，进一步锻炼学生印制板制作、焊接技术等技能；加深对电子产品生产流程的认识。项目 8 学习目标见表 8.1。

表 8.1　项目 8 学习目标

序号	类别	目标
一	知识点	1. 单片机串行通信口结构及应用 2. DS18B20 温度传感器的原理及应用 3. 单片机和 DS18B20 的接口电路与编程
二	技能	1. 单片机水温报警器硬件电路元件识别与选取 2. 单片机水温报警器的安装、调试与检测 3. 单片机水温报警器电路参数测量 4. 单片机水温报警器故障的分析与检修
三	职业素养	1. 学生的沟通能力及团队协作精神 2. 良好的职业道德 3. 质量、成本、安全、环保意识

【知识链接】

一、串行通信及其应用

1. 串行通信简介

在计算机系统中，CPU 和外部通信有两种方式：并行通信和串行通信。并行通信如图 8.1 所示，数据的各位同时传送，传送速度快，但传送距离短。

串行通信如图 8.2 所示，数据和控制信息一位一位按顺序串行传送。特点是传送速度较慢，传送距离比并口通信远。按照串行数据的时钟控制方式可分为异步通信和同步通信两类。

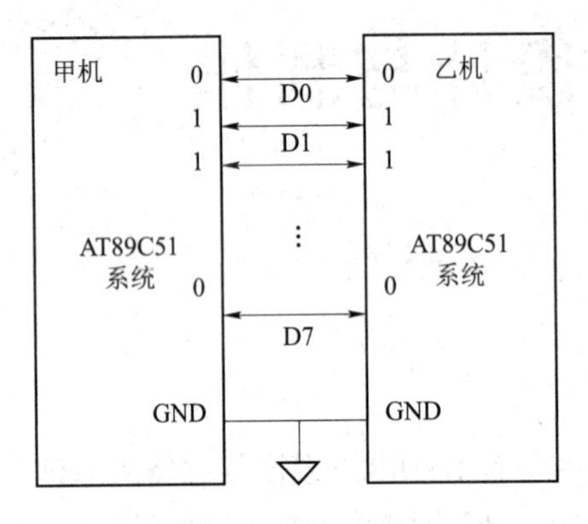

图 8.1　并行通信

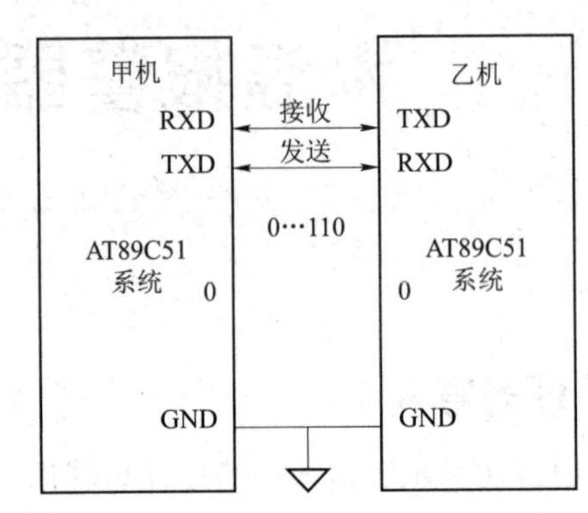

图 8.2　串行通信

1）异步通信

异步通信通常以字符（或者字节）为单位组成字符帧传送。字符帧由发送端一帧一帧地传送，接收端通过传输线一帧一帧地接收。

字符帧由三个部分组成，分别是起始位、数据位和停止位，如图 8.3 所示。

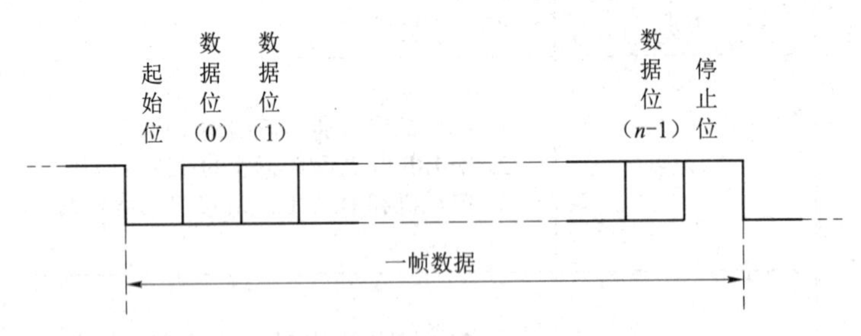

图 8.3　字符帧格式

起始位位于字符帧的开头，占一位，为 0（低电平），表示发送端开始发送一帧数据。

数据位紧跟起始位后，低位在前，高位在后，根据串行通信工作方式的不同，数据位可为 8 位或 9 位。

停止位位于字符帧的末尾，占一位，为 1（高电平），表示一帧数据发送完毕。

（1）串行接收。在串行接收数据时，当 CPU 允许接收（串行口控制寄存器 SCON 中的 REN 位为 1）时，外部数据通过引脚 RXD（P3.0）串行输入，数据低位在前，高位在后，一帧数据接收完毕，再并行送入接收缓冲器 SBUF 中，同时由硬件将接收中断标志位 RI

置“1”。

（2）串行发送。在串行发送数据时，将发送数据并行写入发送缓冲器 SBUF 中，同时启动数据由 TXD（P3.1）引脚串行发送，当一帧数据发送完毕（发送缓冲器空），由硬件自动将发送中断请求标志位 TI 置“1”。

（3）数据传送速率。串行通信的速率用波特率来表示，所谓波特率就是指每秒钟传送数据位的个数。每秒钟传送一个数据位就是 1 波特，即 1 波特 =1 b/s（位 / 秒）。在串行通信中，数据位的发送和接收分别由发送时钟脉冲与接收时钟脉冲进行控制。时钟频率高，则波特率高，通信速度就快；反之，时钟频率低，波特率就低，通信速度就慢。

2）同步通信

同步通信是一种连续串行传送数据的通信方式。在数据开始传送前，用同步字符（通常为 1 或 2 个）来指示数据的开始，并由时钟来实现发送端和接收端同步，即检测到规定的同步字符后，就连续按顺序传送数据，直到数据传送结束。同步传送时，字符与字符之间没有间隙，也不用起始位和停止位，同步传送的数据格式如图 8.4 所示。

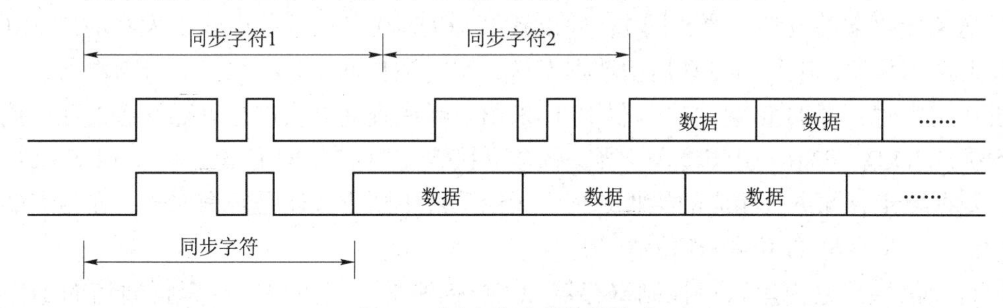

图 8.4 同步传送的数据格式

同步通信的数据传输速率较高，通常可达 56 000 b/s 或更高，其缺点是要求发送时钟和接收时钟必须保持严格同步。

3）串行通信的制式

在串行通信中，数据是在两个站之间进行传送的，按照数据传送方向，串行通信可分为单工、半双工和全双工三种制式。

在单工制式下，通信线的一端接发送器，一端接接收器，数据只能按照一个固定的方向传送。

在半双工制式下，系统的每个通信设备都由一个发送器和一个接收器组成，数据能从 A 传送到 B，也可以从 B 传送到 A，但是不能同时在两个方向上传送，只能一端发送，一端接收。

在全双工制式下，通信系统的每端都有发送器和接收器，并可以同时发送和接收，即数据可以在两个方向上同时传送。

一般情况下常用半双工制式，简单、实用。

2. MCS-51 的串行接口的结构

51 系列单片机串行接口主要由两个数据缓冲器 SBUF、一个输入移位寄存器、一个串行控制寄存器 SCON 及一个波特率发生器组成，其结构框图如图 8.5 所示。发送和接收缓冲寄存器采用同一个地址 99H，其寄存器名也同样为 SBUF。CPU 通过不同的操作指令来区别这两个寄存器，所以不会因地址和名称相同而产生错误。

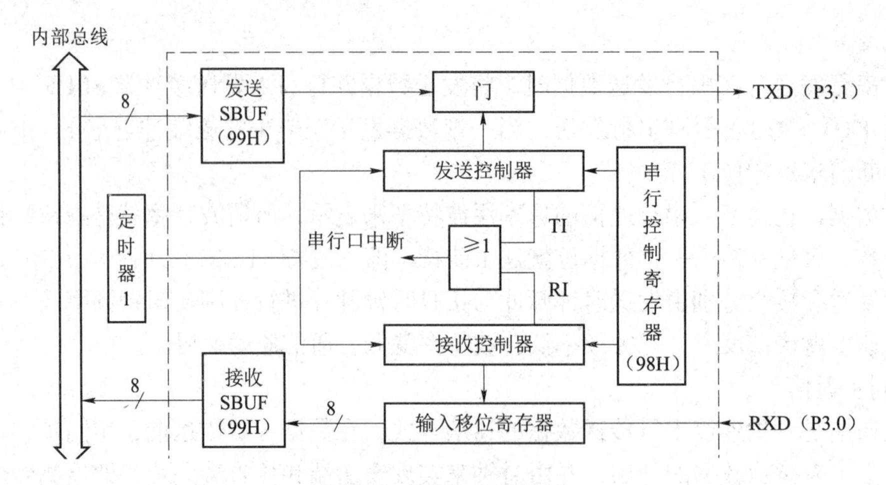

图 8.5　串行口结构框图

在发送和接收数据前，先设置波特率（设置 PCON 中的 SMOD 位，T1 方式 2 的初值，注意发送和接收端的波特率要相同），并设置好 SCON 中的相应控制位；发送时向 SBUF 中写入要发送的数据，串行口自动启动数据发送，串行数据从 TXD（P3.1）引脚输出，当一帧数据发送完毕时，将 TI 位置“1”，供 CPU 采用中断或查询方式进行串行发送处理；接收时串行数据从 RXD（P3.0）引脚输入，当一帧数据接收完毕，将 RI 位置“1”，通知 CPU 将接收到的数据取走，并进行相应的接收处理；无论采用中断方式还是查询方式，在相应的处理程序中都要用指令将 TI 位和 RI 位清“0”。

串行通信主要是由串行口控制寄存器 SCON 控制的，其主要用于串行通信的工作方式（串行移位工作方式、双机通信工作方式和多机通信工作方式）控制，多机通信时传送数据或地址的控制，是否允许接收数据控制、串行数据接收或发送完毕控制等。

1）串行口控制寄存器 SCON

SCON 是 51 系列单片机的一个可位寻址的专用寄存器，用于串行通信方式选择、接收和发送控制、串行口状态指示等。单元地址为 98H，位地址为 98H ~ 9FH。寄存器的内容及位符号见表 8.2。

表 8.2　SCON 寄存器的内容及位符号

位地址	9FH	9EH	9DH	9CH	9BH	9AH	99H	98H
位符号	SM0	SM1	SM2	REN	TB8	RB8	TI	RI

（1）SM0、SM1——串行口工作方式选择位。这两位用于选择串行口的四种工作方式，其状态组合和对应工作方式见表 8.3。

（2）SM2、TB8、RB8——多机通信控制位。在方式 2 和方式 3 时，TB8 是发送数据的第 9 位，RB8 是接收数据的第 9 位，由用户用指令进行置“1”或清“0”，TB8 和 RB8 是对应的，在发送端发的 TB8 位就是接收端接收的 RB8 位。

方式 2 和方式 3 用于多机通信时，在发送端若 TB8=1，则表示发送的为地址帧；若 TB8=0，则表示发送的为数据帧。

表 8.3　SM0、SM1 的状态组合和对应工作方式

SM0　SM1	方式	功能说明	波特率
0　0	方式 0	8 位同步移位寄存器	$f_{osc}/12$
0　1	方式 1	10 位 UART	由 TI 的溢出率确定
1　0	方式 2	11 位 UART	$f_{osc}/64$ 或者 $f_{osc}/32$
1　1	方式 3	11 位 UART	由 TI 的溢出率确定

接收端若 SM2=1，表示地址接收状态，若接收到 RB8=1，即接收的为地址帧时，将接收到的地址送入接收 SBUF 中，并置位 RI 产生中断请求；若 RB8=0，即接收到的为数据帧，RI 不置“1”，同时将接收到的数据帧丢弃。若 SM2=0，表示数据接收状态，则不论 RB8=1 或 RB8=0，都将接收到的数据送入接收 SBUF 中，并产生中断请求。

在方式 2 和方式 3 用于双机通信时，TB8、RB8 可作奇偶校验位用。

在方式 1 中，当 SM2=0 时，RB8 为接收到的停止位；当 SM2=1，则只有接收到有效停止位时，RI 才置“1”。而串行口工作在方式 0 中，SM2 必须置“0”，不用 TB8 和 RB8 位。

（3）REN——允许接收位。由指令置“1”或清“0”，REN=1 时，允许接收数据；REN=0 时，禁止接收数据。

（4）TI——发送中断标志位。在方式 0 时，发送完第 8 位数据后，该位由硬件置“1”。在其他方式下，在发送停止位之初，由硬件置“1”。

因此，TI=1 表示帧发送结束，其状态既可供软件查询使用，也可用于请求中断。TI 在查询方式或中断方式下都必须由指令清“0”。

（5）RI——接收中断标志位。在方式 0 时，接收完第 8 位数据后，该位由硬件置“1”。在其他方式下，在接收停止位的中间，该位由硬件置“1”。因此，RI=1 表示帧接收结束，其状态既可供软件查询使用，也可用于请求中断。同样，RI 在查询方式或中断方式下都必须由指令清“0”。

2）电源控制寄存器 PCON

PCON 不可位寻址，字节地址为 87H。PCON 主要是为 CHMOS 型 51 系列单片机的电源控制而设置的专用寄存器，其各控制位的符号见表 8.4。

表 8.4　PCON 寄存器各控制位的符号

位序	D7	D6	D5	D4	D3	D2	D1	D0
位符号	SMOD	–	–	–	GF1	GF0	PD	IDL

与串行通信有关的只有 D7 位（SMOD），该位为波特率倍增位。当 SMOD=1 时，串行口波特率增加 1 倍；当 SMOD=0 时，串行口波特率为设定值。当系统复位时，SMOD=0。

GF1、GF0、PD 和 IDL 位为电源控制位，其中 GF1 和 GF0 为通用标志位，由指令置“1”或清“0”。PD 和 IDL 位为低功耗方式控制位，其中 PD 位为掉电方式控制位，PD=1 时，进入掉电工作方式；IDL 位为待机方式控制位，IDL=1 时，进入待机工作方式。

3. 串行口的四种工作方式

51 系列单片机串行通信有四种工作方式，由 SCON 中的 SM0 和 SM1 位确定。

1）方式 0

串行口工作在方式 0 时，作同步移位寄存器使用，以 8 位数据为一帧，无起始位和停止位。串行数据由 RXD（P3.0）端输入或输出端，同步移位脉冲由 TXD（P3.1）端输出。这种工作方式常用于扩展 I/O 口中，外接移位寄存器（并入串出移位寄存器 74LS165 或串入并出移位寄存器 74LS164），实现数据并行输入或输出。工作在方式 0 时，波特率固定为 $f_{osc}/12$，即每个机器周期输入或输出一位数据。

（1）数据发送。当数据写入 SBUF 后，从 RXD 端输出，在移位脉冲的控制下，逐位移入 74LS164，并完成数据的串并转换。当 8 位数据全部输出后，由硬件将 TI 置“1”，发出中断请求。数据由 74LS164 并行输出，其接口电路如图 8.6 所示，RXD 端接 74LS164 的串行输入端 A、B，TXD 接 74LS164 的时钟脉冲输入端 CLK，P1.0 接 74LS164 的清零端。由图 8.6 可知通过外接 74LS164，串行口能够实现数据的并行输出。

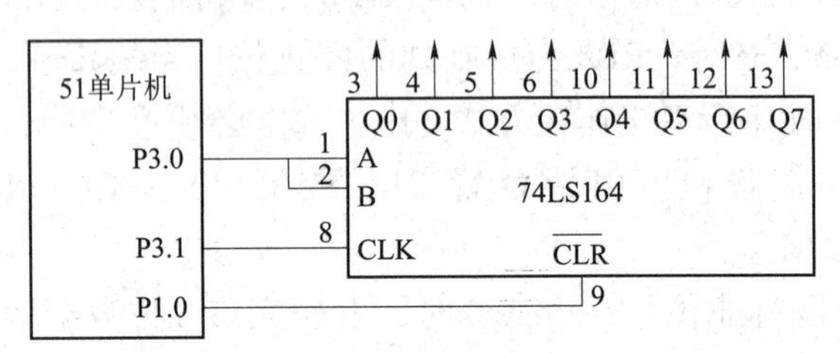

图 8.6　方式 0 外接移位寄存器输出

（2）数据接收。要实现接收数据，必须首先把 SCON 中的允许接收位 REN 置“1”。当 REN 为 1 时，数据在移位脉冲的控制下，从 RXD 端输入。当接收完 8 位数据时，将接收中断标志位 RI 置“1”，发出中断请求。数据由 74LS165 并行输入，其接口电路如图 8.7 所示。RXD 接 74LS165 的数据输出端 Q，TXD 接 74LS165 的时钟脉冲输入端 CLK，P1.0 接移位 / 置数端。由该电路可知，通过外接 74LS165，串行口能够实现数据的并行输入。

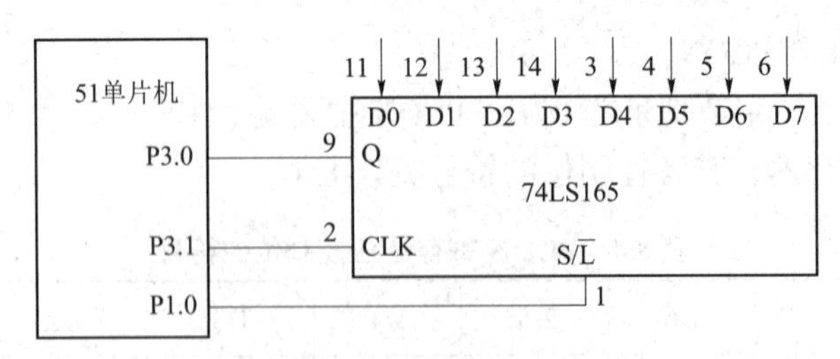

图 8.7　方式 0 外接移位寄存器输入

2）方式 1

方式 1 为 10 位异步串行通信方式，其帧格式为 1 个起始位、8 个数据位和 1 个停止位，其波特率可调。

（1）数据发送。数据写入 SBUF 后，就启动发送器开始发送，此时由硬件加入起始位和停止位，构成一帧数据，由 TXD 串行输出。发送完一帧数据后，将 TI 置“1”，通知 CPU

可以进行下一个数据的发送。

（2）数据接收。REN=1 且接收到起始位后，就开始接收一帧数据。当停止位到来后，把停止位送入 RB8 中，并置位 RI，通知 CPU 接收到一个数据，将其从 SBUF 中取走。

（3）波特率确定。工作在方式 1 时，其波特率是可变的，波特率的计算公式为

$$波特率=\frac{2^{SMOD}}{32}\times（T1 溢出率）$$

其中，SMOD 为 PCON 寄存器的最高位，其值为 1 或 0。

当定时器 1 作波特率发生器使用时，选用工作方式 2（自动重装初值方式），可以避免因程序反复装入定时初值所引起的定时误差，使波特率更加稳定。设 T1 初值为 X，则溢出周期为

$$T=\frac{12}{f_{osc}}\times（256-X）$$

溢出率为溢出周期的倒数，则波特率的计算公式为

$$波特率=\frac{2^{SMOD}}{32}\times\frac{f_{osc}}{12\times（256-X）}$$

T1 的初值为

$$X=256-\frac{f_{osc}\times（SMOD+1）}{384\times 波特率}$$

3）方式 2

方式 2 为 11 位异步串行通信方式。其帧格式为 1 个起始位、9 个数据位和 1 个停止位。与方式 1 相比，增加了一个第 9 位数据位（D8），其功能由用户确定，是一个可编程位。

（1）数据发送。发送前先根据通信协议用指令设置 SCON 中的 TB8（发送端发送的第 9 位数据，双机通信时作奇偶校验位；多机通信时作地址 / 数据标识位，TB8 为 1 时发送的为地址，TB8 为 0 时发送的为数据）。然后将要发送的数据（D0 ~ D7）写入 SBUF 中，而 D8 位的内容则由硬件电路从 TB8 中直接送到发送移位寄存器的第 9 位，并以此来启动串行发送。一帧发送完毕，将 TI 位置“1”，其他过程与方式 1 相同。

（2）数据接收。方式 2 的接收过程也与方式 1 基本类似，所不同的只在第 9 位数据上，串行口把接收到的前 8 位数据送入 SBUF，而把第 9 位数据送入 RB8。在接收前先将 REN 位置“1”，将 RI 位清“0”。然后根据 SM2 的状态和接收到的 RB8 的状态决定串行口在数据到来后是否使 RI 置“1”，如 RI 置“1”则接收数据，否则不接收数据。

当 SM2=0 时，单片机处于数据接收状态，不管 RB8 为 0 还是为 1，RI 均置“1”，此时串行口将接收发送来的数据。

当 SM2=1 时，单片机处于地址接收状态。如接收到的 RB8 为 1 时，表示接收到的为地址，此时 RI 置“1”，串行口接收发来的地址；如接收到的 RB8 为 0 时，表示接收到的为数据，因本机当前处于地址接收状态，所以该数据不能被接收，RI 不置“1”，此数据为发送给其他单片机的数据。

（3）波特率确定。方式 2 的波特率是固定的，由晶振频率及 SMOD 的值确定。当 SMOD 为 0 时，波特率为晶振频率 1/32，即 $f_{osc}/32$；当 SMOD 为 1 时，波特率为晶振频率的 1/64，

即 $f_{osc}/64$。用公式表示为

$$波特率 = \frac{2^{SMOD}}{64} \times f_{osc}$$

4）方式 3

方式 3 同方式 2 相似，只不过方式 3 的波特率是可变的，由用户来确定。其波特率的确定同方式 1。

4. 串行口初始化编程

串行口初始化时，主要对波特率发生器 T1、串行口控制寄存器 SCON 及电源控制寄存器 PCON 中的波特率倍增位 SMOD 进行设置，串行口初始化编程格式如下：

```
void init_serialcomm（void）          //串口初始化
  {
   SCON=0x50;                         // SCON：方式 1，8 位 UART，并允许接收
   TMOD=0x20;                         // TMOD：T1，方式 2，8 位计数
   PCON=0x80;                         // SMOD=1；
   THl=0xFD;                          //波特率：9 600，fosc=11.059 2 MHz
   TLl=0xFD:
   IE=0x00;                           //关中断
   TRl=1;                             //启动 T1 计数
  }
```

5. RS-232C 接口

RS-232C 是 EIA（美国电子工业协会）1969 年修订的 RS-232C 标准。RS-232C 定义了数据终端设备（DTE）与数据通信设备（DCE）之间的物理接口标准。

RS-232C（阳头）接口规定使用 9 针连接器，连接器的尺寸及每个插针的排列位置都有明确的定义。RS-232C 外形及指针排布如图 8.8 和图 8.9 所示。

图 8.8　RS-232C 外形

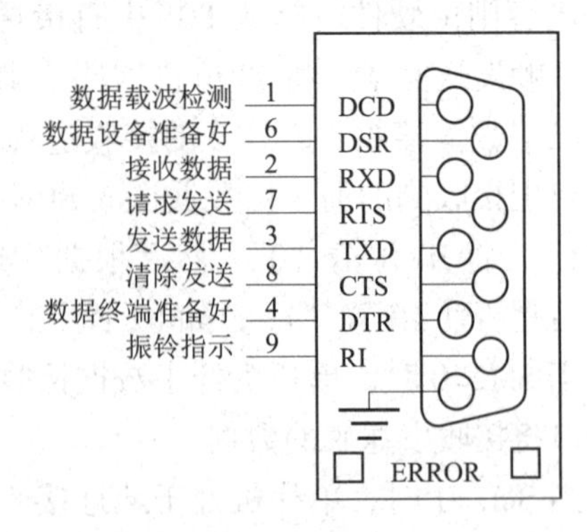

图 8.9　RS-232C 指针排布

6. 串行通信应用举例

【例 8.1】 使用 74LS164 的并行输出端接 8 支发光二极管，利用它的串入并出功能，把发光二极管从左到右依次点亮并反复循环。假定发光二极管为共阴极接法。

解： 使用 74LS164 的并行输出端电路原理图如图 8.10 所示。软件部分程序如下：

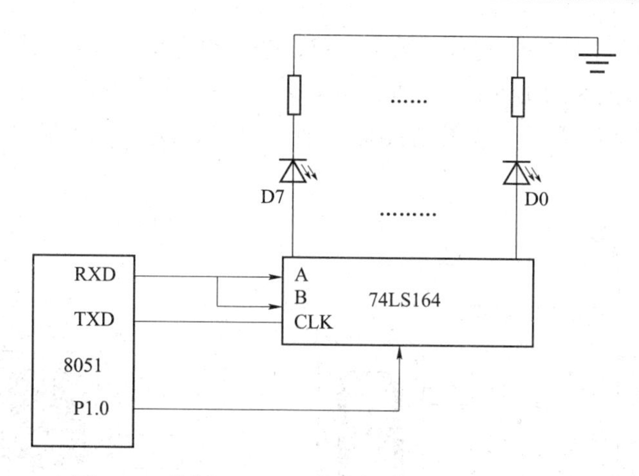

图 8.10 使用 74LS164 的并行输出端电路原理图

```
#include<reg51.h>
#include<intrins.h>
#define uchar unsigned char
#define uint unsigned int
    sbit SPK=P3^7;
    uchar FRQ=0x00;
// 延时
void DelayMS (uint ms)
{
   uchar i;
   while (ms--)for (i=0; i<120; i++);
}
// 主程序
void main ()
{
   uchar c=0x80;
   SCON=0x00;                    // 串口模式 0，即移位寄存器输入 / 输出方式
   TI=1;
   while (1)
   {
         c=_crol_ (c, 1);
         SBUF=c;
         while (TI==0);          // 等待发送结束
         TI=0;                   // TI 软件置位
DelayMS (400);
   }
}
```

【**例 8.2**】单片机可接收 PC 发送的数字字符，按下单片机的 K1 键后，单片机可向 PC 发送字符串，其电路如图 8.11 所示。在 Proteus 环境下完成本实验时，需要安装 Virtual Serial Port Driver 和串口调试助手。本例缓冲 100 个数字字符，缓冲满后新数字从前面开始存放（环形缓冲）。

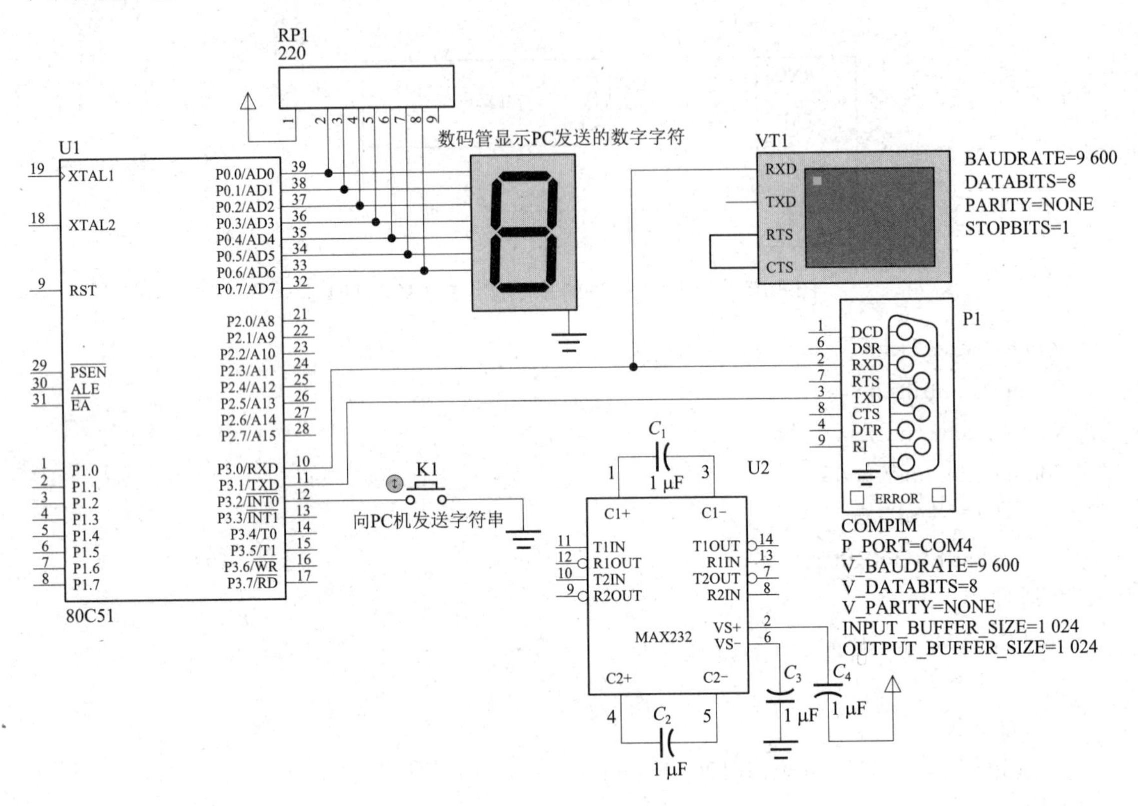

图 8.11　单片机与 PC 接收和发送字符的电路

程序如下：

```
##include<reg51.h>
#define uchar unsigned char
#define uint unsigned int
uchar Receive_Buffer［101］;                //接收缓冲
uchar Buf_Index=0;                          //缓冲空间索引
//数码管编码
uchar code DSY_CODE［ ］={0x3f，0x06，0x5b，0x4f，0x66，0x6d，0x7d，0x07，0x7f，
0x6f，0x00};
//延时
void DelayMS（uint ms）
{
    uchar i;
    while（ms--）for（i=0; i<120; i++）;
```

```
}
// 主程序
void main ( )
{
    uchar i;
    P0=0x00;
    Receive_Buffer [ 0 ] =-1;
    SCON=0x50;              // 串口模式 1，允许接收
    TMOD=0x20;              // T1 工作模式 2
    TH1=0xfd;               // 波特率 9 600
    TL1=0xfd;
    PCON=0x00;              // 波特率不倍增
    EA=1; EX0=1; IT0=1;
    ES=1; IP=0x01;
    TR1=1;
    while ( 1 )
    {
        for ( i=0; i<100; i++ )
        {       // 收到 -1 为一次显示结束
            if ( Receive_Buffer [ i ] ==-1 )break;
            P0=DSY_CODE [ Receive_Buffer [ i ]];
            DelayMS ( 200 );
        }
        DelayMS ( 200 );
    }
}
// 串口接收中断函数
void Serial_INT ( )interrupt 4
{
    uchar c;
    if ( RI==0 )return;
    ES=0;                           // 关闭串口中断
    RI=0;                           // 接收中断标志
    c=SBUF;
    if ( c>='0'&&c<='9' )
    {       // 缓存新接收的每个字符，并在其后放 -1 为结束标志
        Receive_Buffer [ Buf_Index ] =c-'0';
        Receive_Buffer [ Buf_Index+1 ] =-1;
```

```
            Buf_Index=(Buf_Index+1)%100;
        }
        ES=1;
    }
    void EX_INT0()interrupt 0          //外部中断0
    {
        uchar *s="这是由8051发送的字符串！ \r\n";
        uchar i=0;
        while(s[i]!='\0')
        {
            SBUF=s[i];
            while(TI==0);
            TI=0;
            i++;
        }
    }
```

二、DS18B20温度传感器的原理及应用

1. DS18B20简介

1）DS18B20的主要特性及管脚功能

Dallas半导体公司的数字化温度传感器DS18B20是世界上第一片支持“一线总线”接口的温度传感器。一线总线独特而经济的特点，使用户可轻松地组建传感器网络，为测量系统的构建引入全新概念。DS1822数字化温度传感器同DS18B20一样，DS18B20支持“一线总线”接口，测量温度范围为-55～+125℃，在-10～+85℃范围内，精度为±0.5℃。DS1822的精度较差为±2℃。现场温度直接以“一线总线”的数字方式传输，大大提高了系统的抗干扰性。DS18B20的管脚配置和封装结构如图8.12所示。

引脚定义如下：

（1）DQ为数字信号输入/输出端。

（2）GND为电源地。

（3）VDD为外接供电电源输入端（在寄生电源接线方式时接地）。

2）DS18B20的单线系统

单线（1-wire bus）总线结构是DS18B20的突出特点，也是理解和编程的难点。可从两个角度来理解单线总线：第一，单线总线只定义了一个信号线，而且DS18B20智能程度较低（这点可以与微控制器和SPI器件间的通信做比较），所以DS18B20和处理器之间的通信必然要通过严格的时序控制来

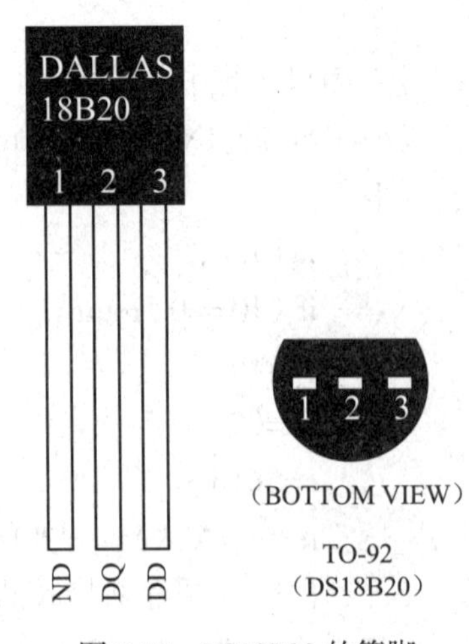

图8.12　DS18B20的管脚配置和封装结构

完成。第二，DS18B20 的输出口是漏级开路输出，通过一个微控制器和 DS18B20 连接，使总线上的器件在合适的时间驱动它。显然，总线上的器件与（wired AND）关系决定微控制器不能单方面控制总线状态。之所以提出这点，是因为相当多的文献资料上认为，微控制器在读取总线上数据之前的 I/O 口的置 1 操作是为了给 DS18B20 一个发送数据的信号，这是一个错误的观点。如果当前 DS18B20 发送 0，即使微控制器 I/O 口置 1，总线状态还是 0；置 1 操作是为了使 I/O 口截止（cut off），以确保微控制器正确读取数据。除了 DS18B20 发送 0 的时间段，其他时间其输出口自动截止。自动截止是为确保：1 时，在总线操作的间隙总线处于空闲状态，即高态；2 时，确保微控制器在写 1 的时候 DS18B20 可以正确读入。

由于 DS18B20 采用的是 1-wire 总线协议方式，即在一根数据线实现数据的双向传输，而对 AT89S52 单片机来说，硬件上并不支持单总线协议，因此，我们必须采用软件的方法来模拟单总线的协议时序来完成对 DS18B20 芯片的访问。

（1）DS18B20 的复位时序如图 8.13 所示。

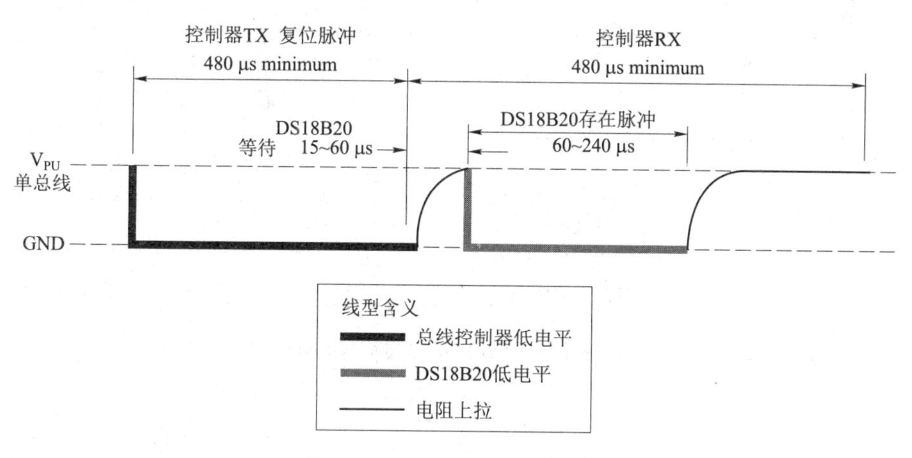

图 8.13　DS18B20 的复位时序

（2）DS18B20 的读时序。对于 DS18B20 的读时序分为读 0 时序和读 1 时序两个过程。

对于 DS18B20 的读时序是从主机把单总线拉低之后，在 15 μs 之内就得释放单总线，以让 DS18B20 把数据传输到单总线上。DS18B20 在完成一个读时序过程，至少需要 60 μs 才能完成。DS18B20 的读、写时序如图 8.14 所示。

（3）DS18B20 的写时序。对于 DS18B20 的写时序仍然分为写 0 时序和写 1 时序两个过程。

对于 DS18B20 写 0 时序和写 1 时序的要求不同，当要写 0 时序时，单总线要被拉低至少 60 μs，保证 DS18B20 在 15 ~ 45 μs 能够正确地采样 IO 总线上的“0”电平；当要写 1 时序时，单总线被拉低之后，在 15 μs 之内就得释放单总线。

3）DS18B20 的供电方式

图 8.15 所示为 DS18B20 的寄生电源电路。当 DQ 或 VDD 引脚为高电平时，这个电路便“取”的电源。寄生电路的优点是双重的，远程温度控制监测无须本地电源，缺少正常电源条件下也可以读 ROM。为了使 DS18B20 能完成准确的温度变换，当温度变换发生时，DQ 线上必须提供足够的功率。

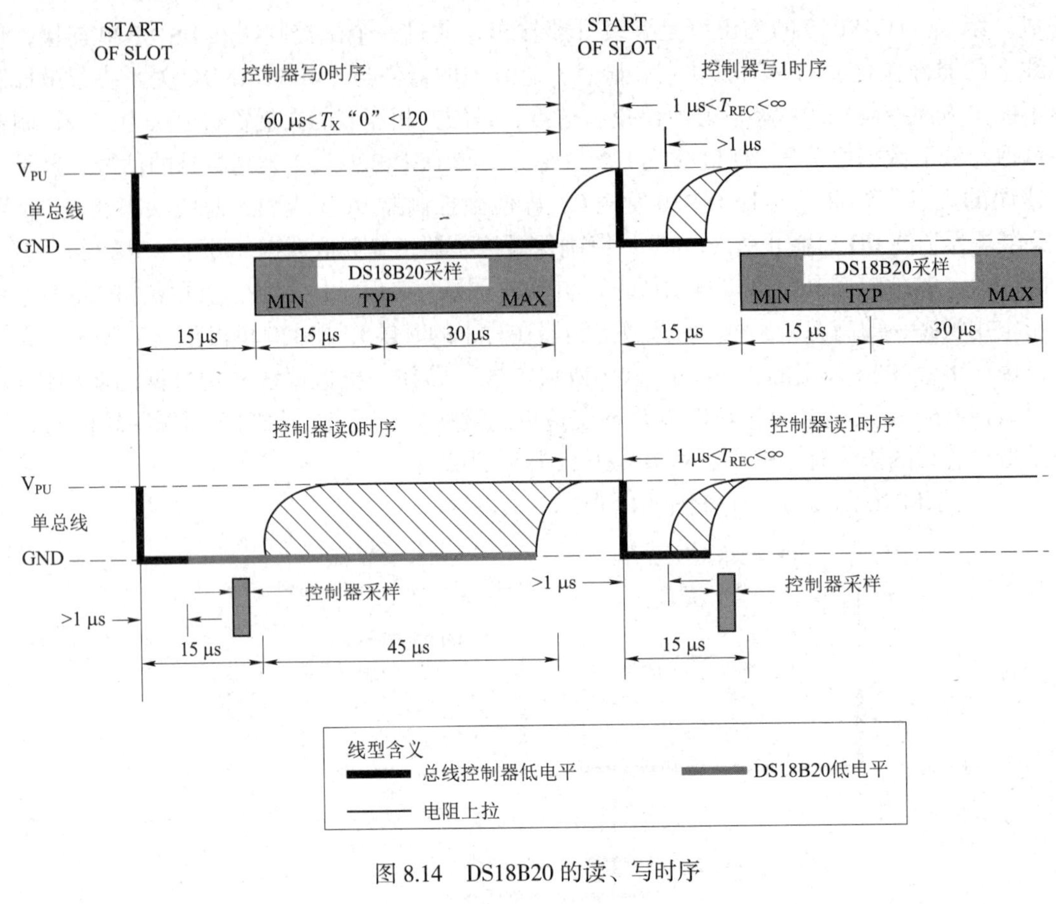

图 8.14　DS18B20 的读、写时序

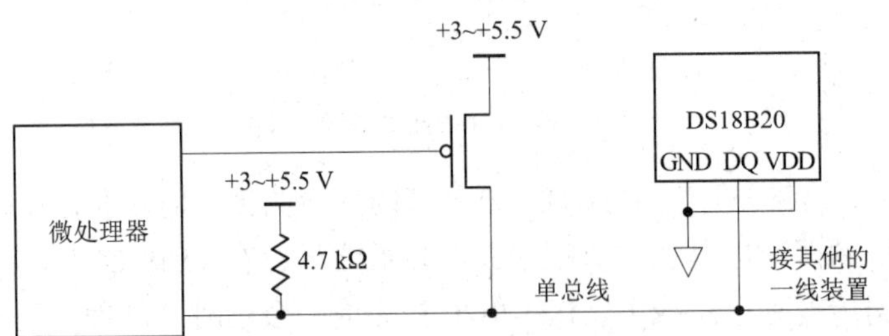

图 8.15　DS18B20 的寄生电源电路

有两种方法确保 DS18B20 在其有效变换期内得到足够的电源电流。第一种方法是发生温度变换时，在 DQ 线上提供一强的上拉，这期间单总线上不能有其他的动作发生。如图 8.15 所示，通过使用一个 MOSFET（金属一氧化物半导体场效应晶体管）把 DQ 线直接接到电源可实现这一点，这时 DS18B20 工作在寄生电源工作方式，在该方式下 VDD 引脚必须连接到地。

另一种方法是 DS18B20 工作在外部电源工作方式，如图 8.16 所示。这种方法的优点是在 DQ 线上不要求强的上拉，总线上主机不需要连接其他的外围器件便在温度变换期间使总线保持高电平，这样也允许在变换期间其他数据在单总线上传送。此外，在单总线上可以并联多个 DS18B20，而且如果它们全部采用外部电源工作方式，那么通过发出相应的命令便可以同时完成温度变换。

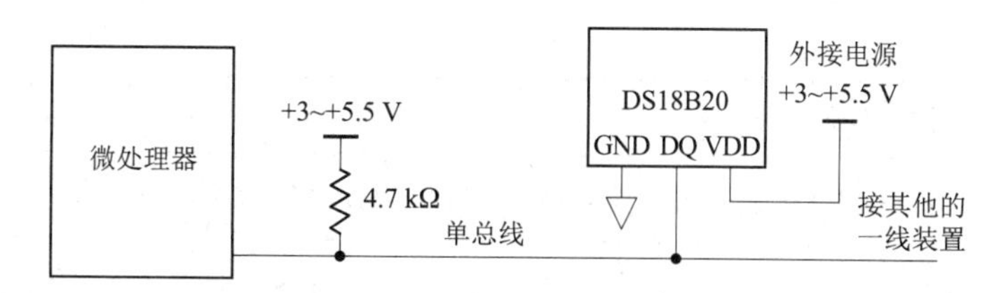

图 8.16　DS18B20 供电方式 2

4）DS18B20 设计中应注意的问题

DS18B20 具有测温系统简单、测温精度高、连接方便、占用接口线少等优点，但在实际应用中还应注意以下几方面的问题：较小的硬件开销需要相对复杂的软件进行补偿，由于 DS18B20 与微处理器间采用串行数据传送。因此，在对 DS18B20 进行读写编程时，必须严格地保证读写时序，否则将无法读取测温结果。在 DS18B20 有关资料中均未提及 1-wire 上所挂 DS18B20 数量问题，容易使人误认为可以挂任意多个 DS18B20，在实际应用中并非如此。当 1-wire 上所挂 DS18B20 超过 8 个时，就需要考虑微处理器的总线驱动问题，这一点在进行多点测温系统设计时要加以注意。连接 DS18B20 的总线电缆是有长度限制的。实际应用中，测温电缆线建议采用屏蔽 4 芯双绞线，其中一对线接地线与信号线，另一对接 VCC 和地线，屏蔽层在源端单点接地。

事实上，基于 1-wire 总线的产品还有很多种，如 1-wire 总线的 E2PROM、实时时钟、电子标签等。它们都具有节省 I/O 资源、结构简单、开发快捷、成本低廉、便于总线扩展等优点，因此有广阔的应用空间，具有较大的推广价值。

2. DS18B20 测温原理

每一片 DSl8B20 的 ROM 中都存有其唯一的 48 位序列号，在出厂前已写入片内 ROM 中。主机在进入操作程序前必须用读 ROM（33H）命令将该 DSl8B20 的序列号读出，见表 8.5。

表 8.5　ROM 操作命令

指令	约定代码	功　　能
读 ROM	33H	读 DS18B20 ROM 中的编码
符合 ROM	55H	发出此命令之后，接着发出 64 位 ROM 编码，访问单线总线上与该编码相对应的 DS18B20 使之做出响应，为下一步对该 DS18B20 的读写做准备
搜索 ROM	0F0H	用于确定挂接在同一总线上 DS18B20 的个数和识别 64 位 ROM 地址，为操作各器件做好准备
跳过 ROM	0CCH	忽略 64 位 ROM 地址，直接向 DS18B20 发温度变换命令，适用于单片工作
告警搜索命令	0ECH	执行后，只有温度超过设定值上限或者下限时才做出响应
温度变换	44H	启动 DS18B20 进行温度转换，转换时间最长为 500 ms，结果存入内部 9 字节 RAM 中

续表

指令	约定代码	功　能
读暂存器	0BEH	读内部 RAM 中 9 字节的内容
写暂存器	4EH	发出向内部 RAM 的第 3、4 字节写上、下限温度数据命令，紧跟读命令之后，是传送两字节的数据
复制暂存器	48H	将 E2PRAM 中第 3、4 字节内容复制到 E2PRAM 中
重调 E2PRAM	0BBH	将 E2PRAM 中内容恢复到 RAM 中的第 3、4 字节
读供电方式	0B4H	读 DS18B20 的供电模式，寄生供电时 DS18B20 发送“0”，外接电源供电 DS18B20 发送“1”

程序可以先跳过 ROM，启动所有 DSl8B20 进行温度变换，之后通过匹配 ROM，再逐一地读回每个 DSl8B20 的温度数据。DS18B20 测温原理内部装置如图 8.17 所示，图中低温度系数晶振的振荡频率受温度的影响很小，用于产生固定频率的脉冲信号送给减法计数器 1，高温度系数晶振随温度变化其振荡频率明显改变，所产生的信号作为减法计数器 2 的脉冲输入，图 8.17 中还隐含着计数门，当计数门打开时，DS18B20 就对低温度系数振荡器产生的时钟脉冲后进行计数，进而完成温度测量。计数门的开启时间由高温度系数振荡器来决定，每次测量前，首先将 –55 ℃所对应的基数分别置入减法计数器 1 和温度寄存器中，减法计数器 1 和温度寄存器被预置在 –55 ℃所对应的一个基数值。减法计数器 1 对低温度系数晶振产生的脉冲信号进行减法计数，当减法计数器 1 的预置值减到 0 时温度寄存器的值将加 1，减法计数器 1 的预置将重新被装入，减法计数器 1 重新开始对低温度系数晶振产生的脉冲信号进行计数，如此循环直到减法计数器 2 计数到 0 时，停止温度寄存器值的累加，此时温度寄存器中的数值即为所测温度。图 8.17 中的斜率累加器用于补偿和修正测温过程中的非线性，其输出用于修正减法计数器的预置值，只要计数门仍未关闭就重复上述过程，直至温度寄存器值达到被测温度值。DS18B20 测温流程如图 8.18 所示。

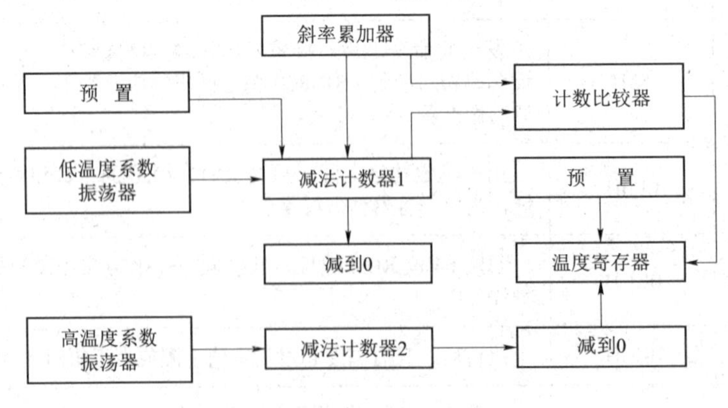

图 8.17　DS18B20 测温原理内部装置

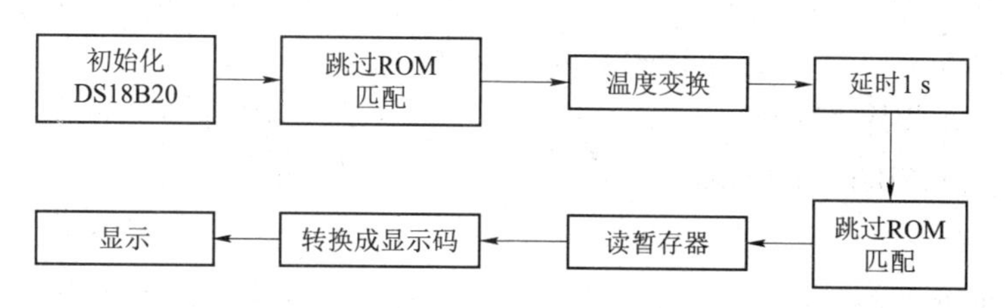

图 8.18 DS18B20 测温流程

另外，由于 DS18B20 单线通信功能是分时完成的，它有严格的时隙概念，因此读写时序很重要。系统对 DS18B20 的各种操作必须按协议进行。操作协议为：初始化 DS18B20（发复位脉冲）→发 ROM 功能命令→发存储器操作命令→处理数据。

三、DS18B20 与单片机的接口电路与编程

1. DS18B20 与单片机的接口电路

将温度传感器 DS18B20 与单片机 TXD 引脚相连，读取温度传感器的数值。DS18B20 与单片机连接图如图 8.19 所示。根据 DSl8B20 单总线工作协议，主机控制 DS18B20 完成温度转换，必须在每次读写之前对从机 DSl8B20 进行复位操作，复位成功之后发送 ROM 指令，最后发送 RAM 指令。

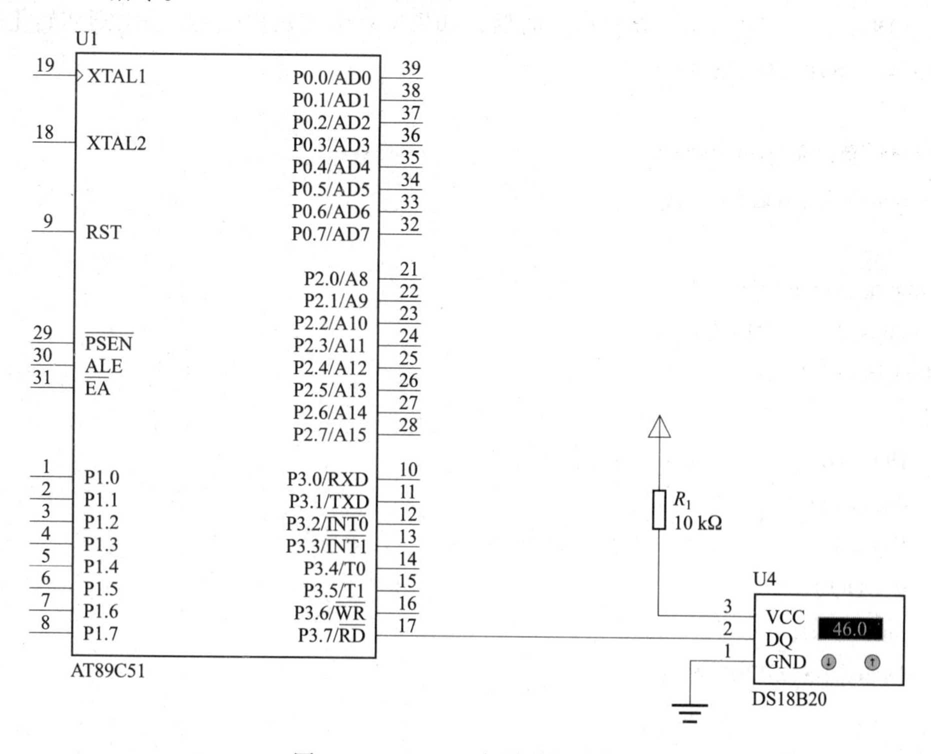

图 8.19 DS18B20 与单片机连接图

2. DS18B20 编程

DS18B20 C 语言源程序如下：

```
#Include<reg52.h>
```

```
sbit  DQ=P3^7;          // 定义 DS18B20 总线 I/O
/***** 延时子程序 *****/
void Delay_DS18B20（int num）
{
   while（num--）;
}
/***** 初始化 DS18B20*****/
void Init_DS18B20（void）
{
 unsigned char x=0;
 DQ=1;                    // DQ 复位
 Delay_DS18B20（8）;      // 稍做延时
 DQ = 0;                  // 单片机将 DQ 拉低
 Delay_DS18B20（80）;     // 精确延时，大于 480 μs
 DQ = 1;                  // 拉高总线
 Delay_DS18B20（14）;
 x = DQ;                  // 稍做延时后，如果 x=0 则初始化成功，x=1 则初始化失败
 Delay_DS18B20（20）;
}
/***** 读一个字节 *****/
unsigned char ReadOneChar（void）
{
 unsigned char i=0;
 unsigned char dat = 0;
 for（i=8; i>0; i--）
 {
    DQ = 0;               // 给脉冲信号
    dat>>=1;
    DQ = 1;               // 给脉冲信号
    if（DQ）
    dat|=0x80;
    Delay_DS18B20（4）;
 }
 return（dat）;
}
/***** 写一个字节 *****/
void WriteOneChar（unsigned char dat）
{
```

```
  unsigned char i=0;
  for(i=8; i>0; i--)
  {
    DQ = 0;
    DQ = dat&0x01;
    Delay_DS18B20(5);
    DQ = 1;
    dat>>=1;
  }
}
/***** 读取温度 *****/
unsigned int ReadTemperature(void)
{
  unsigned char a=0;
  unsigned char b=0;
  unsigned int t=0;
  float tt=0, ttt;
  Init_DS18B20();
  WriteOneChar(0xCC);  // 跳过读序号列号的操作
  WriteOneChar(0x44);  // 启动温度转换
  Init_DS18B20();
  WriteOneChar(0xCC);  // 跳过读序号列号的操作
  WriteOneChar(0xBE);  // 读取温度寄存器
  a=ReadOneChar();     // 读低 8 位
  b=ReadOneChar();     // 读高 8 位
  t=b;
  t<<=8;
  t=t|a;
  tt=t*0.0625;
  ttt=tt*10+0.5;       // 放大 10 倍输出并四舍五入
  return(ttt);
}
```

【任务实施】

一、任务分析

1. 总体方案设计

本任务设计制作一个基于单片机的水温报警器，实现利用 DS18B20 温度传感器采集温度，当水温低于预设温度值时系统自动开始加热，当水温达到预设温度值时系统停止加热等功能。基于 DS18B20 的水温报警器实物如图 8.20 所示。

具体要求如下：

（1）通过一个按键控制把预设温度（上限：70 ℃，下限：20 ℃）显示在 LCD1602 液晶显示器上。

（2）通过另一个按键控制把温度传感器（DS18B20）采集水温并在 LCD1602 液晶显示器实时显示当前水温，测量精度 0.1 ℃。

（3）把温度传感器（DS18B20）采集过来的水温与预设值比较，当水温低于预设下限温度值时红灯闪烁或当水温高于预设上限温度值时黄灯闪烁，蜂鸣器均发出报警声。

本任务要求用 Keil C51、Proteus 等作开发工具，进行调试与仿真，并在万能板（或 PCB 板）上进行电路元器安装、电路参数测试与调整，下载程序并测试，最后需完成任务设计总结报告。

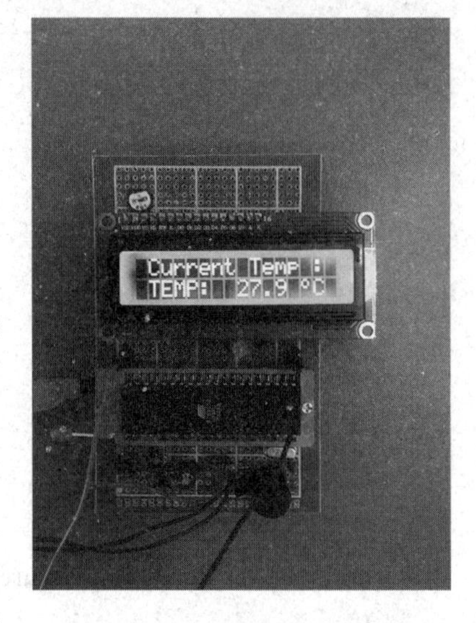

图 8.20 基于 DS18B20 的水温报警器实物

本设计主要由单片机最小系统、温度传感器、显示器、按键和加热控制指示等几部分组成。水温报警器结构方框图如图 8.21 所示。

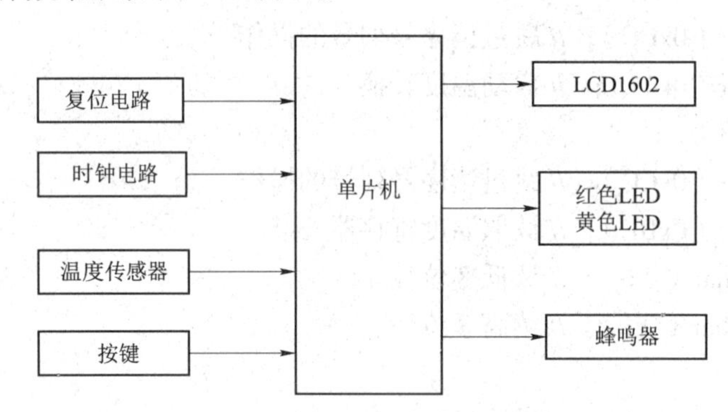

图 8.21 水温报警器结构方框图

2. 硬件电路设计

根据图 8.21 的总体设计框图，设计出水温控制系统的总体硬件电路图，如图 8.22 所示。

1）单片机最小系统

单片机最小系统包括 AT89C51 单片机、复位电路、时钟电路，其中复位电路采用上电复位。

2）温度传感器

温度传感器采用 DS18B20，DS18B20 为数字输出的温度传感器，其 DQ 端接在 P3.3，再接一个上拉电阻 R_3（10 kΩ）。

3）按键

AT89C51 单片机的 P1.7、P1.4 接按键 K1、K2，分别用来控制显示预设温度值和当前温度。

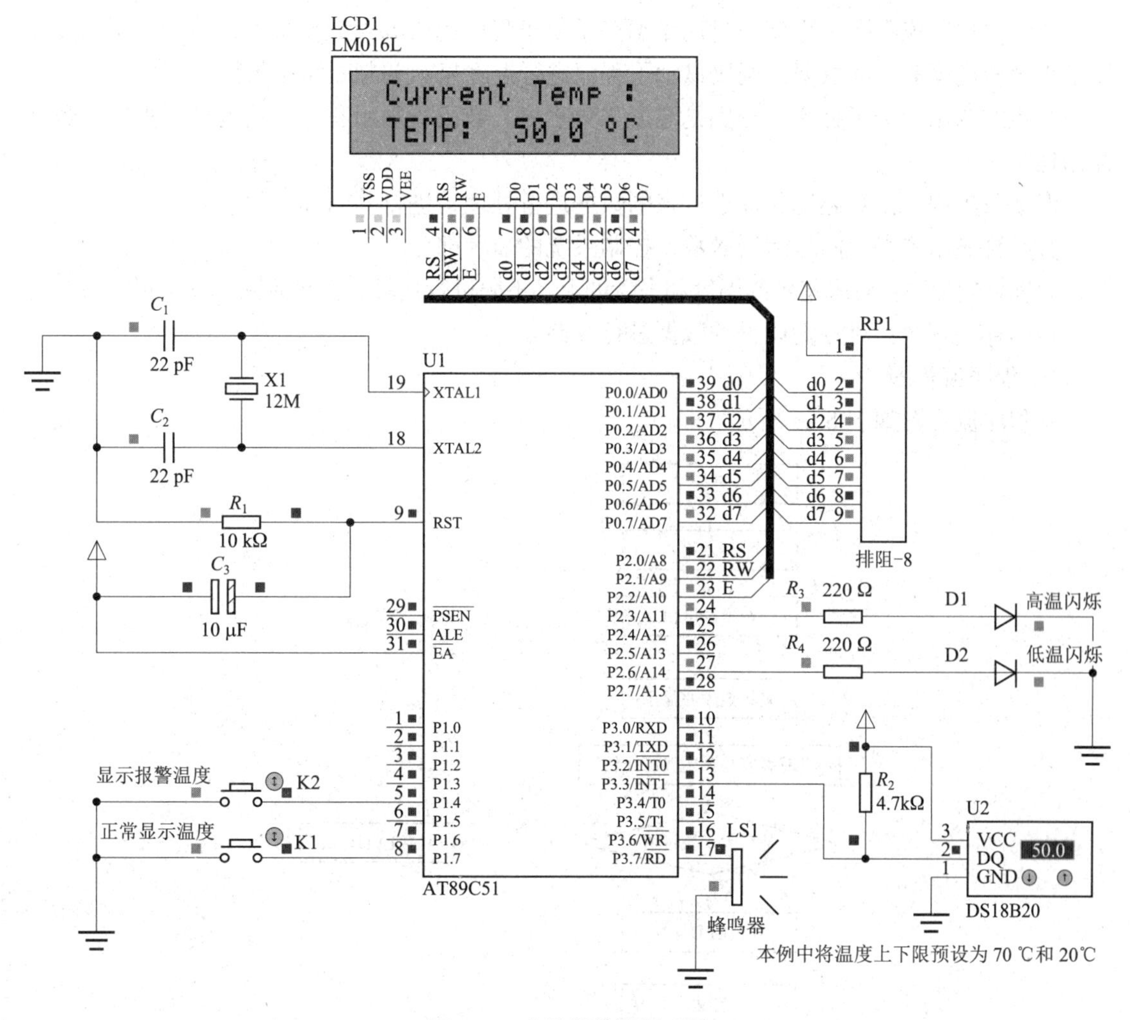

图 8.22　水温报警器原理图

4）显示器

LCD1602 液晶显示器的数据位接在 P0 口，控制位接在 P2.0 ~ P2.2。

5）报警指示

在 AT89C51 单片机的 P2.3、P2.6 分别接一个黄色 LED 灯和红色 LED 灯。在 AT89C51 单片机的 P3.7 接一个蜂鸣器。

3. 软件设计

根据系统的总体功能和键盘设置选择一种最合适的监控程序结构，然后根据实时性的要求，合理地安排监控软件和各执行模块之间的调度关系。根据系统功能可以将系统设计分为若干个子程序进行设计，如温度采集子程序、数据处理子程序、显示子程序、执行子程序。采用 Keil μVision2 集成编译环境和 C 语言来进行系统软件的设计。

采集到当前的温度，通过 LCD1602 液晶显示器实现温度显示。通过按键控制显示预设温度或当前温度值，当水温超出设定值时，对应的报警灯闪烁、蜂鸣器发出报警声。采用 C 语言编写代码。

功能主程序流程图主程序通过调用温度采集子程序完成温度数据采集，然后调用温度转换子程序转换读取温度数据，调用显示子程序进行温度显示和判断温度数据。

主程序调用四个子程序，分别是温度采集程序、数码管显示程序、温度处理程序和数据存储程序。

温度采集程序：对温度芯片送过来的数据进行处理，进行判断和显示。

数码管显示程序：向显示器送数，控制系统的显示部分。

温度处理程序：对采集到的温度和设置的上、下限进行比较，做出判断，发出报警指令。

数据存储程序：对键盘设置的数据进行存储。

1）程序流程图

主程序流程图如图 8.23 所示。

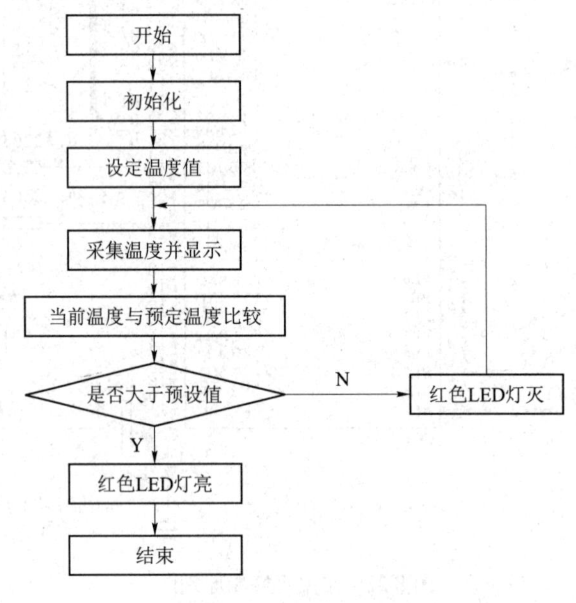

图 8.23　主程序流程图

2）C 语言程序

C 语言程序如下：

```
#include<reg51.h>
#include<intrins.h>
#define uchar unsigned char
#define uint unsigned int
#define delayNOP ( ){_nop_ ( ); _nop_ ( ); _nop_ ( ); _nop_ ( ); }


sbit HI_LED=P2^3;           // 高温闪黄灯，低温闪红灯
sbit LO_LED=P2^6;
sbit DQ=P3^3;               // DS18B20 数据线
sbit BEEP=P3^7;             // 报警
sbit RS=P2^0;
```

```
sbit RW=P2^1;
sbit EN=P2^2;
sbit K1=P1^7;                    // 正常显示温度，越界时报警
sbit K2=P1^4;                    // 显示报警温度
sbit K3=P1^1;                    // 查看 ROM CODE

uchar code RomCodeStr[]={"-- ROM  CODE --"};
uchar RomCode[8]={0x00, 0x00, 0x00, 0x00, 0x00, 0x00, 0x00, 0x00};
                                 // 64 位 ROM CODE
uchar code Temp_Disp_Title[]={"Current Temp: "};
uchar Current_Temp_Display_Buffer[]={"TEMPE:        "};
uchar code Temperature_Char[8]={0x0c, 0x12, 0x12, 0x0c, 0x00, 0x00, 0x00, 0x00};
                                 // 温度示字符
uchar code Alarm_Temp[]={"ALARM TEMP Hi Lo"};
uchar Alarm_HI_LO_STR[]={"Hi:   Lo:     "};
uchar temp_data[2]={0x00, 0x00};
uchar temp_alarm[2]={0x00, 0x00};
uchar display[5]={0x00, 0x00, 0x00, 0x00, 0x00, };          // 温度值
uchar display1[3]={0x00, 0x00, 0x00};                        // 温度报警值
uchar code df_Table[]={0, 1, 1, 2, 3, 3, 4, 4, 5, 6, 6, 7, 8, 8, 9, 9};
                                                             // 温度小数位对照表
//.....................................................
// 报警温度上下限（取值范围：-128 ~ +127）（DS18B20 温度范围为：-55 ~ +125）
// 数组中前一位为高温值，后一位为低温值
// 此处类型注意设为 char，否则不能进行有符号数的比较
char Alarm_Temp_HL[2]={70, 20};
//.........................................................
uchar CurrentT=0;                       // 当前读取温度整数部分
uchar Temp_Value[]={0x00, 0x00};        // 从 DS18B20 读取的温度值
uchar Display_Digit[]={0, 0, 0, 0};     // 待显示的各温度数位
bit HI_Alarm=0, LO_Alarm=0;             // 高低温报警标志
bit DS18B20_IS_OK=1;                    // 传感器正常标志
uint Time0_Count=0;                     // 定时器延时累加
//..........................
// 延时
//..........................
void DelayXus(int x)
{
```

```
    uchar i;
    while ( x-- ) for ( i=0; i<200; i++ ) ;
}
//.....................................

// 忙检测
bit LCD_Busy_Check ( )
{
bit LCD_Status;
RS=0;       // 寄存器选择
RW=1;       // 读状态寄存器 EN=1;
DelayXus ( 1 ) ;
LCD_Status= ( bit ) ( P0&0x80 ) ;
EN=0;
return LCD_Status;
}


// 写 LCD 指令
void Write_LCD_Command ( uchar cmd )
{
    while (( LCD_Busy_Check ( ) &0x80 ) ==0x80 ) ;          // 忙等待
    RS=0;          // 写选择命令寄存器
    RW=0;
    EN=0;
    P0=cmd; EN=1;  DelayXus ( 1 ) ;  EN=0;
}
// 向 LCD 写数据
void Write_LCD_Data ( uchar dat )
{

    while (( LCD_Busy_Check ( ) &0x80 ) ==0x80 ) ;          // 忙等待
    RS=1; RW=0; EN=0; P0=dat; EN=1;  DelayXus ( 1 ) ;   EN=0;
}
// 设置液晶显示位置
void Set_LCD_POS ( uchar pos )
{
    Write_LCD_Command ( pos |0x80 ) ;
```

```
}
// LCD 初始化
void LCD_Initialise ( )
{
    Write_LCD_Command ( 0x38 ) ;
DelayXus ( 1 ) ;
    Write_LCD_Command ( 0x01 ) ;    // 清屏
DelayXus ( 1 ) ;
    Write_LCD_Command ( 0x06 ) ;    // 字符进入模式：屏幕不动，字符后移
DelayXus ( 1 ) ;
    Write_LCD_Command ( 0x0C ) ;    // 显示开，关光标
DelayXus ( 1 ) ;
}

//..............................................


//.........................................
// 自定义字符写 CGRAM
//.................................
void Write_NEW_LCD_Char ( )
{
      uchar i;
      Write_LCD_Command ( 0x40 ) ;                    // 写 CGRAM
      for ( i=0; i<8; i++ )
      Write_LCD_Data ( Temperature_Char [ i ]) ;      // 写入温度符号
}
//.............................................
// 延时
//.........................................................
void Delay ( uint num )
{
    while ( --num ) ;
}
//.............................................
// 初始化 DS18B20
//.............................................
uchar Init_DS18B20 ( )
{
```

```
    uchar status;
    DQ=1; Delay(8);
    DQ=0; Delay(90);
    DQ=1; Delay(8);
    status=DQ;
    Delay(100);
    DQ=1;
    return status;                              //初始化成功时返回0
}
//..........................................
//读一节
//..........................................
uchar ReadOneByte()
{
    uchar i, dat=0;
    DQ=1; _nop_();
    for(i=0; i<8; i++)
    {
        DQ=0; dat>>=1; DQ=1; _nop_(); _nop_();
        if(DQ)dat |=0x80; Delay(30); DQ=1;
    }
    return dat;
}
//..........................................
//写一字节
//..........................................
void WriteOneByte(uchar dat)
{
    uchar i;
    for(i=0; i<8; i++)
    {
        DQ=0; DQ=dat&0x01; Delay(5); DQ=1; dat>>=1;
    }
}
//..........................................
//读取温度值
//..........................................
void Read_Temperature()
```

```
{
    if（Init_DS18B20（）==1）                    // DS18B20 故障
        DS18B20_IS_OK=0;
    else
    {
        WriteOneByte（0xCC）;                    // 跳过序列号
        WriteOneByte（0x44）;                    // 启动温度转换
        Init_DS18B20（）;
        WriteOneByte（0xCC）;                    // 跳过序列号
        WriteOneByte（0xBE）;                    // 读取温度寄存器
        Temp_Value［0］=ReadOneByte（）;          // 温度低 8 位
        Temp_Value［1］=ReadOneByte（）;          // 温度高 8 位
        Alarm_Temp_HL［0］=ReadOneByte（）;       // 报警温度 TH
        Alarm_Temp_HL［1］=ReadOneByte（）;       // 报警温度 TL
        DS18B20_IS_OK=1;
    }
}

//............................................
// 设置 DS18B20 温度报警值
//............................................
void Set_Alarm_Temp_Value（）
{
    Init_DS18B20（）;
    WriteOneByte（0xCC）;                        // 跳过序列号
    WriteOneByte（0x4E）;                        // 将设定的温度报警值写入 DS18B20
    WriteOneByte（Alarm_Temp_HL［0］）;           // 写 TH
    WriteOneByte（Alarm_Temp_HL［1］）;           // 写 TL
    WriteOneByte（0x7F）;                        // 12 位精度
    Init_DS18B20（）;
    WriteOneByte（0xCC）;                        // 跳过序列号
    WriteOneByte（0x48）;                        // 温度报警值存入 DS18B20
}

//....................................................
// 在 LCD 上显示当前温度
//....................................................
void Display_Temperature（）
```

```
{
    uchar i;
    uchar t=150;        // 延时值
    uchar ng=0;         // 负数标识
    char Signed_Current_Temp;
// 如果为负数则取反加 1，并设置负数标识
if ((Temp_Value [ 1 ] &0xF8 ) ==0xF8 )
{
    Temp_Value [ 1 ] = ~ Temp_Value [ 1 ];
    Temp_Value [ 0 ] = ~ Temp_Value [ 0 ] +1;
    if ( Temp_Value [ 0 ] ==0x00 )Temp_Value [ 1 ] ++;
    ng=1; // 设负数标识
}
// 查表得到温度小数部分
Display_Digit [ 0 ] =df_Table [ Temp_Value [ 0 ] &0x0F ];
// 获取温度整数部分（无符号）
CurrentT= (( Temp_Value [ 0 ] &0xF0 ) >>4 ) | (( Temp_Value [ 1 ] &0x07 ) <<4 );
// 有符号的当前温度值，注意此处定义为 char，其值可为 -128 ~ +127
Signed_Current_Temp=ng ? -CurrentT: CurrentT;
// 高低温报警标志设置（与定义为 char 类型的 Alarm_Temp_HL 比较，这样可区分正负
比较）
HI_Alarm=Signed_Current_Temp>=Alarm_Temp_HL [ 0 ] ? 1: 0;
LO_Alarm=Signed_Current_Temp<=Alarm_Temp_HL [ 1 ] ? 1: 0;
// 将整数部分分解为三位待显示数字
Display_Digit [ 3 ] =CurrentT/100;
Display_Digit [ 2 ] =CurrentT%100/10;
Display_Digit [ 1 ] =CurrentT%10;
// 刷新 LCD 显示缓冲
Current_Temp_Display_Buffer [ 11 ] =Display_Digit [ 0 ] +'0';
Current_Temp_Display_Buffer [ 10 ] ='.';
Current_Temp_Display_Buffer [ 9 ] =Display_Digit [ 1 ] +'0';
Current_Temp_Display_Buffer [ 8 ] =Display_Digit [ 2 ] +'0';
Current_Temp_Display_Buffer [ 7 ] =Display_Digit [ 3 ] +'0';
// 高位为 0 时不显示
if ( Display_Digit [ 3 ] ==0 ) Current_Temp_Display_Buffer [ 7 ] =' ';
// 高位为 0 且次高位为 0 时，次高位不显示
if ( Display_Digit [ 2 ] ==0&&Display_Digit [ 3 ] ==0 )
Current_Temp_Display_Buffer [ 8 ] =' ';
```

```
//负数符号显示恰当位置
if(ng)
{
    if (Current_Temp_Display_Buffer[8]==' ')
        Current_Temp_Display_Buffer[8]='_';
    else
    if (Current_Temp_Display_Buffer[7]==' ')
        Current_Temp_Display_Buffer[7]='_';
    else
        Current_Temp_Display_Buffer[6]='_';
}
//在第一行显示标题
Set_LCD_POS(0x00);
for (i=0; i<16; i++)Write_LCD_Data( Temp_Disp_Title[i]);
//在第二行显示当前温度
Set_LCD_POS(0x40);
for (i=0; i<16; i++)Write_LCD_Data(Current_Temp_Display_Buffer[i]);
//显示温度符号
Set_LCD_POS(0x4D); Write_LCD_Data(0x00);
Set_LCD_POS(0x4E); Write_LCD_Data('C');
}

//..................................
//定时器中断，控制报警声音
//..............................
void T0_INT( )interrupt 1
{
    TH0=-1000/256;
    TL0=-1000%256;
    BEEP=!BEEP;
    if (++Time0_Count==400)
{
        Time0_Count=0;
        if (HI_Alarm)HI_LED= ~ HI_LED; else HI_LED=0;
        if (LO_Alarm)LO_LED= ~ LO_LED; else LO_LED=0;
        TR0=0;
}
}
```

```
//............................................
// ROM CODE 转换与显示
//..................................................
void Display_Rom_Code ( )
{
    uchar i, t;
    Set_LCD_POS ( 0x40 );
    for ( i=0; i<8; i++ )
{
    t= (( RomCode [ i ] &0xF0 ) >>4 );
    if ( t>9 ) t+=0x37; else t+='0';
    Write_LCD_Data ( t );                    // 高位数显示
    t=RomCode [ i ] &0x0F;
    if ( t>9 ) t+=0x37; else t+='0';
    Write_LCD_Data ( t );                    // 低位数显示
 }
}
//..................................
// 读 64 位序列码
//...............................
void Read_Rom_Code ( )
{
    uchar i;
    Init_DS18B20 ( );
    WriteOneByte ( 0x33 );                   // 读序列码
    for( i=0; i<8; i++ ) RomCode [ i ] =ReadOneByte ( );
}
//.........................................
// 显示 ROM CODE
//...............................
void Display_RomCode ( )
{
    uchar i;
    Set_LCD_POS ( 0x00 );
    for ( i=0; i<16; i++ )                   // 显示标题
    Write_LCD_Data ( RomCodeStr [ i ]);
    Read_Rom_Code ( );                       // 读 64 位序列码
    Display_Rom_Code ( );                    // 显示 64 位 ROM CODE
```

```
}
//......................................
// 显示报警温度
//..............................................
void Disp_Alarm_Temperature ( )
{
    uchar i, ng;
// 显示 Alarm_Temp_HL 数组中的报警温度值
// 由于 Alarm_Temp_HL 类型为 char，故可以直接进行正负比较
// 高温报警值 .........................
    ng=0;
    if ( Alarm_Temp_HL [ 0 ] <0 )// 如果为负数则取反加 1
    {
        Alarm_Temp_HL [ 0 ] = ~ Alarm_Temp_HL [ 0 ] +1;
        ng=1;
}
// 分解高温各数位到待显示串中
Alarm_HI_LO_STR [ 4 ] =Alarm_Temp_HL [ 0 ] /100+'0';
Alarm_HI_LO_STR [ 5 ] =Alarm_Temp_HL [ 0 ] /10%10+'0';
Alarm_HI_LO_STR [ 6 ] =Alarm_Temp_HL [ 0 ] %10+'0';
// 屏蔽高位不显示的 0
if ( Alarm_HI_LO_STR [ 4 ] =='0' ) Alarm_HI_LO_STR [ 4 ] =' ';
if ( Alarm_HI_LO_STR [ 4 ] ==' '&& Alarm_HI_LO_STR [ 5 ] =='0' )
Alarm_HI_LO_STR [ 5 ] =' ';
//"-" 符号显示
if( ng )
{
    if( Alarm_HI_LO_STR [ 5 ] ==' ' ) Alarm_HI_LO_STR [ 5 ] ='-';
    else
    if ( Alarm_HI_LO_STR [ 4 ] ==' ' ) Alarm_HI_LO_STR [ 4 ] ='-';
    else
    Alarm_HI_LO_STR [ 3 ] ='-';
}
// 低温报警值
ng=0;
if ( Alarm_Temp_HL [ 1 ] <0 )   // 如果为负数则取反加 1
{
    Alarm_Temp_HL [ 1 ] = ~ Alarm_Temp_HL [ 1 ] +1;
```

```
        ng=1;
    }
    //分解低温各数位到待显示串中
    Alarm_HI_LO_STR[12]=Alarm_Temp_HL[1]/100+'0';
    Alarm_HI_LO_STR[13]=Alarm_Temp_HL[0]/10%10+'0';
    Alarm_HI_LO_STR[14]=Alarm_Temp_HL[0]%10+'0';
    //屏蔽高位不显示的0
    if(Alarm_HI_LO_STR[12]=='0')Alarm_HI_LO_STR[12]=' ';
    if(Alarm_HI_LO_STR[12]==' '&& Alarm_HI_LO_STR[13]=='0')
    Alarm_HI_LO_STR[13]=' ';
    //"-" 符号显示
    if(ng)
    {
        if(Alarm_HI_LO_STR[13]==' ')Alarm_HI_LO_STR[13]='-';
        else
        if(Alarm_HI_LO_STR[12]==' ')Alarm_HI_LO_STR[12]='-';
        else
        Alarm_HI_LO_STR[11]='-';
    }
    //显示高低温报警温度值
    Set_LCD_POS(0x00);                          //显示标题
    for(i=0; i<16; i++)Write_LCD_Data(Alarm_Temp[i]);
    Set_LCD_POS(0x40);                          //显示高低温
    for(i=0; i<16; i++)Write_LCD_Data(Alarm_HI_LO_STR[i]);
    }
    //..............................
    //主函数
    //..............................
    void main()
    {
        uchar Current_Operation=1;              //默认当前操作为显示温度
        LCD_Initialise();
        IE=0x82;
        TMOD=0x01;
        TH0=-1000/256;
        TL0=-1000%256;
        TR0=0;
        HI_LED=0;
        LO_LED=0;
```

```
    Set_Alarm_Temp_Value ( );
    Read_Temperature ( );
    Delay ( 50000 );
    Delay ( 50000 );
    while ( 1 )
    {
      if( K1==0 )Current_Operation=1;
      if( K2==0 )Current_Operation=2;
      if( K3==0 )Current_Operation=3;
      switch( Current_Operation )
      {
        case 1: // 正常显示当前温度，越界时报警
                Read_Temperature ( );
                if ( DS18B20_IS_OK )
                  {
                    if( HI_Alarm==1 || LO_Alarm==1 )TR0=1;
                    else TR0=0;
                    Display_Temperature ( );
                  }
                  DelayXus ( 100 );
                  break;
        case 2: // 显示报警温度上下限
                Read_Temperature ( );
                Disp_Alarm_Temperature ( );
                DelayXus ( 100 );
                break;
        case 3: // 显示 DS18B20  ROM CODE
                Display_RomCode ( );
                DelayXus ( 50 );
                break;
      }
  }
  }
```

4. 电路仿真

通过建立程序文件，加载目标代码文件，进入调试环境，执行程序，在 Proteus ISIS 界面中，当 DS18B20 的温度低于预设下限温度值时，红色发光二极管点亮，蜂鸣器发出报警声；当 DS18B20 的温度高于预设上限温度值时，黄色发光二极管点亮，蜂鸣器发出报警声；调节 DS18B20 元件上的按钮可人工模拟实际水温的升高和下降。仿真结果如图 8.24 所示。

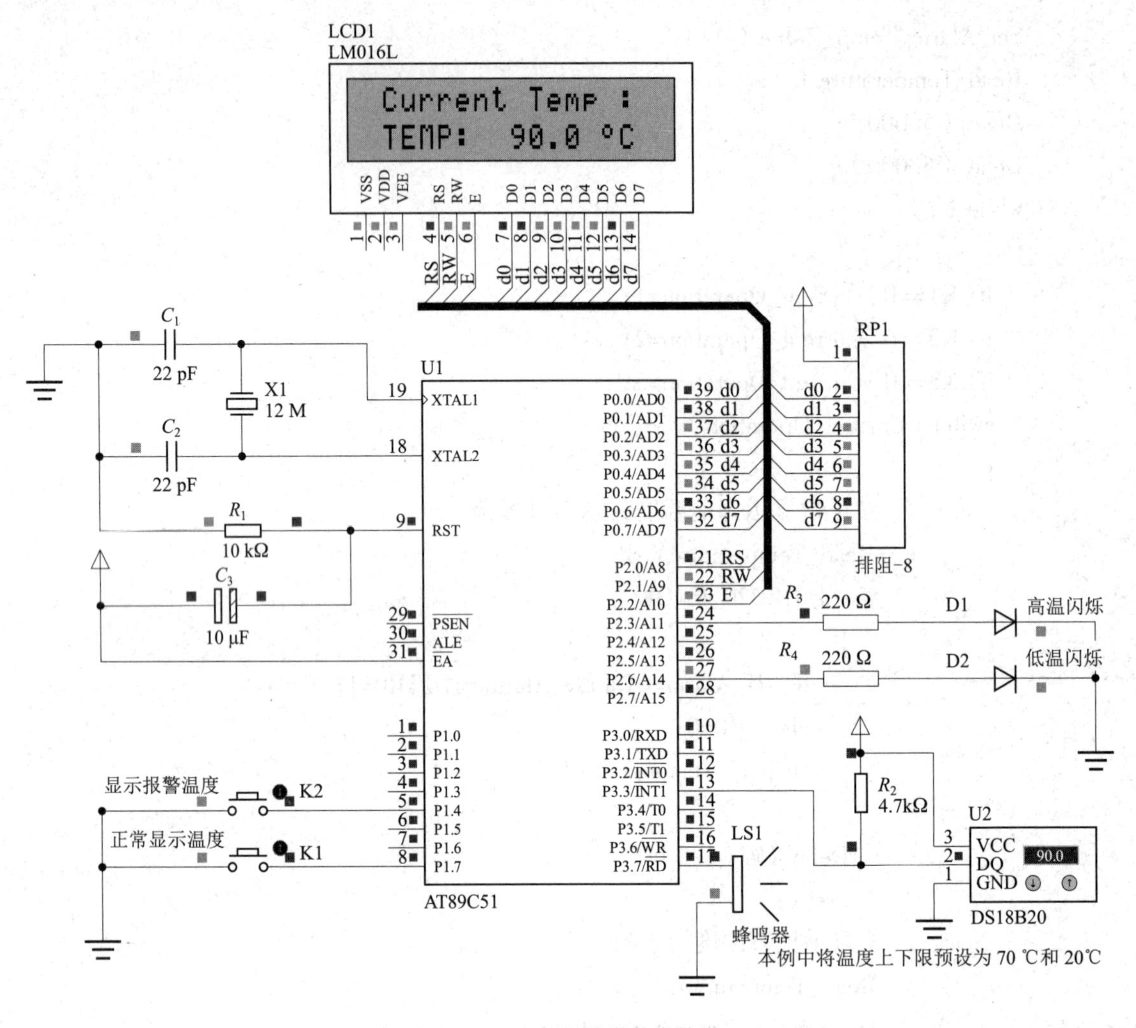

图 8.24　水温报警器仿真结果

二、安装与调试

1. 任务所需设备、工具、器件、材料

任务所需设备、工具、器件、材料见表 8.6。

表 8.6　任务所需设备、工具、器件、材料

类型	名称	数量	型号	备注
设备	示波器	1	20M	
工具	万用表	1	普通	
	电烙铁	1	普通	
	斜口钳	1	普通	
	镊子	1	普通	

续表

类型	名称	数量	型号	备注
器件	51 系列单片机	1	AT89C51（AT89S51）	
	温度传感器	1	DS18B20	
	与门	1		
	晶振	1	12 MHz	
	瓷片电容	2	30 pF	
	电解电容	1	10 μF/16 V	
	电阻	2	10 kΩ	
	电阻	1	0.5 kΩ	
	排阻	1	1 kΩ	
	电位器	1	1 kΩ	
	LED	1	红色	
	LED	1	黄色	
	电源	1	直流 400 mA/5 V 输出	
	液晶显示器	2	LCD1602	
	按键	3		
材料	焊锡	若干	ϕ0.8 mm	
	万能板	1	4 cm×10 cm	
	PCB 板	1	4 cm×10 cm	
	导线	若干	ϕ0.8 mm 多股铜线漆包线	

2. 系统安装

参照原理图和装配图，具体装配步骤如下：

（1）检查元器件质量。

（2）在万能板（或 PCB 板）上焊接好元器件。

（3）检查焊接电路。

（4）用编程器将 .hex 文件烧写至单片机。

（5）将单片机插入 IC 座。

3. 系统调试

1）硬件调试

硬件调试是系统的基础，只有硬件能够全部正常工作后才能在以此为基础的平台上加载软件从而实现系统功能。

电源模块调试：电源部分提供整个电路所需各种电压（包括 ADC 芯片和 AT89C51 所需的稳压 +5 V），由电源变压器和整流滤波电路及两个辅助稳压输出构成，电源变压器的功率由需要输出的电流大小决定，确保有充足的功率余量。先确定电源是否正确，单片机的电源引脚电压是否正确，是不是所有的接地引脚都接了地。如果单片机有内核电压的引脚，需测试内核电压是否正确。

单片机最小系统调试：测量晶振有没有起振，一般晶振起振两个引脚都会有 1 V 多的电压。检查复位电路是否正常，再测量单片机的 ALE 引脚，看是否有脉冲波输出，以判断单片机是否工作，因为 51 单片机的 ALE 为地址锁存信号，每个机器周期输出两个正脉冲。

LED 数码显示模块：通电后观察数码管是否有显示，如果没有显示说明外接电路有问题，如果有显示可以基本确定外接电路无误。

2）软件调试

如果硬件电路检查后，没有问题却实现不了设计要求，则可能是软件编程的问题，首先应检查主程序，然后是 A/D 转换程序、显示程序，对这些分段程序，要注意逻辑顺序、调用关系以及涉及的标号，有时会因为一个标号而影响程序的执行，除此之外，还要熟悉各指令的用法，以免出错。还有一个容易忽略的问题，就是源程序生成的代码是否烧入单片机中，如果这一过程出错，那不能实现设计要求也是情理之中的事。

3）软、硬件联调

软件调试主要是在系统软件编写时体现的，一般使用 Keil 进行软件的编写和调试。进行软件编写时首先要分清软件应该分成哪些部分，不同的部分分开编写调试时是最方便的。

在硬件调试正确和软件仿真也正确的前提下，就可以进行软硬件联调了。首先，先将调试好的程序通过下载器下载到单片机，然后就可以上电看结果。观察系统是否能够实现所要的功能。如果不能就先利用示波器观察单片机的时钟电路，看是否有信号，因为时钟电路是单片机工作的前提，所以一定要保证时钟电路正常。如果不能分析出是硬件问题还是软件问题，就重新检查软硬件。一般情况下硬件电路可以通过万用表等工具检测出来，如果硬件没有问题，则必然是软件问题，就应该重新检查软件，用这种方法调试系统完全正确。

【任务总结与评价】

一、任务总结

通过温度报警器的设计与制作，使学生了解 DS18B20 温度传感器的原理及应用；掌握单片机控制 DS18B20 器件的编程方法；掌握单片机应用系统的软硬件设计一般流程。本任务元器件少、成功率高、修改和扩展性强。

任务完成后需撰写设计总结报告，撰写设计总结报告是工程技术人员在产品设计过程中必须具备的能力，设计总结报告中应包括摘要、目录、正文、参考文献、附录等，其中正文要求有总体设计思路、硬件电路图、程序设计思路（含流程图）及程序清单、仿真调试结果、软硬件综合调试、测试及结果分析等。

二、任务评价

本任务的评价指标及评价内容在项目评价体系中所占分值、小组评价及教师评价在本任务考核成绩中的比例见表 8.7。

表 8.7　任务 10 考核评价体系表

序号	评价指标	评价内容	分值	小组评价（50%）	教师评价（50%）
1	理论知识	是否了解 DS18B20 温度传感器的原理及编程方法；是否掌握单片机应用系统的软硬件设计一般流程	50		
2	制作方案	电路板的制作步骤是否完善，设计、布局是否合理	10		
3	操作实施	焊接质量是否可靠、能否测试分析数据	20		
4	答辩	本任务所涵盖的知识点是否都比较熟悉	20		

【知识拓展】

本任务为 2011 年江西省大学生科技创新与技能竞赛电路仿真设计赛赛题。

本任务设计一个基于单片机的水温控制系统，实现利用 DS18B20 温度传感器采集温度，当水温低于预设温度值时系统自动开始加热，当水温达到预设温度值时系统停止加热等功能。可利用 AT89C51 单片机、DS18B20 和数码管实现水温控制，若要求通过键盘来设置预设值（精度为 0.1 ℃），同时并通过 LCD1602 显示预设值和测量值，设计原理图如图 8.25 所示。电路仿真操作步骤如下：

（1）打开仿真软件会在 LCD1602 上看到第一排显示为 Temp：*** 这里是从 DS18B20 里读到的测量温度。第二排看到的 Set temp：*** 就是题目要求的显示预设温度。

（2）通过按键的第二行按键的 +1 和 –1 按键可以实现设置温度进行步进 1.0 ℃的设置，并在显示器上显示。

（3）通过按键的第四行按键的 +10 和 –10 按键可以实现设置温度进行步进 10 ℃的设置，并在显示器上显示。

（4）温度传感器的采集温度可以在显示器的第一排看到，并且采集精度达到了 0.1 ℃（由于仿真软件里的 DS18B20 只能步进 1 ℃的调整，所以看到 **.0 ℃）。

（5）看到红色发光二极管在显示加热状态，且当水温低于预设温度时系统自动开始加热，高于预设温度时加热自动停止，均由 LED 指示。

（6）通过按键的第一行按键的 A 和 B 按键可以实现设置温度进行步进 0.1 ℃的设置，并在显示器上显示。

（7）温度传感器（DS18B20）采集温度的精度也扩展到 0.1 ℃，可以在显示器上看到温度值精确到了小数点后一位。

预设值为 60 ℃，测量值为 50 ℃，仿真结果如图 8.25 所示。

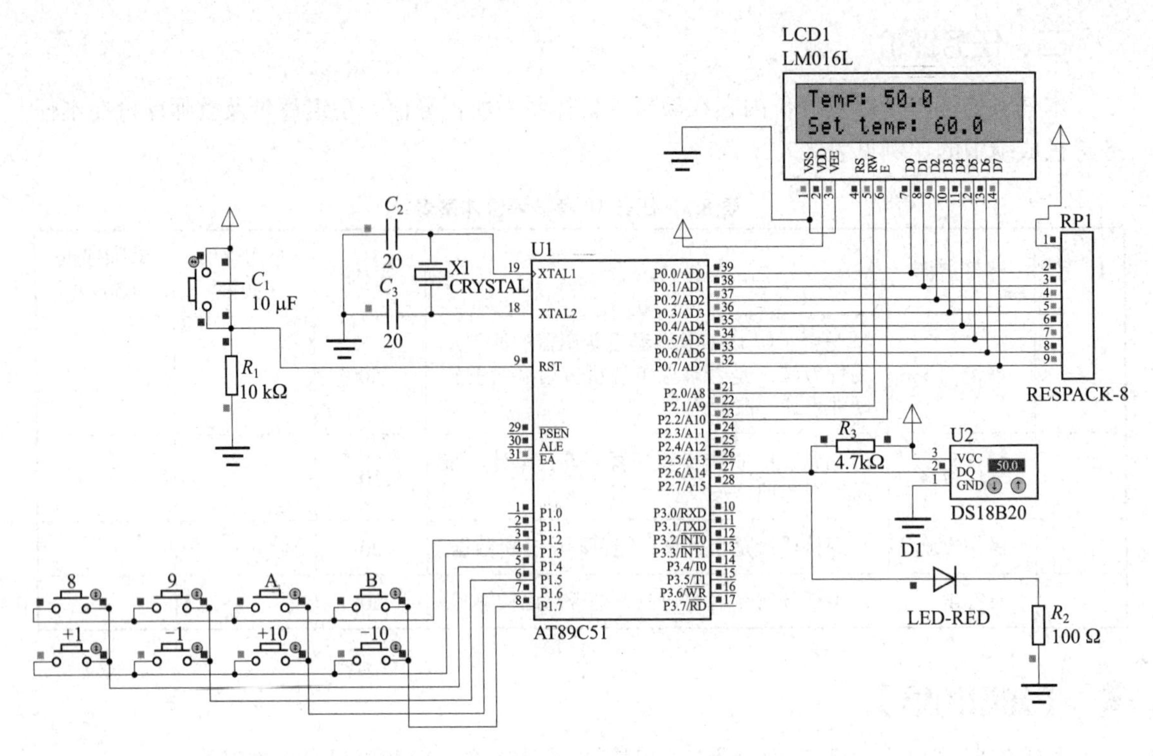

图 8.25　仿真结果

C 语言源程序如下：

```
#include"reg51.h"
#define uchar unsigned char
#define uint unsigned int
#include"1820.h"
#include"display.h"
#include"key.h"
/*********** 主函数 **********/
void main ( )
{
  Init_DS18B20 ( );
  init1602 ( );
  while ( 1 )
  {
      display ( );
      key ( );
      autio ( );
  }

#ifndef _1820_h
```

```
#define _1820_h
sbit DQ=P2^6;
/***** 延时子程序 *****/
void Delay_DS18B20 ( int num )
{
  while ( num-- ) ;
}
/***** 初始化 DS18B20*****/
void Init_DS18B20 ( void )
{
  unsigned char x=0;
  DQ=1;
  Delay_DS18B20 ( 8 ) ;
  DQ = 0;
  Delay_DS18B20 ( 80 ) ;
  DQ = 1;
  Delay_DS18B20 ( 14 ) ;
  x = DQ;
  Delay_DS18B20 ( 20 ) ;
}
/***** 读一个字节 *****/
unsigned char ReadOneChar ( void )
{
  unsigned char i=0;
  unsigned char dat = 0;
  for( i=8; i>0; i-- )
  {
    DQ = 0;
    dat>>=1;
    DQ = 1;
    if ( DQ )
    dat|=0x80;
    Delay_DS18B20 ( 4 ) ;
  }
  return ( dat ) ;
}
/***** 写一个字节 *****/
void WriteOneChar ( unsigned char dat )
```

```
{
  unsigned char i=0;
  for(i=8; i>0; i--)
  {
    DQ = 0;
    DQ = dat&0x01;
    Delay_DS18B20(5);
    DQ = 1;
    dat>>=1;
  }
}
/***** 读取温度 *****/
unsigned int ReadTemperature(void)
{
  unsigned char a=0;
  unsigned char b=0;
  unsigned int t=0;
  float tt=0, ttt;
  Init_DS18B20();
  WriteOneChar(0xCC);
  WriteOneChar(0x44);
  Init_DS18B20();
  WriteOneChar(0xCC);
  WriteOneChar(0xBE);
  a=ReadOneChar();
  b=ReadOneChar();
  t=b;
  t<<=8;
  t=t|a;
  tt=t*0.0625;
  ttt=tt*10+0.5;
  return(ttt);
}
#endif

#ifndef display_h
#define display_h
sbit rs=P2^0;
```

```
sbit rw=P2^1;
sbit ep=P2^2;
sbit led=P2^7;
uint temp=300, wen=600;
uchar code tem [ ] ={"Temp: "};
uchar code set [ ] ={"Set temp: "};
void delayms ( int m )
{
  uchar i;
  while ( m-- )
  for ( i=0; i<10; i++ );
}
/**********1602 写命令 *************/
void writecmd ( uchar cmd )
{
  rs=0;
  rw=0;
  P0=cmd;
  ep=1;
  delayms ( 1 );
  ep=0;
  delayms ( 10 );
}
/**********1602 写数据 *************/
void writedat ( uchar dat )
{
  rs=1;
  rw=0;
  P0=dat;
  ep=1;
  delayms ( 1 );
  ep=0;
  delayms ( 10 );
}
/********** 初始化 1602*************/
void init1602 ( )
{
  writecmd ( 0x01 );
```

```
    writecmd（0x06）;
    writecmd（0x0c）;
    writecmd（0x38）;
}
/********** 显示子程序 *************/
void display（ ）
{
    uchar i=0;
    temp=ReadTemperature（ ）;
    writecmd（0x80）;
    while（tem［i］!='\0'）
    {
            writedat（tem［i］）;
            i++;
    }
    writecmd（0x86）;
    writedat（0x30+temp/100）;
    writecmd（0x87）;
    writedat（temp/10%10+0x30）;
    writecmd（0x88）;
    writedat（0x2e）;
    writecmd（0x89）;
    writedat（temp%10+0x30）;
    writecmd（0xc0）; i=0;
    while（set［i］!='\0'）
    {
          writedat（set［i］）;
          i++;
    }
    writecmd（0xca）;
    writedat（wen/100+0x30）;
    writecmd（0xcb）;
    writedat（wen/10%10+0x30）;
    writecmd（0xcc）;
    writedat（0x2e）;
    writecmd（0xcd）;
    writedat（wen%10+0x30）;
}
```

```
/******** 指示灯控制程序 **********/
void autio ( )
{
  if ( wen>=temp ) led=1;
  else led=0;
}
#endif

#ifndef key_h
#define key_h
uchar code scan [ ] ={0xfe, 0xfd, 0xfb, 0xf7};
/*********** 读键盘值程序 **********/
uchar keyboard ( )
{
  uchar i, j, ini, inj, temp, find=0;
  for ( i=0; i<4; i++ )
  {
        P1=scan [ i ];
        temp=P1;
        temp>>=4;
        temp|=0xf0;
        for ( j=0; j<4; j++ )
        {
              if ( temp==scan [ j ])
              {
                    ini=i;
                    inj=j;
                    find=1;
                    return( ini*4+inj );
              }
        }
  }
  if ( find==0 ) return 20;
  else return( ini*4+inj );
}

/************ 键盘程序 ***************/
void key ( )
```

```
{
  static uchar v=30;
  uchar k;
  k=keyboard ( );
  if ( k!=v )
  {
        v=k;
        switch ( k )
        {
              case 10: wen=wen+1; break;
              case 11: wen=wen-1; break;
              case 12: wen=wen+10; break;
              case 13: wen=wen-10; break;
              case 14: wen=wen+100; break;
              case 15: wen=wen-100; break;
        }
  }
}
#endif
```

【习题训练】

1. 简述 DS18B20 的工作原理与接口设计。

2. 简述单片机应用系统的开发过程。

3. 将本项目的 LCD1602 改为两个 4 位数码管，显示测量值和预设值，利用一个按键进行切换，并通过串口将信息传至上位机，其他功能不变。

项目 9 智能小车的设计与制作

【任务导入】

本项目通过自动循迹小车的设计与制作，使学生了解循迹传感器的原理及应用；掌握51单片机控制循迹传感器的编程方法；掌握51单片机存储器和I/O的扩展方法；掌握51单片机对直流电动机和步进电动机的控制方法；掌握基于51单片机的自动循迹小车的软硬件设计方法。与此同时，在设计电路并安装印制电路板（或万能板）、进行电路元器件安装、进行电路参数测试与调整的过程中，进一步锻炼学生印制板制作、焊接技术等技能；加深对电子产品生产流程的认识。项目9学习目标见表9.1。

表 9.1　项目 9 学习目标

序号	类别	目标
一	知识点	1. 存储器和I/O的扩展方法 2. 循迹传感器控制基本知识 3. 直流电动机控制 4. 步进电动机控制
二	技能	1. 自动循迹小车硬件电路元件识别与选取 2. 自动循迹小车的安装、调试与检测 3. 自动循迹小车电路参数测量 4. 自动循迹小车故障的分析与检修
三	职业素养	1. 学生的沟通能力及团队协作精神 2. 良好的职业道德 3. 质量、成本、安全、环保意识

【知识链接】

一、MCS-51 系统扩展

单片机内资源少，容量小，在进行较复杂过程的控制时，其自身的功能远远不能满足需要。为此，应扩展其功能。

MCS-51 单片机的扩展性能较强，根据需要，可扩展：ROM、RAM，定时 / 计数器，并行 I/O 口、串行口，中断系统扩展，等等。

1. 程序存储器扩展

1）扩展总线

8051 单片机片内无 ROM，若要正常工作，必须外配 ROM。外接 ROM 后，P3 口、P2 口、P0 口均被占用，只剩下 P1 口作 I/O 口用，其他功能不变。

地址总线：由 P2 口提供高 8 位地址线（A8 ~ A15），此口具有输出锁存的功能，能保留地址信息。由 P0 口提供低 8 位地址线。由于 P0 口是地址、数据分时使用的通道口，所以为保存地址信息，需外加地址锁存器锁存低 8 位的地址信息。一般都用 ALE 正脉冲信号的下降沿控制锁存时刻。

数据总线：由 P0 口提供。此口是双向、输入三态控制的通道口。

控制总线：扩展系统时常用的控制信号为地址锁存信号 ALE、片外程序存储器取指信号以及数据存储器 RAM 和外设接口共用的读写控制信号等。

图 9.1 所示为单片机扩展成三总线的结构图。扩展芯片与主机相连的方法同一般三总线结构的微处理机完全一样。

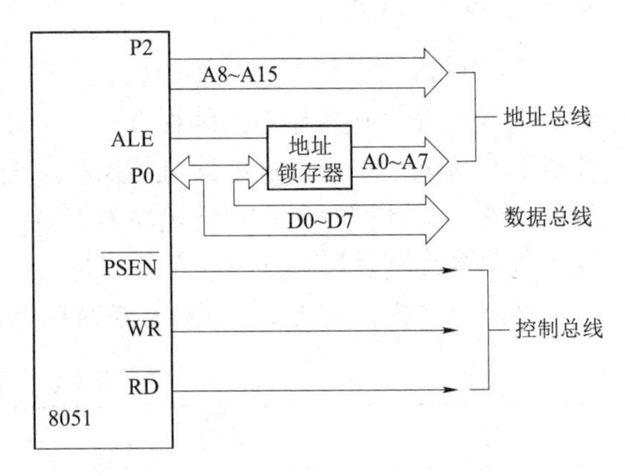

图 9.1　单片机扩展成三总线的结构图

2）访问外部程序存储器时序

操作时序如图 9.2 所示，其操作过程如下：

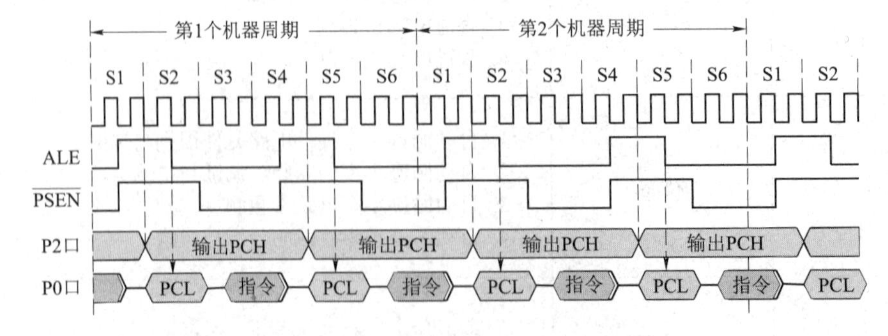

图 9.2　MCS-51 系列单片机访问外部程序存储器的操作时序

（1）在 S1P2 时刻产生 ALE 信号。

（2）由 P0、P2 口送出 16 位地址，由于 P0 口送出的低 8 位地址只保持到 S2P2，所以要利用 ALE 的下降沿信号将 P0 口送出的低 8 位地址信号锁存到地址锁存器中。而 P2 口送出的高 8 位地址在整个读指令的过程中都有效，因此不需要对其进行锁存。从 S2P2 起，ALE 信号失效。

（3）从 S3P1 开始有效，对外部程序存储器进行读操作，将选中的单元中的指令代码从 P0 口读入，S4P2 时刻失效。

（4）从 S4P2 后开始第二次读入，过程与第一次相似。

80C51 系列单片机的 CPU 在访问片外 ROM 的一个机器周期内，信号 ALE 出现两次（正脉冲），ROM 选通信号也两次有效，这说明在一个机器周期内，CPU 两次访问片外 ROM，也即在一个机器周期内可以处理两个字节的指令代码，所以在 80C51 系列单片机指令系统中有很多单周期双字节指令。

3）程序存储器（EPROM）的扩展

下面以 2764 作为单片机程序存储器扩展的典型芯片为例进行说明。

（1）2764 的引线。2764 是一块 8K × 8bit 的 EPROM 芯片，其管脚图如图 9.3 所示。

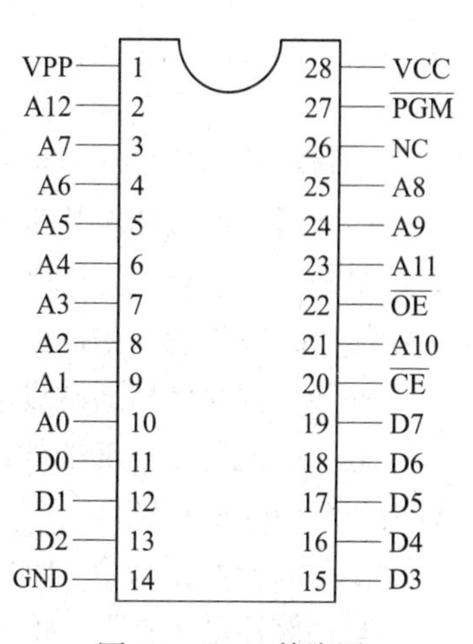

图 9.3　2764 管脚图

A12 ~ A0——13 位地址信号输入线，说明芯片的容量为 8 K=213 个单元。

D7 ~ D0——8 位数据，表明芯片的每个存储单元存放一个字节（8 位二进制数）。

$\overline{CE}$为输入信号。当它有效低电平时，能选中该芯片，故又称选片信号。

$\overline{OE}$为输出允许信号。当$\overline{OE}$为低电平时，芯片中的数据可由 D7 ~ D0 输出。

PGM 为编程脉冲输入端。当对 EPROM 编程时，由此加入编程脉冲，读 PGM 时为高电平。

（2）2764 的连接使用。图 9.4 所示为系统扩展一片 EPROM 的最小系统。

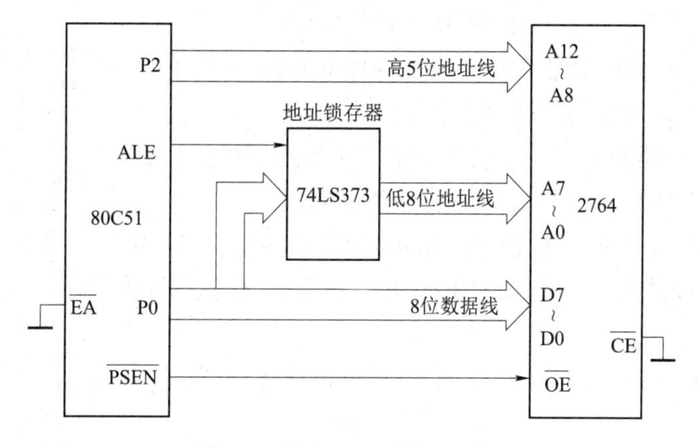

图 9.4　单片 ROM 扩展连线图

（3）存储器映像分析。分析存储器在存储空间中占据的地址范围，实际上就是根据连接情况确定其最低地址和最高地址。图 9.4 中，由于 P2.7、P2.6、P2.5 的状态与 2764 芯片的寻址无关，所以 P2.7、P2.6、P2.5 可为任意。从 000 到 111 共有 8 种组合，2764 芯片的地址范围是：

最低地址：0000H（A15A14A13A12A11A10A9A8A7A6A5A4A3A2A1A0= 0000000000000000）。

最高地址：FFFFH（A15A14A13A12A11A10A9A8A7A6A5A4A3A2A1A0=11111 11111111），共占用了 64 KB 的存储空间，造成地址空间的重叠和浪费。

2. 数据存储器的扩展

1）数据存储器的扩展概述

单片机与数据存储器的连接方法和程序存储器连接方法大致相同，简述如下。

（1）地址线的连接，与程序存储器连法相同。

（2）数据线的连接，与程序存储器连法相同。

（3）控制线的连接，主要有下列控制信号：

存储器输出信号和单片机读信号相连，即和 P3.7 相连。

存储器写信号和单片机写信号相连，即和 P3.6 相连。

ALE：其连接方法与程序存储器相同。

使用时应注意，访问内部或外部数据存储器时，应分别使用 MOV 及 MOVX 指令。

外部数据存储器通常设置两个数据区：

低 8 位地址线寻址的外部数据区，此区域寻址空间为 256 个字节。CPU 可以使用下列读写指令来访问此存储区。

读存储器数据指令：MOVX A，@R_i

写存储器数据指令：MOVX @R_i，A

由于 8 位寻址指令占用字节少，程序运行速度快，所以经常采用。

6 位地址线寻址的外部数据区。当外部 RAM 容量较大，要访问 RAM 地址空间大于 256 个字节时，则要采用如下 16 位寻址指令。

读存储器数据指令：MOVX A，@DPTR

写存储器数据指令：MOVX @DPTR，A

由于 DPTR 为 16 位的地址指针，故可寻址 RAM 64 KB 单元。

2）数据存储器扩展使用的典型芯片

数据存储器扩展常使用随机存储器芯片，用得较多的是 Intel 公司的 6116（容量为 2 KB）和 6264（容量为 8 KB）。

下面以 6264 芯片为例进行说明，Intel 6264 的容量为 8 KB，是 28 引脚双列直插式芯片，采用 CMOS 工艺制造，其管脚图如图 9.5 所示。

信号	引脚	引脚	信号
NC	1	28	VCC
A12	2	27	$\overline{WE}$
A7	3	26	NC
A6	4	25	A8
A5	5	24	A9
A4	6	23	A11
A3	7	22	$\overline{OE}$
A2	8	21	A10
A1	9	20	$\overline{CE}$
A0	10	19	D7
D0	11	18	D6
D1	12	17	D5
D2	13	16	D4
GND	14	15	D3

图 9.5 6264 管脚图

A12 ~ A0（address inputs）：地址线，可寻址 8 KB 的存储空间。

D7 ~ D0（data bus）：数据线，双向，三态。

$\overline{OE}$（output enable）：读出允许信号，输入，低电平有效。

$\overline{\text{WE}}$（write enable）：写允许信号，输入，低电平有效。

$\overline{\text{CE}}$（chip enable）：片选信号 1，输入，在读 / 写方式时为低电平。

$\overline{\text{CE2}}$（chip enable）：片选信号 2，输入，在读 / 写方式时为高电平。

VCC：+5 V 工作电压。

GND：信号地。

3）访问外部数据存储器时序

下面以读时序为例进行介绍，其相应的操作时序如图 9.6 所示。

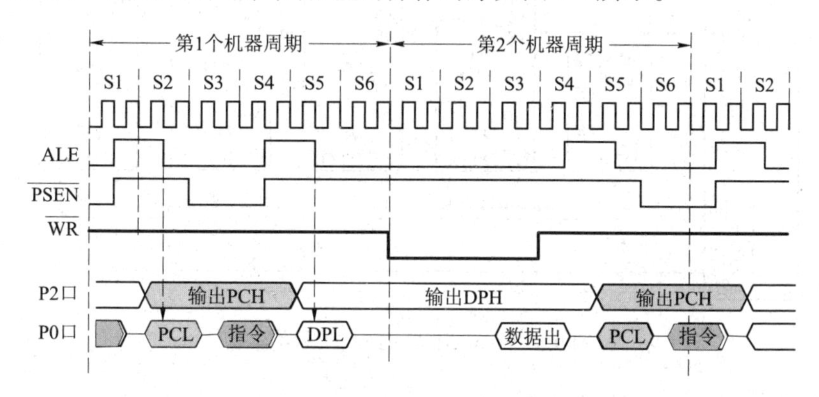

图 9.6　MCS-51 系列单片机访问外部数据存储器的时序

4）数据存储器扩展方法

（1）单片数据存储器扩展。80C51 与 6264 的连接如图 9.7 所示。

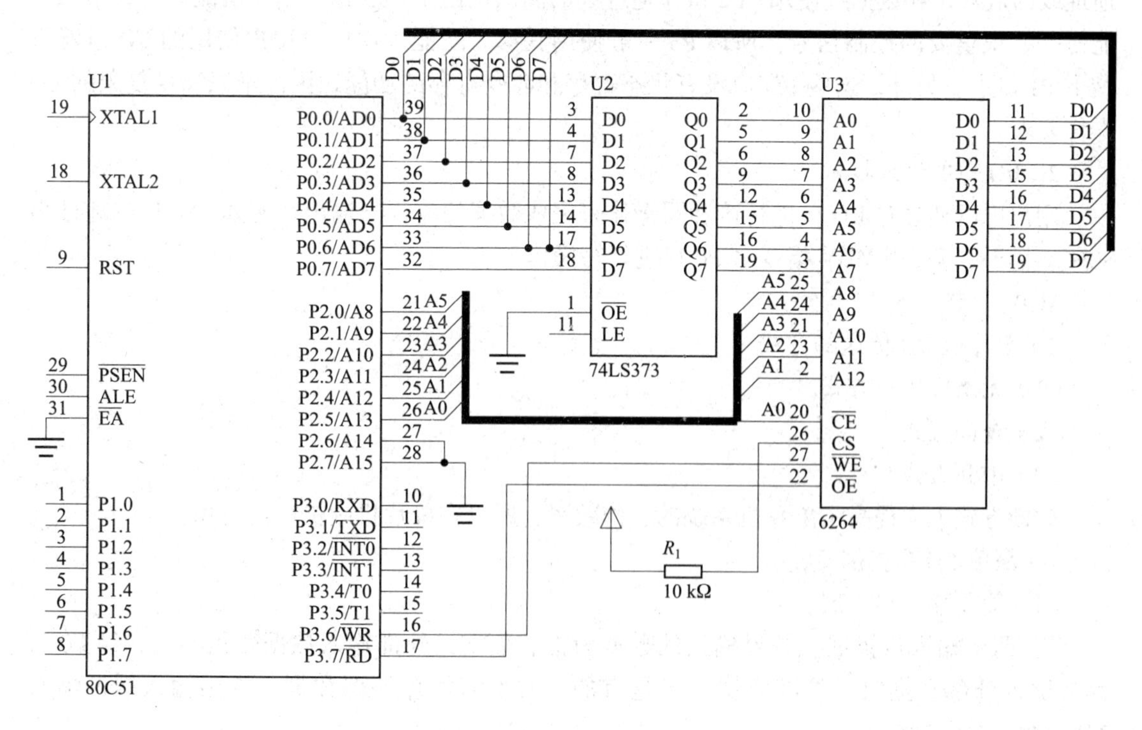

图 9.7　80C51 与 6264 的连接

（2）多片数据存储器扩展。

例如：用 4 片 6264 进行 8 KB 数据存储器扩展，用译码法实现。MCS–51 与 6264 的线路连接如图 9.8 所示。

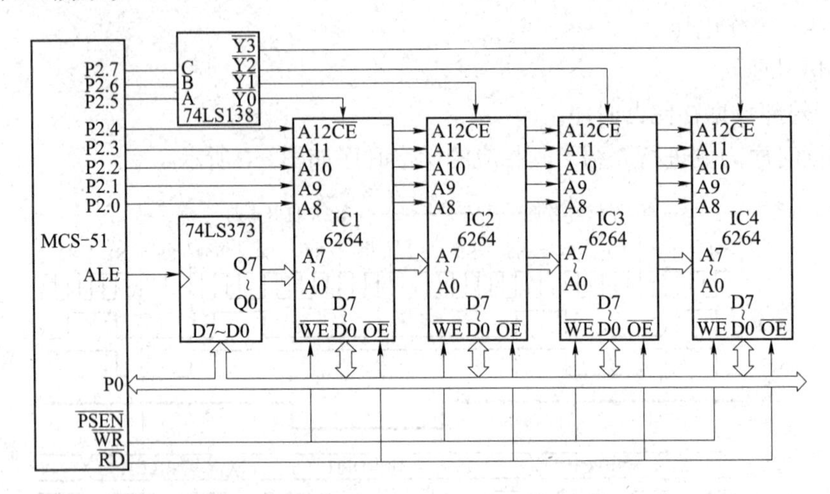

图 9.8　MCS–51 与 6264 的线路连接

3. I/O 口扩展概述

1）I/O 口扩展的原因

MCS–51 系列单片机共有四个并行 I/O 口，分别是 P0、P1、P2 和 P3。其中 P0 口一般作地址线的低八位和数据线使用；P2 口作地址线的高八位使用；P3 是一个双功能口，其第二功能是一些很重要的控制信号，所以 P3 一般使用其第二功能。这样供用户使用的 I/O 口就只剩下 P1 口了。另外，这些 I/O 口没有状态寄存和命令寄存的功能，因此难以满足复杂的 I/O 操作要求。

2）I/O 口的编址技术

用户可以通过对 I/O 口进行读和写操作来完成数据的输入与输出。例如：P0 口的地址为 80H。用户可以使用 MOV 指令对 P0 口进行写操作。

MOV　P0，　A

3）单片机 I/O 传送的方式

（1）无条件传送方式。

（2）查询方式。

（3）中断方式。

中断方式大大提高了单片机系统的工作效率，所以在单片机中被广泛应用。

4）简单 I/O 口扩展

（1）简单输入口扩展。

① 两个输入口扩展。外界输入的数据为常态数据：外部输入数据变化不快，经 P0 口读取输入外部数据时，外部数据一定是有的，故不需锁存外部数据。常用输入缓冲器有 74LS244、74LS245 等。

74LS244 芯片引脚及扩展输入接口如图 9.9 与图 9.10 所示。

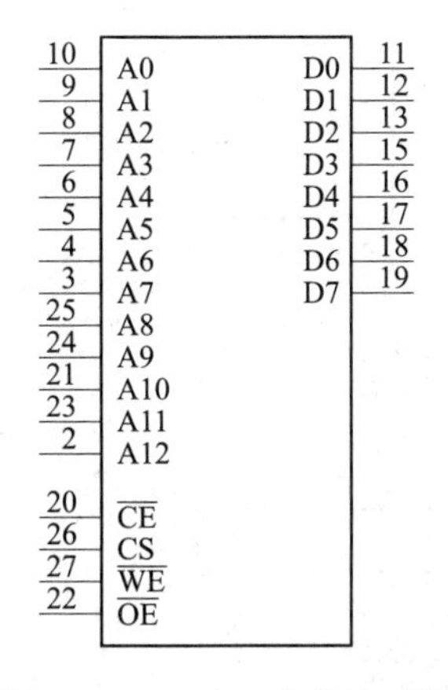

图 9.9 74LS244 芯片的引脚

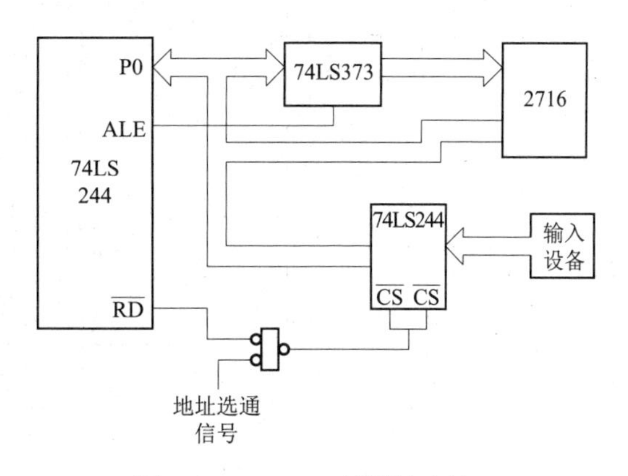

图 9.10 74LS244 扩展输入接口

外界输入的数据为暂态数据：经 P0 口输入外部数据，由于外部数据变化速度快，须在 P0 端加输入锁存器，以锁存快速变化的外部数据。常用锁存器有 74LS373、74LS273、74LS377 等。74LS373 芯片引脚及扩展输入接口如图 9.11 和图 9.12 所示。当外围设备向单片机输出数据时，应有一个选通信号 XT 连到 74LS373 的锁存端 G 上，在选通信号的高电平将数据锁存，同时选通信号 XT 的下降沿向单片机发出中断申请。在中断服务程序中由 P0 口读取锁存器中数据。

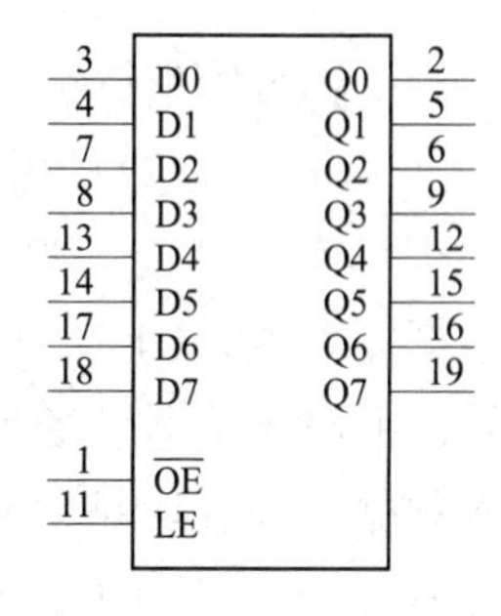

图 9.11 74LS373 芯片的引脚

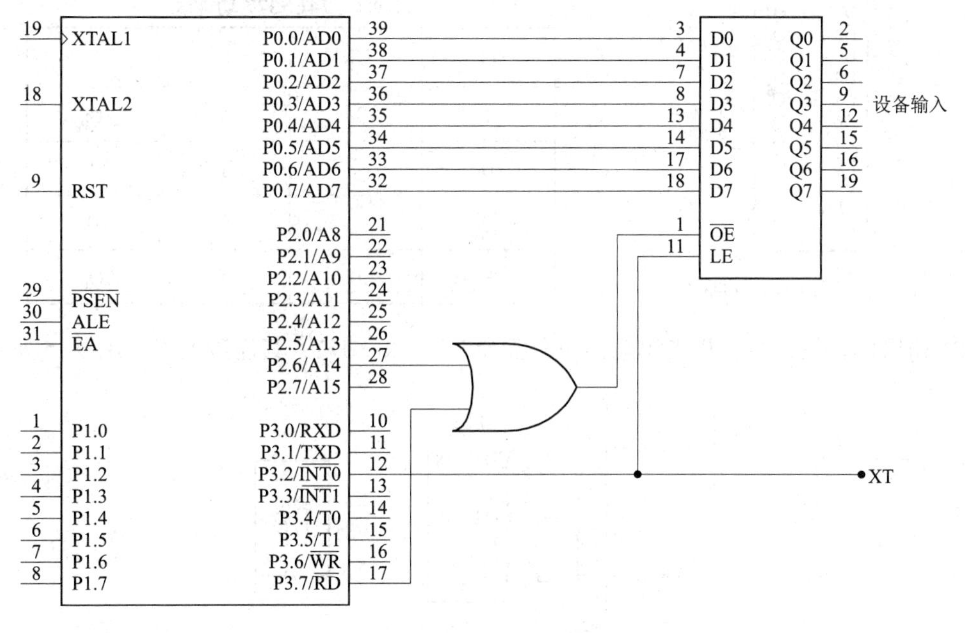

图 9.12 74LS373 扩展两个输入接口

② 多输入口扩展。使用多片 74LS244 实现多个（如 5 个）输入口扩展的电路如图 9.13 所示。

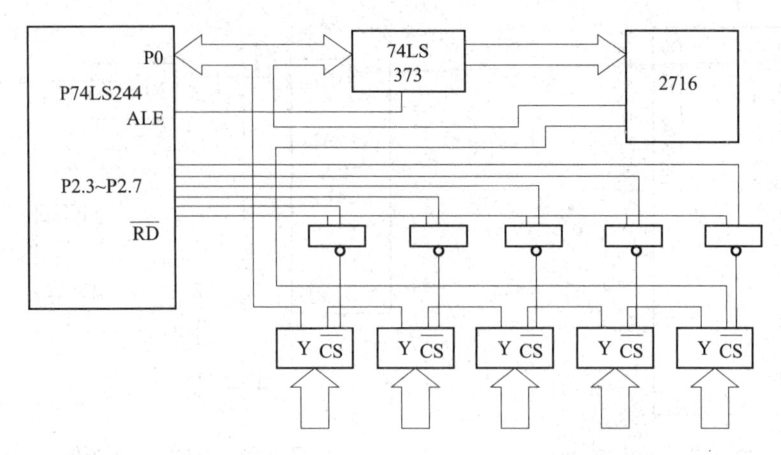

图 9.13　多个（如 5 个）输入口扩展的电路

（2）简单输出口扩展。

① 简单输出口扩展使用的典型芯片。简单输出口扩展通常使用 74LS377 芯片，该芯片是一个具有“使能”控制端的锁存器，其信号引脚图如图 9.14 所示。其中：D1 ~ D8 为 8 位数据输入线，Q1 ~ Q8 为 8 位数据输出线，CK 为时钟信号上升沿数据锁存，为使能控制信号，低电平有效。VCC 为 +5 V 电源。74LS377 是由 D 触发器组成的，D 触发器在上升沿输入数据，即在时钟信号（CK）由低电平跳变为高电平时，数据进入锁存器。其功能表见表 9.2。

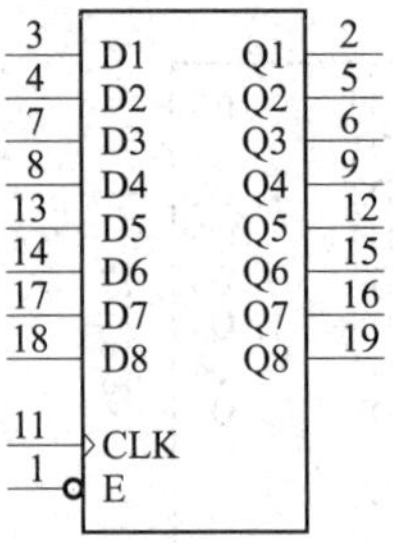

图 9.14　74LS377 引脚图

表 9.2　74LS377 功能表

$\overline{G}$	CK	D	Q
1	X	X	Q_0
0	↑	1	1
0	↑	0	0
X	0	X	Q_0

② 输出口扩展连接。扩展单输出口只需要一片 74LS377，其连接电路如图 9.15 所示。

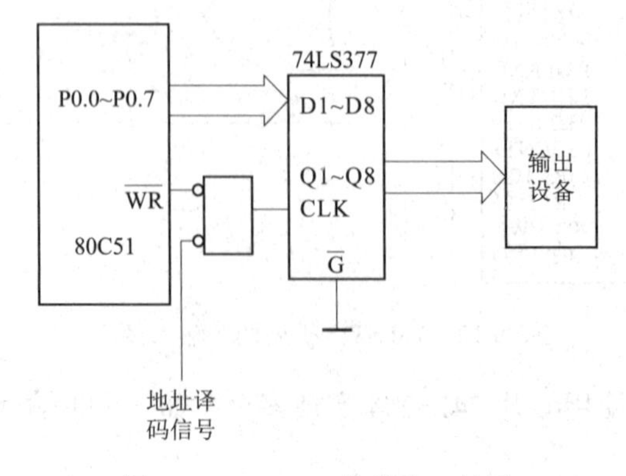

图 9.15　74LS377 作输出口扩展

4. 8255 可编程通用并行 I/O 扩展接口

8255 的内部结构如图 9.16 所示。

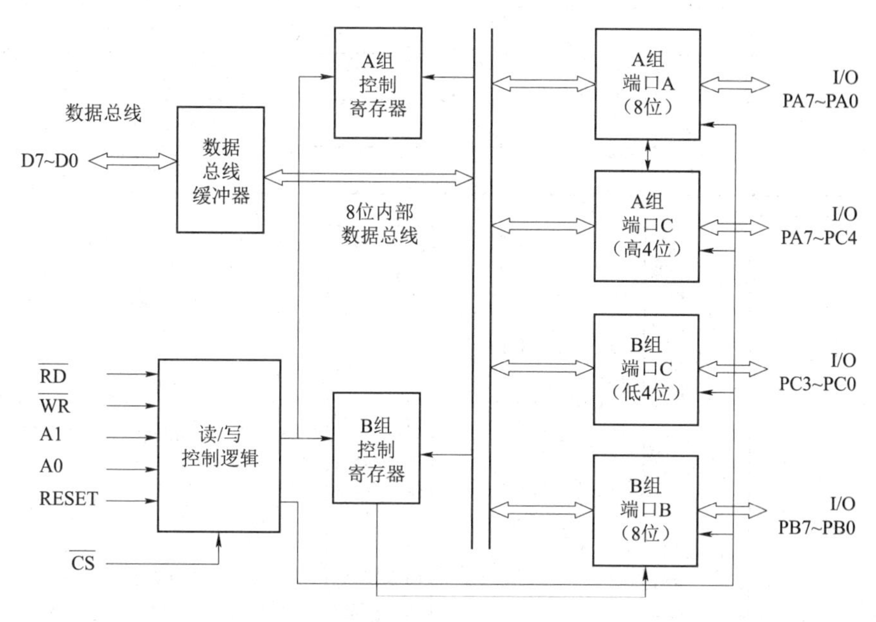

图 9.16　8255 的内部结构

1）内部结构及外部引脚

8255 的外部引脚如图 9.17 所示，其中：

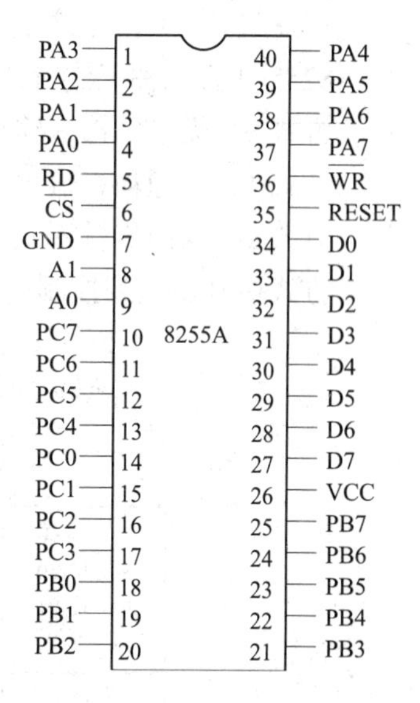

图 9.17　8255 的外部引脚

PA0 ~ PA7：A 口的输入输出信号线。该口是输入还是输出或双向，由软件决定。

PB0 ~ PB7:B 口的输入输出信号线。该口是输入还是输出，由软件决定。

PC0 ~ PC7：C 口信号线。该口可作输入、输出、控制和状态线使用，由软件决定。

D0 ~ D7：双向数据信号线，用来传送数据和控制字。

$\overline{\text{RD}}$：读信号线。

$\overline{\text{WR}}$：写信号线。

$\overline{\text{CS}}$：片选信号线，只有低电平（有效）时，$\overline{\text{CS}}$ 才选中该芯片，才能对 8255 进行操作。

$\overline{\text{RESET}}$：复位输入信号，高电平有效时，复位 8255。复位后 8255 的 A 口、B 口和 C 口均被定为输入。

A1A0 口：地址选择信号线。8255 内部共有三个口，A 口、B 口、C 口和一个控制寄存器供用户编程。不同编码可分别选择上述三个口和一个控制寄存器。地址编码见表 9.3。

2）8255 的扩展逻辑电路

MCS-51 单片机可以和 8255 直接连接，图 9.18 所示为 8031 和 8255 连接图。

表 9.3　地址编码

A1　　A0	端口
0　　0	A 口
0　　1	B 口
1　　0	C 口
1　　1	控制寄存器

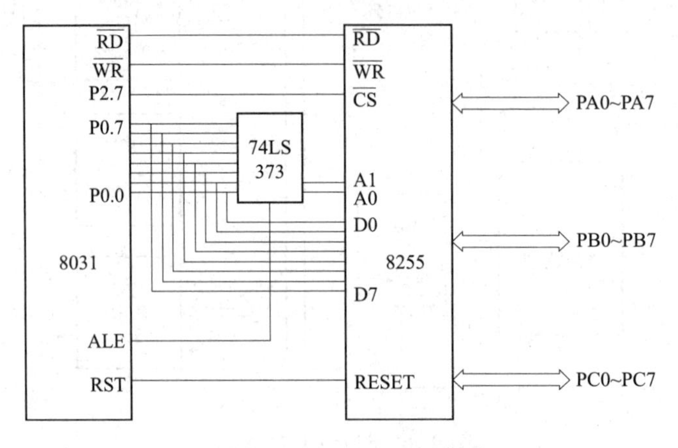

图 9.18　8031 和 8255 连接图

3）8255 的工作方式

8255 共有三种工作方式，这些工作方式可用软件编程来指定。

方式 0：无条件输入输出（A 口、B 口、C 口）。

方式 1：选通输入输出（A 口、B 口）。

方式 2：双向传输方式（C 口）。

方式控制字送到控制口，以选择 A、B、C 三个口的工作方式，如图 9.19 所示。

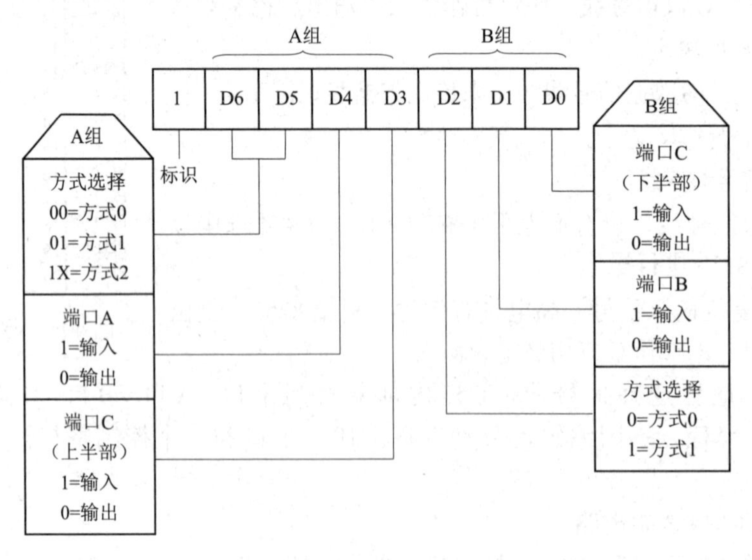

图 9.19　8255 方式控制字

（1）方式 0——无条件输入输出方式。

A、B、C 口均都可工作于此方式，用作输入或输出口。

在此方式下，CPU 可直接用 IN、OUT 指令读取端口数据或输出数据到端口。A 口和 B 口作输出口时，C 口提供的控制引线如图 9.20 所示。

（2）方式 1——A 口和 B 口均为输入。

这种情况和两口均为输出类似，C 口提供的控制引线如图 9.21 所示。

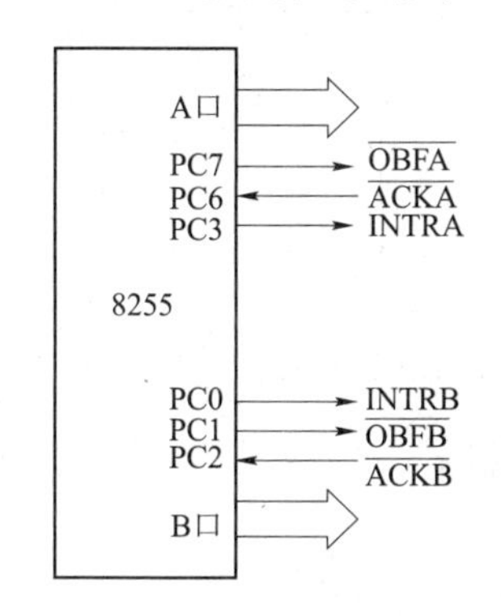

图 9.20　A 口和 B 口作输出口时，C 口提供的控制引线

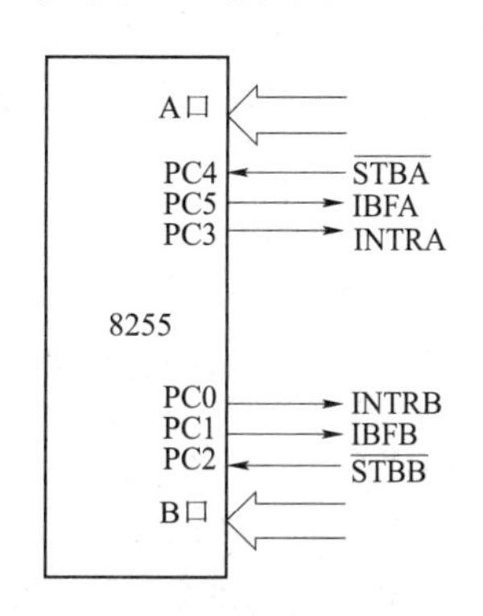

图 9.21　A 口和 B 口作输入口时，C 口提供的控制引线

（3）工作方式 2——双向输入输出方式 I/O 操作。

只有 A 口才能工作在方式 2。A 口工作方式 2 时要利用 C 口的 5 条线才能实现。此时，B 口只能工作在方式 0 或者方式 1 下，而 C 口剩余的 3 条线可作为输入线、输出线或 B 口方式 1 之下的控制线。C 口提供的控制线如图 9.22 所示。

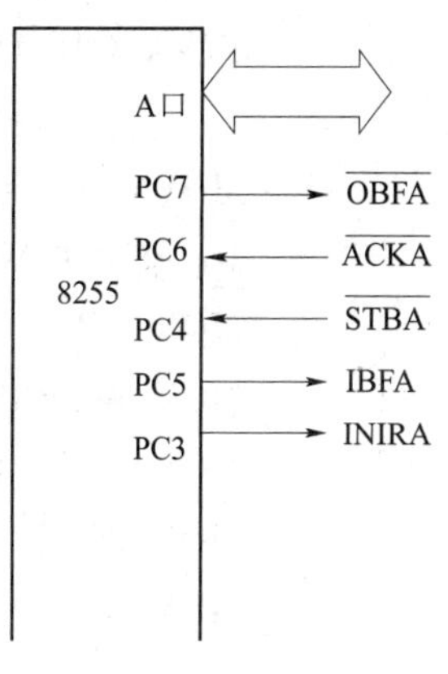

图 9.22　工作方式 2 时，C 口提供的控制线

【例 9.1】设单片机 8031 与微型打印机之间的数据传送采用查询方式。单片机 8031 与微型打印机连接原理图如图 9.23 所示。要求将存放在 8031 单片机内 RAM 中以 30H 为首地址的 64 个连续单元中的内容打印输出，试编程。

解：因为 PC0 连接 BUSY，所以 PC3 ~ PC0 为输入，又因 PC7 连接 /DATA STROBE，所以 PC7 ~ PC4 为输出。

STROBE —— 表示重复。

/DATA STROBE —— 数据选通信号。其作用是通知打印机，8255A 要给它传数。

PA 口输出，PB 口未用。

故 8255A 的控制字可设为：10000001B = 81H

PA 口地址：7FFCH

PB 口地址：7FFDH

PC 口地址：7FFEH

控制口：　7FFFH

```
PRINT: MOV   DPTR, #7FFFH        ; 控制口地址
       MOV   A, #81H             ; 控制字
```

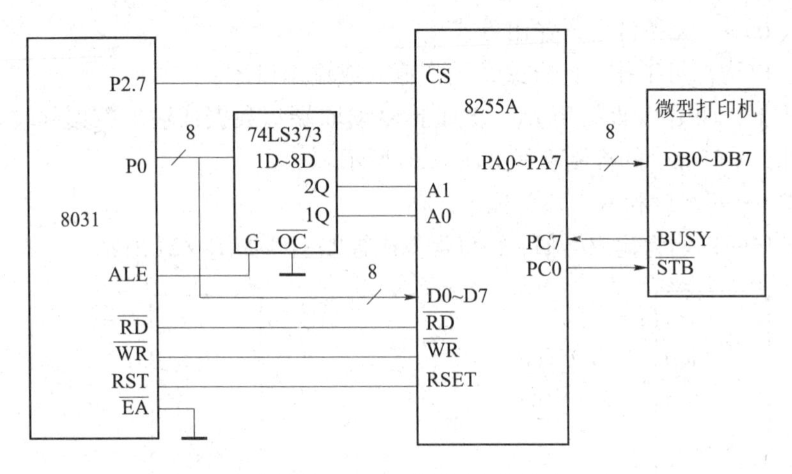

图 9.23　单片机 8031 与微型打印机连接原理图

```
        MOVX @DPTR, A              ; 写入控制字
        MOV R1, #30H               ; 数据指针
        MOV R2, #40H               ; 64 个数
NEXT:   MOV DPTR, #7FFEH           ; PC 口地址
        MOV A, #80H                ; 使 PC7 为高电平
        MOVX @DPTR, A              ; 输出 /DATA STR OBE 为
                                     高电平；无效，不准备送数
WAIT:   MOVX A, @DPTR              ; 查询打印机状态
        JB ACC.0, WAIT             ; 若 PC0 即 BUSY = 1 忙，则等待
        MOV DPTR , #7FFCH          ; 若 BUSY = 0 空闲，则指向 PA 口
        MOV A , @R1                ; 输出数据
        MOVX @DPTR , A
        MOV DPTR , #7FFEH 库       ; 指向 PC 口
        MOV A , #00H               ; 8255A 输出 /DATA STR OBE 信号
                                   ; 通知打印机，给它传数
        MOVX @DPTR , A
        ACALL DELAY                ; 调延时子程序，以形成一个宽度
        INC R1
        DJNZ R2 , NEXT             ; 判断打印输出完成否？
        SJMP $
        DELAY:（延时程序略）
        END
```

二、循迹传感器控制基本知识

1. ST188 红外传感器

由于黑线和白线对光线的反射系数不同，可根据接收到的反射光的强弱来判断“道路”——

黑线。红外探测法，即利用红外线在不同颜色的物理表面具有不同的反射性质的特点。在小车行驶过程中不断地向地面发射红外光，当红外光遇到白色地面时发生漫发射，反射光被装在小车上的接收管接收；如果遇到黑线则红外光被吸收，则小车上的接收管接收不到信号。

市场上用于红外探测法的器件较多，可以利用反射式传感器外接简单电路自制探头，也可以使用结构简单、工作性能可靠的集成式红外探头。ST 系列集成红外探头价格便宜、体积小、使用方便、性能可靠、用途广泛，其中 ST188 作为较常见的红外光反射传感器器件，其内部结构和外接电路均较为简单，如图 9.24 所示，A、K 之间接发光二极管，C、E 之间接光敏三极管（二者在电路中均正接，但要串联一定阻值的电阻）。

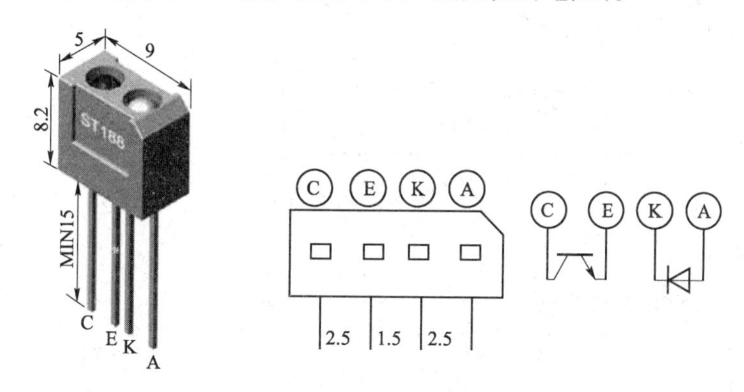

图 9.24　ST188 管脚图及内部电路

2. 循迹传感器检测电路

ST188 由高发射功率红外光、电二极管和高灵敏光电晶体管组成，采用非接触式检测方式。ST188 的检测距离很小，一般为 8 ~ 15 mm，因为 8 mm 以下是它的检测盲区，而大于 15 mm 则很容易受干扰。经过多次测试、比较，发现把传感器安装在距离检测物表面 10 mm 时，检测效果最好。循迹传感器电路原理图如图 9.25 所示。

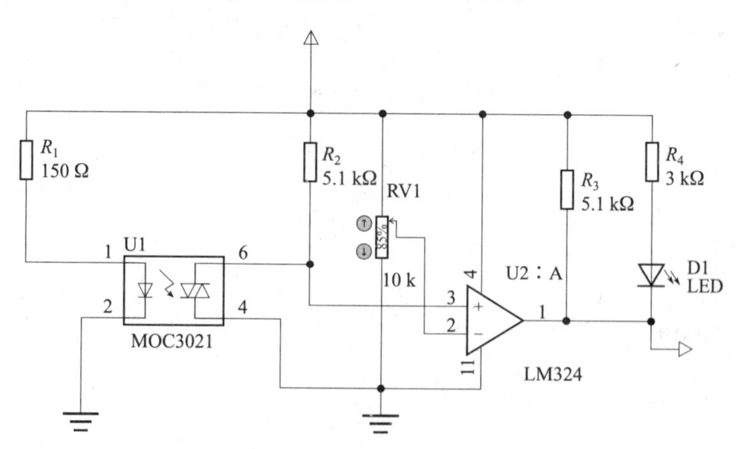

图 9.25　循迹传感器电路原理图

R_1 限制发射二极管的电流，发射管的电流和发射功率成正比，但受其极限输入正向电流 50 mA 的影响，用 R_1=150 Ω 的电阻作为限流电阻，VCC=5 V 作为电源电压，测试发现发射功率完全能满足检测需要；可变电阻 R_2 可限制接收电路的电流：一方面保护接收红外管，另一方面可调节检测电路的灵敏度。因为传感器输出端得到的是模拟电压信号，所以在输出端增加了比较器，先将 ST188 输出电压与 2.5 V 进行比较，再送给单片机处理和控制。程序流程图如图 9.26 所示。

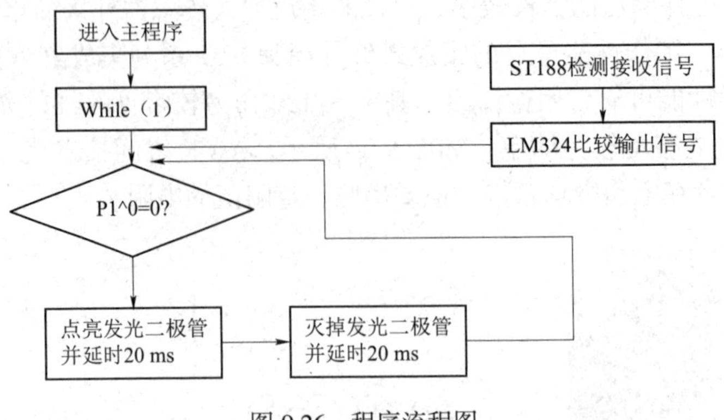

图 9.26　程序流程图

源程序代码如下。

程序事先在 reg52.h 文件中定义：

```
sbit  jc=P1^0;
sbit  xs=P2^0;
#include<reg52.h>
#define uint unsigned int
#define uchar unsigned char
void delay（uint z）
{
      uint x，y;
      for（x=z; x>0; x--）
            for（y=100; y>0; y--）;
}
void main（）
{
      while（1）
      {
         if（jc==0）
      {
                  xs=1;
                  delay（1000）;
xs=0;
                  delay（1000）;
 }
 xs=0;
```

三、直流电动机控制技术

1. 直流电机的结构和工作原理

直流电机可按其结构、工作原理和用途等进行分类，其中根据直流电机的用途可分为：直流发电机（将机械能转化为直流电能）、直流电动机（将直流电能转化为机械能）、直流测速发电机（将机械信号转换为电信号）、直流伺服电动机（将控制信号转换为机械信号）。

直流电动机电路模型如图 9.27 所示，磁极 N、S 间装着一个可以转动的铁磁圆柱体，圆柱体的表面上固定着一个线圈 *abcd*。当线圈中流过电流时，线圈受到电磁力作用，从而产生旋转。根据左手定则可知，当流过线圈中电流改变方向时，线圈的方向也将改变，因此通过改变线圈电路的方向实现改变电机的方向。

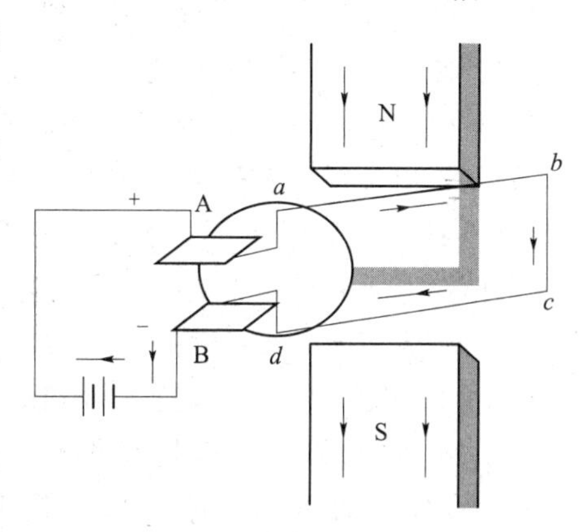

图 9.27　直流电动机电路模型

2. 直流电动机的单片机控制

直流电动机转速的控制方法可分为两类：励磁控制法与电枢电压控制法。励磁控制法控制磁通，其控制功率虽然小但低速时受到磁场饱和的限制，高速时受到换向火花和转向器结构强度的限制，而且由于励磁线圈电感较大、动态响应较差，所以常用的控制方法是改变电枢端电压调速的电枢电压控制法。

传统的改变端电压的方法是通过调节电阻来实现的，但这种调压方法效率低。随着电力电子技术的发展，创造了许多新的电枢电压控制方法。其中脉宽调制（Pulse Width Modulation，PWM）是常用的一种调速方法。其基本原理是用改变电机电枢电压的接通和断开的时间比（占空比）来控制马达的速度，在脉宽调速系统中当电机通电时，其速度增加，电机断电时其速度降低。只要按照一定的规律改变通断电的时间，就可使电机的速度保持在一稳定值上。

1）直流电动机的 PWM 控制技术

PWM 控制技术是利用半导体开关器件的导通和关断，把直流电压变成电压脉冲列，控制电压脉冲的宽度或周期以达到变压目的，或控制电压脉冲的宽度和周期以达到变压变频目的的一种控制技术。下面简述一下 PWM 调速系统的工作原理。图 9.28 所示为 PWM 调速系统的工作原理电路及其输出波形。

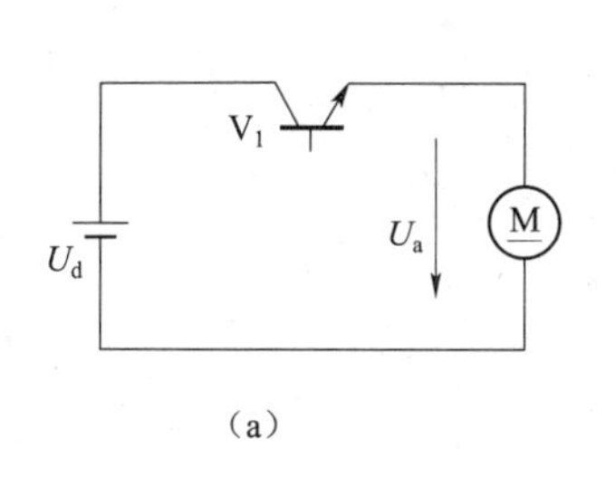

（a）

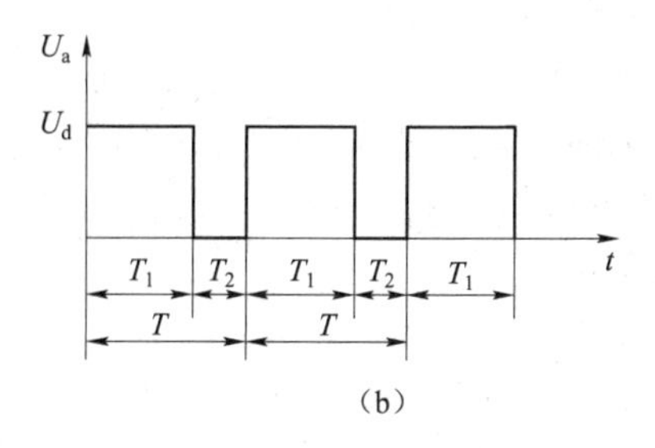

（b）

图 9.28　PWM 调速系统的工作原理电路及其输出波形

（a）工作原理电路；（b）输出波形

假设 V_1 先导通 T_1 秒，然后又关断 T_2 秒，如此反复进行，可得到图 9.28（b）的波形图，可以得到电机电枢端的平均电压 $U_a=\frac{T_1}{T}U_d$。如果 $\alpha=\frac{T_1}{T}$，α 可定义为占空比。假定输入电压 U_d 不变，α 越大，则电机电压 U_a 就越大，反之也成立。所以改变 α 就可以达到调压的目的。

改变 α 有三种方法：第一种就是 T_1 保持不变，使 T_2 在 0 到∞之间变化，这叫定宽调频法；第二种就是 T_2 不变，使 T_1 在 0 到∞之间变化，这叫调宽调频法；第三种就是 T 保持一定，使 T_1 在 0 到 T 之间变化，这叫定频调宽法。本设计采用的是定频调宽法，电动机在运转时比较稳定，并且在产生 PWM 脉冲实现上更方便。

基于单片机由软件来实现 PWM：在 PWM 调速系统中占空比 D 是一个重要参数，在电源电压 U_d 不变的情况下，电枢端电压的平均值取决于占空比 D 的大小，改变 D 的值可以改变电枢端电压的平均值从而达到调速的目的。改变占空比 D 的值有三种方法。

（1）定宽调频法：保持 T_1 不变，只改变 T_2，这样使周期（或频率）也随之改变。

（2）调宽调频法：保持 T_2 不变，只改变 T_1，这样使周期（或频率）也随之改变。

（3）定频调宽法：保持周期 T（或频率）不变，同时改变 T_1 和 T。

前两种方法在调速时改变了控制脉冲的周期（或频率），当控制脉冲的频率与系统的固有频率接近时，将会引起振荡，因此常采用定频调宽法来改变占空比，从而改变直流电动机电枢两端电压。利用单片机的定时计数器外加软件延时等方式来实现脉宽的自由调整，此种方式有简化硬件电路、操作性强等优点。

PWM 实现方式有以下两种。

方案一：采用定时器作为脉宽控制的定时方式，这一方式产生的脉冲宽度极其精确，误差只在几个 μs。

方案二：采用软件延时方式，这一方式在精度上不及方案一，特别是在引入中断后，将有一定的误差，故采用方案一。

2）单片机控制直流电动机的电路及程序

对小型直流电动机进行可逆的 PWM 调速控制，应用比较广泛的是由四个开关管构成的 H 形桥式驱动电路，如图 9.29 所示。本例通过外接的 A/D 转换电路，对应外部不同的电压值，利用 AT89C51 单片机产生占空比不同的控制脉冲，驱动直流电动机以不同的转速转动，并通过三个开关分别控制电动机的正转、反转和停止。

C 语言源程序如下：

```
#include<reg51.h>
#define uchar unsigned char
#define uint unsigned int
sbit K1=P3^0;
sbit K2=P3^1;
sbit K3=P3^2;
sbit P1_0=P1^0;
sbit P1_1=P1^1;
```

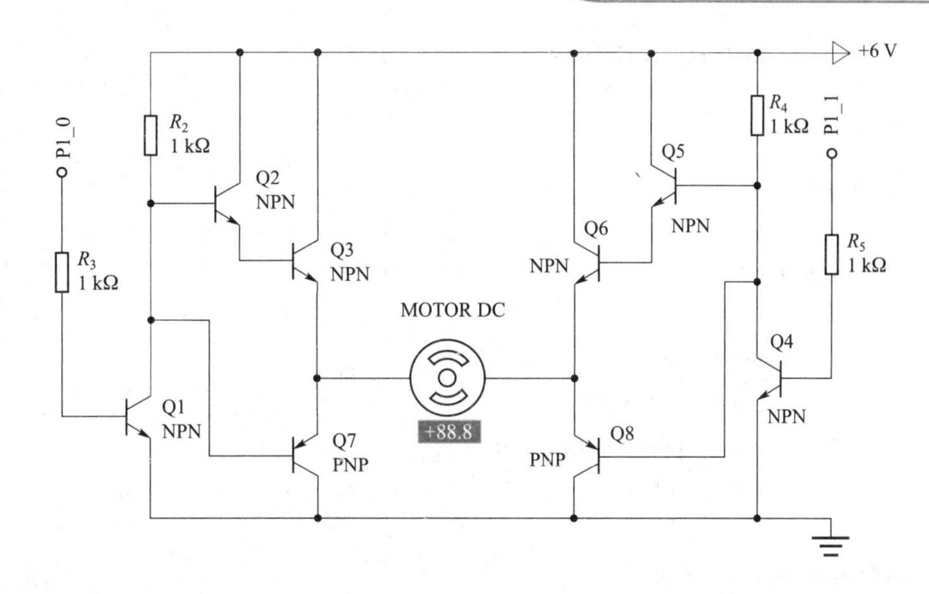

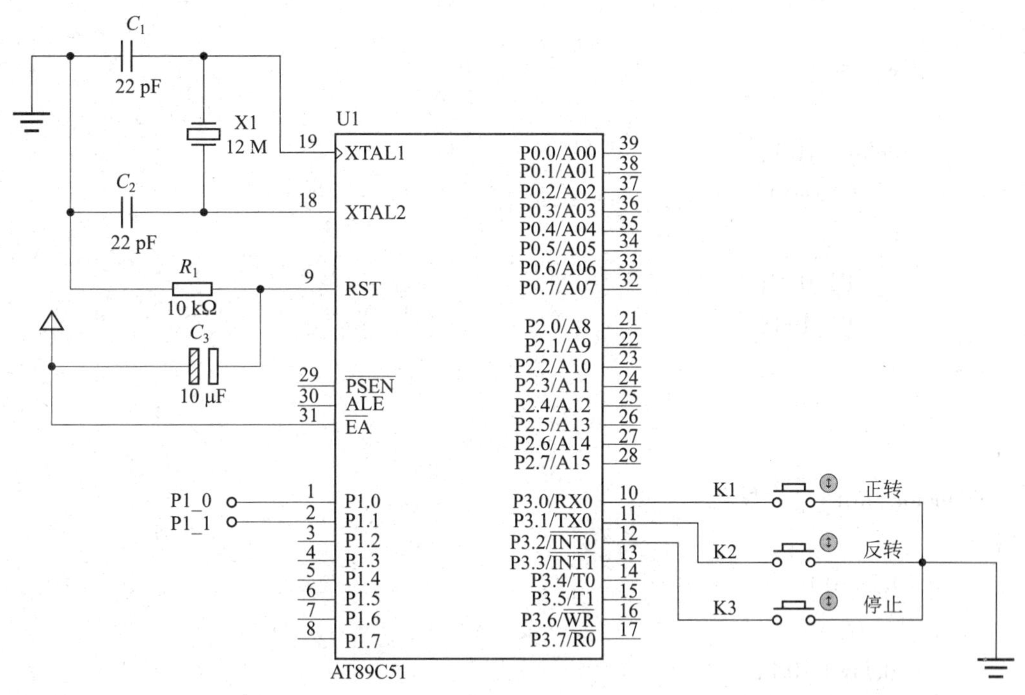

图 9.29　单片机与直流电动机的接口电路

```
void motor_start ( );
void motor_turn ( );
void motor_pause ( );
void delay ( uint x )
{
    uchar i;
    while ( x-- )
```

```
        {        for ( i=0; i<120; i++ ) ;
        }
}
void main ( )
{
        while ( 1 )
        {
                motor_start ( ) ;
                 motor_turn ( ) ;
                 motor_pause ( ) ;
        }
}
void motor_start ( ) // 正转
{
        if ( K1==0 )
        {
            delay ( 10 ) ;
            if ( K1==0 )
            {
                P1_0=0;
                P1_1=1;
            }
         }
}
void motor_turn ( ) // 反转
{
        if ( K2==0 )
        {
            delay ( 10 ) ;
            if ( K2==0 )
            {
                P1_0=1;
                P1_1=0;
            }
            // while ( K2==0 ) ;
        }
}
void motor_pause ( ) // 暂停或者停止
```

```
{
    if (K3==0)
    {
        delay(10);
        if(K3==0)
        {
            P1_0=0;
            P1_1=0;
        }
    }
}
```

在设计中可以使用集成有桥式电路的电机驱动芯片，可以简化电路。目前常用的电机驱动芯片有 LMD18200、L298、ML33886、MC4428 等。不过在应用领域，L298 使用比较广泛，所以本设计采用 L298 作为电机的驱动芯片，其原理图如图 9.30 所示。

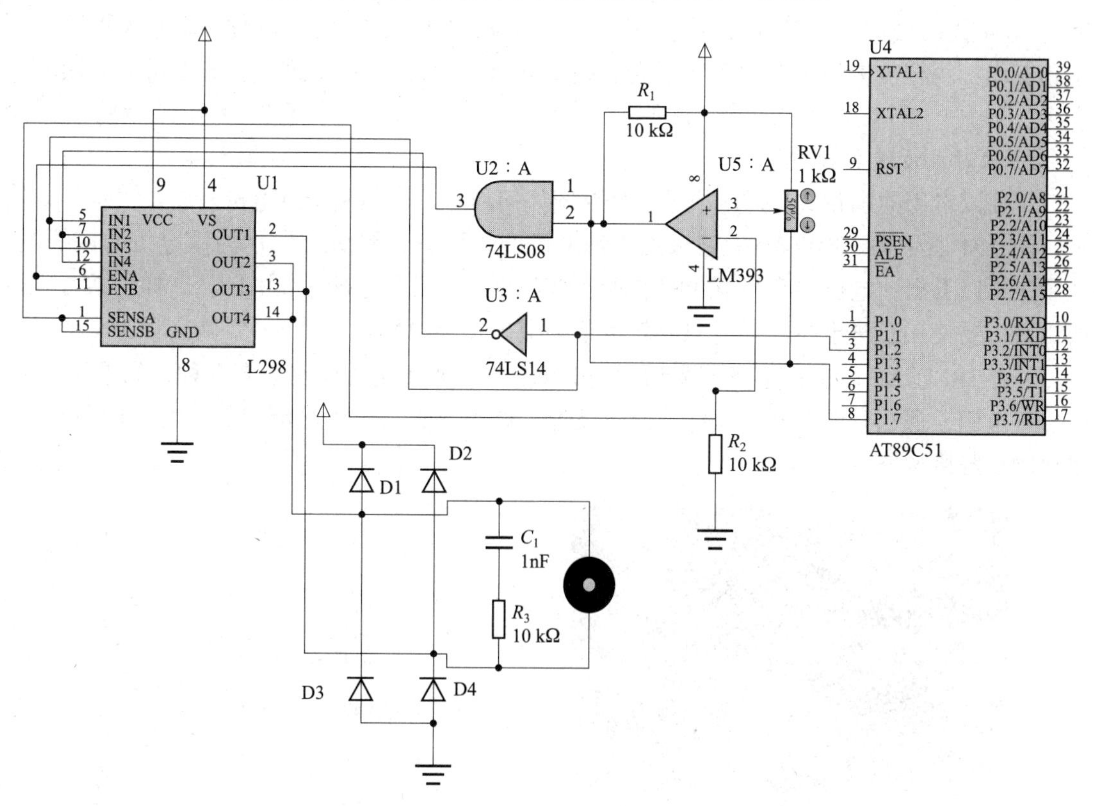

图 9.30　L298 驱动直流电动机原理图

L298 是 ST 公司生产的内部集成有两个桥式电路的电机驱动专用芯片，它的工作电压可高达 46 V。输出电流也很大，瞬间峰值电流可达 3 A，持续工作电流可达 2 A。内含两个 H 桥的高电压大电流全桥式驱动器，可以用来驱动直流电动机和步进电动机、继电器、线圈等感性负载；采用标准 TTL 逻辑电平信号控制；具有两个使能控制端口，可分别控制两个电机的启动和制动；有一个逻辑电源输入端，可使内部逻辑电路部分在低电压下工作；也可以外接电阻，把变化量反馈给控制电路。此外，L298 的两个桥式电路还可以并联起来驱动一个直流电动机，持续工作电流可达到 4 A。

四、步进电机控制技术

步进电机是机电控制中一种常用的执行机构，它的用途是将电脉冲转化为角位移，通俗地说：当步进驱动器接收到一个脉冲信号，它就驱动步进电机按设定的方向转动一个固定的角度（步进角）。通过控制脉冲个数即可以控制角位移量，从而达到准确定位的目的；同时通过控制脉冲频率来控制电机转动的速度和加速度，从而达到调速的目的。

1. 步进电机常识

常见的步进电机分为三种：永磁式（PM）、反应式（VR）和混合式（HB），永磁式步进电机一般为两相，转矩和体积较小，步进角一般为 7.5° 或 15°；反应式步进电机一般为三相，可实现大转矩输出，步进角一般为 1.5°，但噪声和振动都很大，在欧美等发达国家 20 世纪 80 年代已被淘汰；混合式步进电机混合了永磁式和反应式电机的优点，它又可分为两相和五相：两相步进角一般为 1.8°，而五相步进角一般为 0.72°，这种步进电机的应用较为广泛。

2. 永磁式步进电机的控制

下面以常用的永磁式步进电机为例来介绍如何用单片机控制步进电机。

图 9.31 所示为 35BY48S03 型永磁步进电机的外形图，图 9.32 所示为该电机的接线图，从图中可以看出，电机共有四组线圈，四组线圈的一个端点连在一起引出，这样一共有 5 根引出线。要使用步进电机转动，只要轮流给各引出端通电即可。将 COM 端标识为 C，只要 AC、$\overline{A}$C、BC、$\overline{B}$C 轮流加电就能驱动步进电机运转，加电的方式可以有多种，如果将 COM 端接正电源，那么只要用开关元件（如三极管）将 A、$\overline{A}$、B、$\overline{B}$ 轮流接地。表 9.4 所示为该电机的一些典型参数。

图 9.31　35BY48S03 型永磁步进电机的外形图

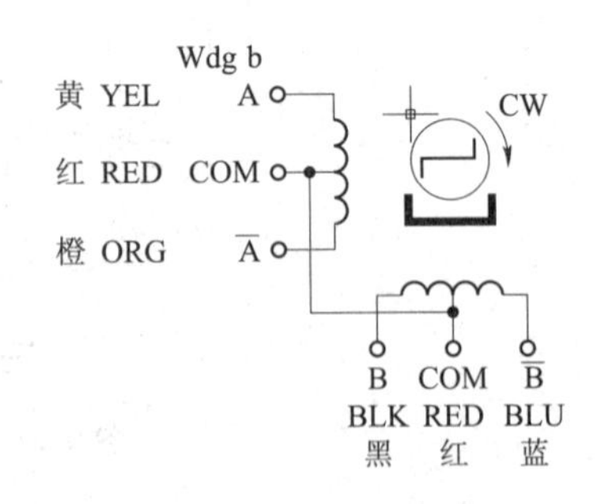

图 9.32　35BY48S03 型永磁步进电机的接线图

表 9.4 35BY48S03 型步机电机参数

型号	步距角 /(°)	相数	电压 /V	电流 /A	电阻 /Ω	最大静转矩	定位转矩	转动惯量
35BY48S03	7.5	4	12	0.26	47	180	65	2.5

有了这些参数，不难设计出控制电路，因其工作电压为 12 V，最大电流为 0.26 A，因此，用一块开路输出达林顿驱动器（ULN2003）来作为驱动，通过 P1.4 ~ P1.7 来控制各线圈的接通与切断，电路如图 9.33 所示。开机时，P1.4 ~ P1.7 均为高电平，依次将 P1.4 ~ P1.7 切换为低电平即可驱动步进电机运行，注意在切换之前将前一个输出引脚变为高电平。如果要改变电机的转动速度只需改变两次接通之间的时间，而要改变电机的转动方向，只需改变各线圈接通的顺序。

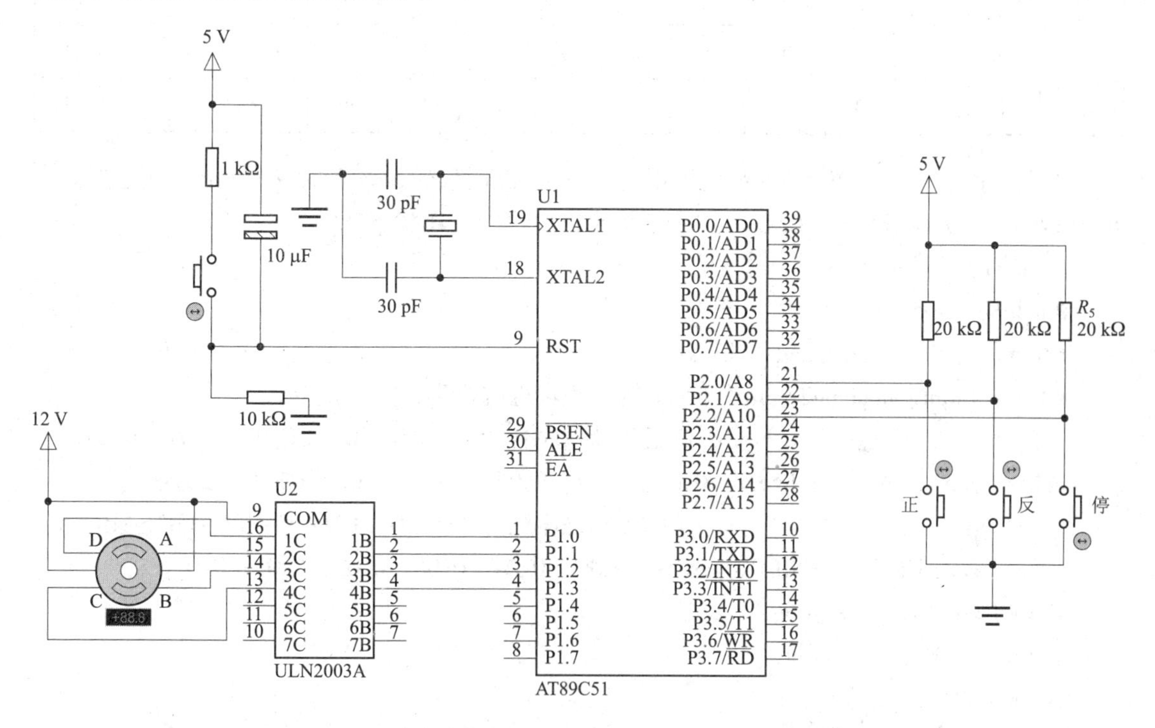

图 9.33 单片机控制 35BY48S03 型步进电机电路原理图

步进电机实际上是一个数字 / 角度转换器，也是一个串行的数 / 模转换器。步进电机的基本控制包括启停控制、转向控制、速度控制、换向控制四个方面。从结构上看，步进电机分为三相、四相、五相等类型，本次设计采用的是四相电机。四相步进电机的工作方式有单四拍、双四拍和单双八拍三种，其时序见表 9.5。

3. 步进电机的驱动实例

【例 9.2】设计一个 51 单片机四相步进电机控制系统，要求系统具有如下功能：

（1）由 I/O 口产生的时序方波作为电机控制信号。

（2）信号经过驱动芯片驱动电机的运转。

（3）电机的状态通过键盘控制，包括正转、反转、停止。

表 9.5　四相步进电机时序

单四拍					双四拍					单双八拍				
步	A	B	C	D	步	A	B	C	D	步	A	B	C	D
1	1	0	0	0	1	1	1	0	0	1	1	0	0	0
2	0	1	0	0	2	0	1	1	0	2	1	1	0	0
3	0	0	1	0	3	0	0	1	1	3	0	1	0	0
4	0	0	0	1	4	1	0	0	1	4	0	1	1	0
5	1	0	0	0	5	1	1	0	0	5	0	0	1	0
6	0	1	0	0	6	0	1	1	0	6	0	0	1	1
7	0	0	1	0	7	0	0	1	1	7	0	0	0	1
8	0	0	0	1	8	1	0	0	1	8	1	0	0	1

本例电机运行时，按下 K1 时电机正转，按下 K2 时反转，按下 K3 时停止。也可在单片机的 P0.0 ~ P0.2 口接三个 LED 灯用来指示步进电机的工作状态。

C 语言源程序如下：

```
#include <reg51.h>
#define  uchar  unsigned  char
#define  uint  unsigned  int       // 本例四相步进电机工作于八拍方式
                                   // 正转励磁序列为 A->AB->B->BC->C->CD->D->DA
uchar  code FFW [ ]= {0x01, 0x03, 0x02, 0x06, 0x04, 0x0C, 0x08, 0x09};
                                   // 反转励磁序列为 AD->D->CD->C->BC->B->AB->A
uchar  code REV [ ]= {0x09, 0x08, 0x0C, 0x04, 0x06, 0x02, 0x03, 0x01};
sbit K1 = P3^0;      // 正转
sbit K2 = P3^1;      // 反转
sbit K3 = P3^2;      // 停止
//----------------------------------------------------------------
// 延时函数
//----------------------------------------------------------------
void delay ( uint x )
{
    uchar i;
    while ( x-- )for ( i = 0; t < 120; t++ );
}
/* 步进电机正转 */
void STEP_MOTOR_FFW ( uchar n )
  {
```

```
    uchar i, j;
    for( i=0; i<5*n; i++ )
     {
       for( j=0; i<8; j++ )
       {
           if ( K3= =0 ) break;
           P1 = FFW [ j ];
           delay ( 25 );
           }
     }
 }
/* 步进电机反转 */
void STEP_MOTOR_REV ( uchar n )
{
    uchar i, j;
    for( i=0; i<5*n; i++ )
     {
       for( j=0; i<8; j++ )
       {
           if ( K3= =0 ) break;
           P1 = REV [ j ];
           delay ( 25 );
           }
     }
}
/* 主程序 */
void main (  )
 {
    uchar N=3;           // 运转圈数
    while ( 1 )
     {
       if ( K1= =0 )
       {
       STEP_MOTOR_FFW ( N ) // 电机正转
       if ( K3= =0 )break;
       }
       else if ( K2= =0 )
       {
```

```
            STEP_MOTOR_REV（N）  // 电机反转
            if（K3==0）break；}
        }
        else
        {
            P1 = 0x03；
        }
    }
}
```

【任务实施】

一、任务分析

1. 总体方案设计

本任务要求设计与制作一个基于单片机控制的简易自动循迹小车，小车以AT89C51为控制核心，用单片机产生PWM波，控制小车速度。利用红外光电传感器对路面黑色轨迹进行检测，并将路面检测信号反馈给单片机。单片机对采集到的信号予以分析判断，及时控制驱动电机以调整小车转向，从而使小车能够沿着黑色轨迹自动行驶，实现小车自动寻迹的目的。

本任务要求用Keil C51、Proteus等作开发工具，进行调试与仿真，并在万能板（或PCB板）上进行电路元器安装、电路参数测试与调整，下载程序并测试，实物如图9.34所示，最后需完成任务设计总结报告。

图9.34 自动循迹小车实物

自动循迹小车控制系统由单片机最小系统模块、稳压电源模块、红外检测模块、减速电机及电机驱动模块等部分组成，自动循迹小车控制系统结构框图如图9.35所示。

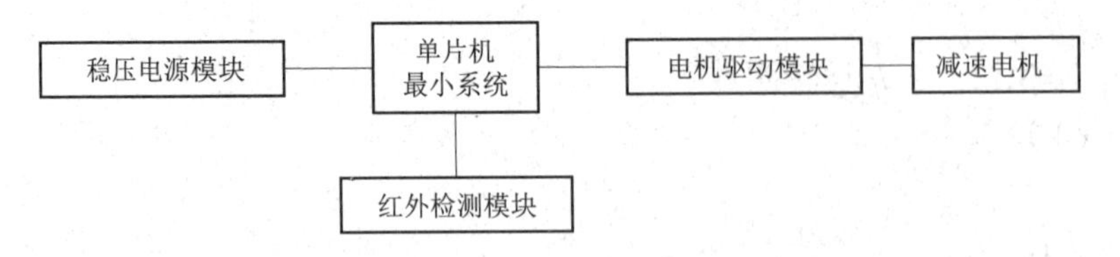

图9.35 自动循迹小车控制系统结构框图

2. 硬件电路设计

根据图9.35的总体设计框图，设计出自动循迹小车控制系统的硬件电路图，如图9.36所示。

当光电传感器开始接收信号，通过比较器将信号传到单片机中。小车进入寻迹模式，即开始不停地扫描与探测器连接的单片I/O口，一旦检测到某个I/O口有信号变化，就执行相

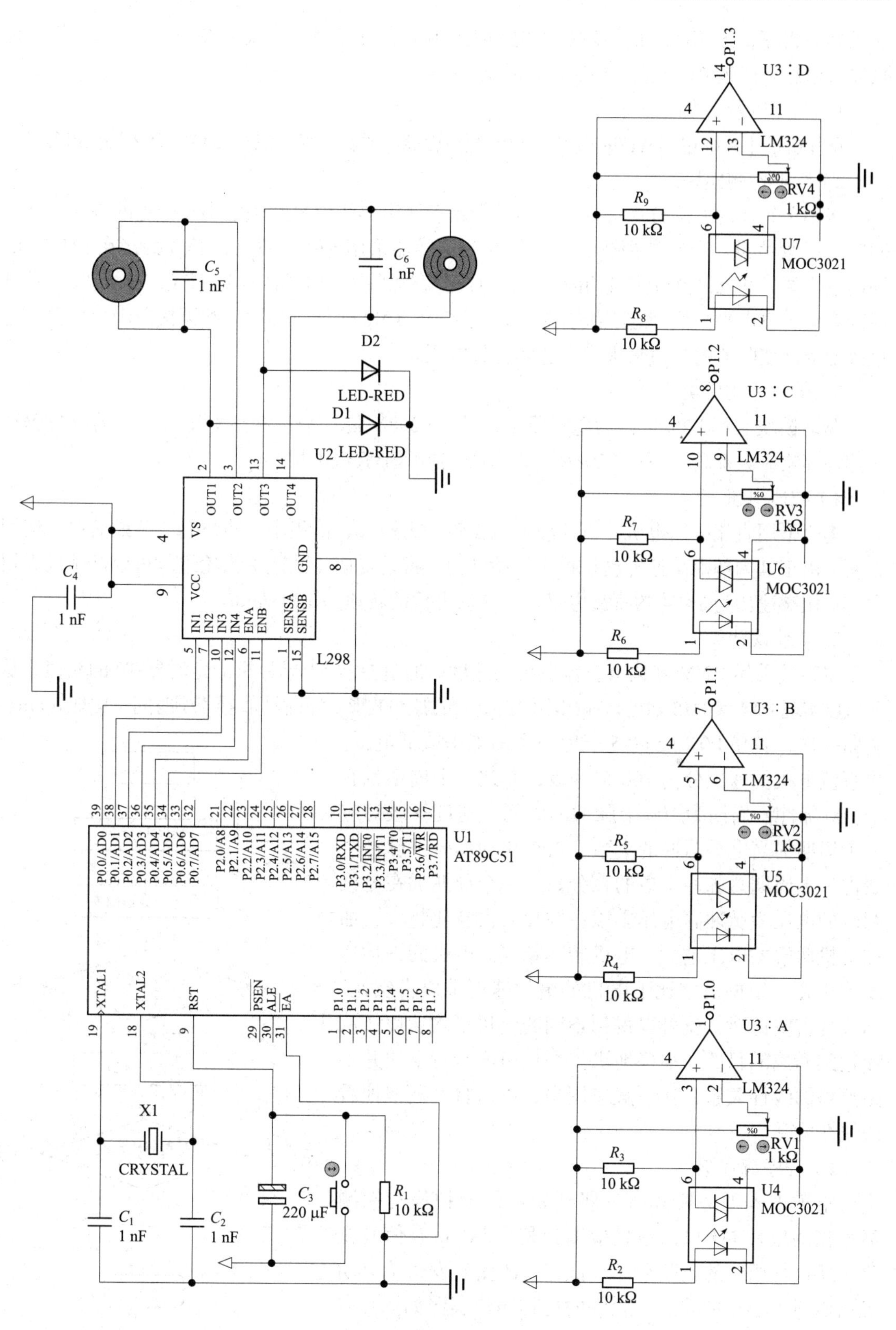

图 9.36　自动循迹小车控制系统原理图

应的判断程序，把相应的信号发送给电动机，从而纠正小车的状态。单片机采用 T0 定时计数器，通过来产生 PWM 波，控制电机转速。

1）单片机最小系统

单片机最小系统包括 AT89C51 单片机、复位电路、时钟电路，其中复位电路采用按键复位。

2）红外检测模块

在小车具体的循迹行走过程中，为了能精确测定黑线位置并确定小车行走的方向，需要同时在底盘装设 4 个红外探测头。红外检测传感器采用 ST188 器件，其 3 脚接在 LM324 的同向输入端，再接一个上拉电阻 R_3（10 kΩ）。在黑线检测电路中用来确定红外接收信号电平的高低，以电平高低判定黑线有无。在电路中，LM324 的一个输入端需接滑动变阻器，通过改变滑动变阻器的阻值来提供合适的比较电压。

3）电机驱动模块

驱动模块采用 L298N 作为电机驱动芯片，L298N 是一个具有高电压大电流的全桥驱动芯片，其响应频率高，一片 L298N 可以分别控制两个直流电机。

4）减速电机

电机采用直流减速电机，直流减速电机转动力矩大、体积小、质量轻、装配简单、使用方便。由于其内部由高速电动机提供原始动力，带动变速（减速）齿轮组，可以产生较大扭力。选用减速比为 1∶74 的直流电机，减速后电机的转速为 100 r/min。

3. 软件设计

本系统采用 PWM 来调节直流电机的速度。通过控制 51 单片机的定时器 T0 的初值，从而可以实现 P0.4 和 P0.5 输出口输出不同占空比的脉冲波形。定时计数器若干时间（比如 0.1 ms）中断一次，就使 P0.4 或 P0.5 产生一个高电平或低电平。将直流电机的速度分为 100 个等级，因此一个周期就有个 100 脉冲，周期为 100 个脉冲的时间。速度等级对应一个周期的高电平脉冲的个数。占空比为高电平脉冲个数占一个周期总脉冲个数的百分数。一个周期加在电机两端的电压为脉冲高电压乘以占空比。占空比越大，加在电机两端的电压越大，电机转动越快。电机的平均速度等于在一定的占空比下电机的最大速度乘以占空比。当改变占空比时，就可以得到不同的电机平均速度，从而达到调速的目的。准确地讲，平均速度与占空比并不是严格的线性关系，在一般应用中，可以将其近似地看成线性关系。

1）程序流程图

小车进入循迹模式后，即开始不停地扫描与探测器连接的单片 I/O 口，一旦检测到某个 I/O 口有信号变化，就执行相应的判断程序，把相应的信号发送给电动机从而纠正小车的状态。软件的主程序流程图如图 9.37 所示。

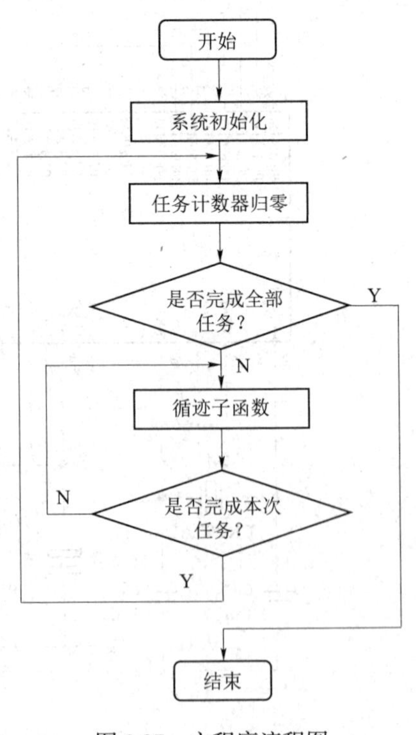

图 9.37　主程序流程图

2）C 语言程序

C 语言源程序如下：

```
#include<reg51.h>
#define uchar unsigned char
#define uint unsigned int
unsigned char zkb1=0 ;          // 左边电机的占空比
unsigned char zkb2=0 ;          // 右边电机的占空比
unsigned char t=0;              // 定时器中断计数器
sbit RSEN1=P1^0;
sbit RSEN2=P1^1;
sbit LSEN1=P1^2;
sbit LSEN2=P1^3;
sbit IN1=P0^0;
sbit IN2=P0^1;
sbit IN3=P0^2;
sbit IN4=P0^3;
sbit ENA=P0^4;
sbit ENB=P0^5;
//**************** 延时函数 ****************//
void delay（int z）
{    while(z--);
}
//********** 初始化定时器，中断 ***********//
void init（）
{  TMOD=0x01;
   TH0=（65536-100）/256;
   TL0=（65536-100）%256;
   EA=1;
   ET0=1;
   TR0=1;
}
//*********** 中断函数 + 脉宽调制 ***********//
void timer0（）interrupt 1
{ if（t<zkb1）
       ENA=1;
  else
       ENA=0;
  if（t<zkb2）
```

```
        ENB=1;
    else
        ENB=0;
        t++;
    if (t>=100)
      {t=0; }
}
//****************** 直行 ******************//
void qianjin ()
 {  zkb1=30;
    zkb2=30;
 }
//*************** 左转函数 1***************//
void turn_left1 ()
 {  zkb1=0;
    zkb2=50;
 }
//*************** 左转函数 2***************//
void turn_left2 ()
 {  zkb1=0;
    zkb2=60;
 }
//*************** 右转函数 1***************//
void turn_right1 ()
 {  zkb1=50;
    zkb2=0;
 }
//*************** 右转函数 2***************//
void turn_right2 ()
 {  zkb1=60;
    zkb2=0;
 }
//*************** 循迹函数 ****************//
void xunji ()
{ uchar flag;
   if ((RSEN1==1) && (RSEN2==1) && (LSEN1==1) && (LSEN2==1))
       { flag=0; }//******* 直行 *******//
     else  if ((RSEN1==0) && (RSEN2==1) && (LSEN1==1) && (LSEN2==1))
```

```
        {flag=1; } //*** 左偏 1，右转 1***//
      else if ((RSEN1==0) && (RSEN2==0) && (LSEN1==1) && (LSEN2==1))
        {flag=2; } //*** 左偏 2，右转 2***//
      else if ((RSEN1==1) && (RSEN2==1) && (LSEN1==0) && (LSEN2==1))
        {flag=3; }//*** 右偏 1，左转 1***//
      else if ((RSEN1==1) && (RSEN2==1) && (LSEN1==0) && (LSEN2==0))
        {flag=4; }//*** 右偏 2，左转 2***//
      switch(flag)
         {   case 0: qianjin ();
                  break;
            case 1: turn_right1 ();
                  break;
            case 2: turn_right2 ();
                  break;
            case 3: turn_left1 ();
                  break;
            case 4: turn_left2 ();
                  break;
            default: break;
         }
}
//**************** 主程序 ****************//
void main ()
{init ();
  zkb1=30;
  zkb2=30;
  while (1)
 {    IN1=1; //****** 给电机加电启动 ******//
      IN2=0;
      IN3=1;
      IN4=0;
      ENA=1;
      ENB=1;
  while (1)
      {  xunji (); //********* 寻迹 **********//
      }
    }
}
```

二、安装与调试

1. 任务所需设备、工具、器件、材料

任务所需设备、工具、器件、材料见表 9.6。

表 9.6 任务所需设备、工具、器件、材料

类型	名称	数量	型号	备注
设备	示波器	1	20M	
工具	万用表	1	普通	
	电烙铁	1	普通	
	斜口钳	1	普通	
	镊子	1	普通	
器件	51 系列单片机	1	AT89C51（AT89S51）	
	红外传感器	4	ST188	
	运放	1	LM324	
	电动机驱动芯片	1	L298	
	减速电机	1	减速比为 1∶74	
	晶振	1	12 MHz	
	瓷片电容	2	30 pF	
	电解电容	1	10 μF/16 V	
	电阻	2	10 kΩ	
	电阻	4	0.22 kΩ	
	排阻	2	1 K × 8 Ω	
	电位器	1	1 K	
	电源	1	直流 400 mA / 5 V 输出	
	4 位数码管	2	CPS05641AR	
	按键	3		
材料	焊锡	若干	ϕ0.8 mm	
	万能板	1	4 cm × 10 cm	
	PCB 板	1	4 cm × 10 cm	
	导线	若干	ϕ0.8 mm 多股铜线漆包线	

2. 系统安装

为了满足机器人的性能要求，机器人的机械结构应该具有稳定性、运动灵活性和足够强度的特点，同时尺寸要小、容量要大、质量要轻。循迹小车的机械结构组成部分主要有车体结构设计、控制主板安装、循迹传感器安装、电机及驱动模块安装和电源模块安装。

1）车体结构设计

为了保证小车良好的直线性，采用双电机驱动左右两轮的方式，在车体的后端装有一个不锈钢万向滚珠，这样可以使小车获取较好的机动性和灵活性。底盘采用铝合金框架，以增大其坚固性，减轻质量。自动循迹小车车体如图 9.38 所示。

2）控制主板安装

检查元器件质量；在万能板（或 PCB 板）上焊接好元器件；检查焊接电路；用编程器将 .hex 文件烧写至单片机；将单片机插入 IC 座。

3）循迹传感器安装

在小车具体的循迹行走过程中，为了能精确测定黑线位置并确定小车行走的方向，需要同时在底盘装设 4 个红外探测头，进行两级方向纠正控制，提高其循迹的可靠性。这 4 个红外探头的具体位置如图 9.39 所示。

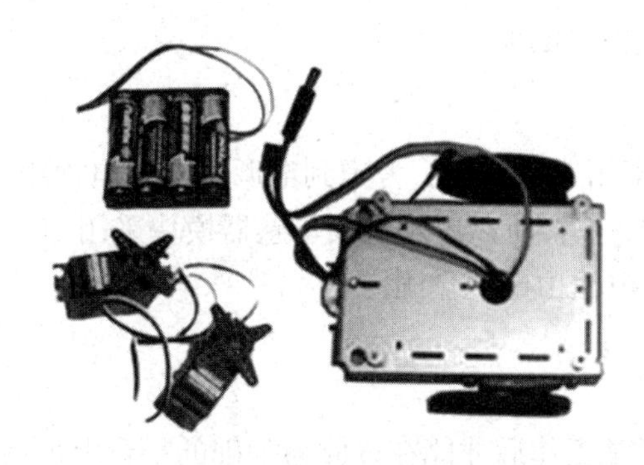

图 9.38　自动循迹小车车体

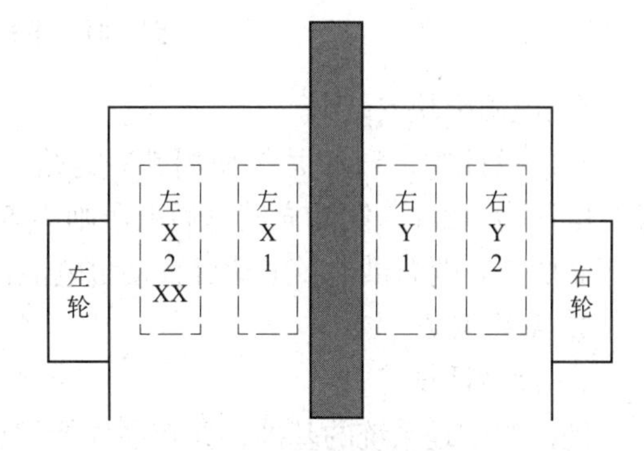

图 9.39　传感器安装图

图 9.39 循迹传感器全部在一条直线上。其中 X1 与 Y1 为第一级方向控制传感器，X2 与 Y2 为第二级方向控制传感器，并且黑线同一边的两个传感器之间的宽度不得大于黑线的宽度。小车前进时，始终保持（如图中所示的行走轨迹黑线）在 X1 和 Y1 这两个第一级传感器之间，当小车偏离黑线时，第一级传感器就能检测到黑线，把检测的信号送给小车的处理、控制系统，控制系统发出信号对小车轨迹予以纠正。若小车回到了轨道上，即 4 个探测器都只检测到白纸，则小车会继续行走；若小车由于惯性过大依旧偏离轨道，越出了第一级两个探测器的探测范围，这时第二级探测器动作，再次对小车的运动进行纠正，使之回到正确轨道上去。可以看出，第二级方向探测器实际是第一级的后备保护，从而提高了小车循迹的可靠性。

给光电检测电路通电后，将红外对管放在黑线和白线上方经过不断调试与测量，最后得出将光电检测电路板安装在距地面 1.5 cm 的高度，保证了小车寻迹的可靠性。循迹传感器及检测电路安装图如图 9.40 所示。

图 9.40　循迹传感器及检测电路安装图

4）电机及驱动模块安装

如图 9.41 所示，系统减速比为 1∶74 的直流电机，减速后电机的转速为 100 r/min。驱动模块采用专用芯片 L298N 作为电机驱动芯片，L298N 的 5、7、10、12 四个引脚接到单片机上，通过对单片机的编程就可实现直流电机的 PWM 调速控制。

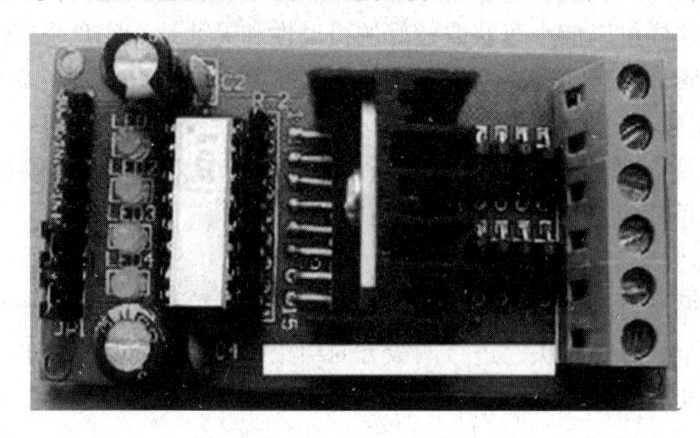

图 9.41　电机驱动电路安装图

5）电源模块安装

在本设计中，51 单片机使用 5 V 电源，电机使用 6 V 电源。考虑到电源为充电电池组，额定电压为 7.2 V，实际充满电后电压则为 6.5 ~ 6.8 V，所以单片机及传感器模块采用 7805 稳压后的 5 V 电源供电，电动机直接由电池供电，电池由电池盒固定。

3. 系统调试

1）硬件调试

硬件调试是系统的基础，只有硬件能够全部正常工作后才能在以此为基础的平台上加载软件从而实现系统功能。

电源模块调试：当硬件完全焊接好后最应该测试的就是电源模块，因为电源是各部分电路模块正常工作的根本。由于本设计中的电源模块采用的是外接 4.5 V（理论上 5 V）的干电池，所以比较简单，但是应该注意电源进线的正负极性，因为该系统使用的是直流电输入，一旦接反就会给系统的硬件带来损坏。先确定电源是否正确，单片机的电源引脚电压是否正确，是不是所有的接地引脚都接了地。如果单片机有内核电压的引脚，需测试内核电压是否正确。

单片机最小系统调试：测量晶振有没有起振，一般晶振起振两个引脚都会有 1 V 多的电压；检查复位电路是否正常；测量单片机的 ALE 引脚，看是否有脉冲波输出，以判断单片机是否工作，因为 51 单片机的 ALE 为地址锁存信号，每个机器周期输出两个正脉冲。

红外检测模块：此部分主要用来采集黑线信息，然后传输给单片机，可以检测 LM324 输出端判断红外检测模块是否正常工作。

电机驱动模块：芯片工作电压 5 V，电机端输出电压是由 VS 端输入电压决定的。通电后检测 VS 端输入电压是否有电压，如果没有说明电机驱动电路有问题，如果有可以基本确定电机驱动电路正常。

2）软件调试

如果硬件电路检查后，没有问题却实现不了设计要求，则可能是软件编程的问题，首先应检查初始化程序，然后是读温度程序、显示程序以及继电器控制程序，对这些分段程序，要注意逻辑顺序、调用关系以及涉及的标号，有时会因为一个标号而影响程序的执行，除此之外，还要熟悉各指令的用法，以免出错。还有一个容易忽略的问题，就是源程序生成的代码是否烧入单片机中，如果这一过程出错，那不能实现设计要求也是情理之中的事。

3）软、硬件联调

软件调试主要是在系统软件编写时体现的，一般使用 Keil2 进行软件编写和调试。进行软件编写时首先要分清软件应该分成哪些部分，不同的部分分开编写和调试时是最方便的。

在硬件调试正确和软件仿真也正确的前提下，就可以进行软硬件联调了。首先，先将调试好的程序通过下载器下载到单片机，然后就可以上电看结果。观察系统是否能够实现你所要的功能。如果不能就先利用示波器观察单片机的时钟电路，看是否有信号，因为时钟电路是单片机工作的前提，所以一定要保证时钟电路正常。如果不能分析出是硬件问题还是软件问题，就重新检查软硬件。一般情况下硬件电路可以通过万用表等工具检测出来，如果硬件没有问题，则必然是软件问题，就应该重新检查软件。用这种方法调试系统指导系统完全正确。

【任务总结与评价】

一、任务总结

通过自动循迹小车控制系统的设计与制作，使学生了解循迹传感器的原理及应用；掌握 51 单片机控制循迹传感器的编程方法；掌握 51 单片机存储器和 I/O 的扩展方法；掌握 51 单片机对直流电机和步进电机控制方法；掌握单片机应用系统的软硬件设计方法。本任务元器件少、成功率高、修改和扩展性强。

任务完成后需撰写设计总结报告，撰写设计总结报告是工程技术人员在产品设计过程中必须具备的能力，设计总结报告中应包括摘要、目录、正文、参考文献、附录等，其中正文要求有总体设计思路、硬件电路图、程序设计思路（含流程图）及程序清单、仿真调试结果、软硬件综合调试、测试及结果分析等。

二、任务评价

本任务的评价指标及评价内容在项目评价体系中所占分值、小组评价及教师评价在本任务考核成绩中的比例见表 9.7。

表 9.7　考核评价体系表

序 号	评价指标	评价内容	分 值	小组评价（50%）	教师评价（50%）
1	理论知识	是否了解循迹传感器的原理及控制方法；是否掌握 51 单片机存储器和 I/O 的扩展方法；是否掌握 51 单片机对直流电机和步进电机控制方法	50		
2	制作方案	电路板的制作步骤是否完善，设计、布局是否合理	10		
3	操作实施	焊接质量是否可靠、能否测试分析数据	20		
4	答辩	本任务所涵盖的知识点是否都比较熟悉	20		

【知识拓展】

基于 51 单片机的舵机控制

1. 舵机的定义

在机器人机电控制系统中，舵机控制效果是性能的重要影响因素。舵机可以在微机电系统和航模中作为基本的输出执行机构，其简单的控制和输出使得单片机系统非常容易与之接口。舵机实物如图 9.42 所示。

舵机是一种位置（角度）伺服的驱动器，适用于那些需要角度不断变化并可以保持的控制系统。目前在高档遥控玩具，如航模，包括飞机模型、潜艇模型；遥控机器人中已经使用得比较普遍。舵机是一种俗称，其实是一种伺服马达。

图 9.42　舵机实物

2. 用单片机实现舵机转角控制

舵机的工作原理是：控制信号由接收机的通道进入信号调制芯片，获得直流偏置电压。其内部有一个基准电路，产生周期为 20 ms、脉宽为 1.5 ms 的基准信号，将获得的直流偏置电压与电位器的电压比较，获得电压差输出。最后，电压差的正负输出到电机驱动芯片上决定电机的正反转。当电机转速一定时，通过级联减速齿轮带动电位器旋转，使得电压差为 0，电机停止转动。舵机接线图如图 9.43 所示。其中红色的线就是电源正极，白色或者橙色线是信号级，黑色或者棕色的线是负极电源。

舵机的控制信号是 PWM 信号，利用占空比的变化改变舵机的位置。一般舵机的控制要求如图 9.44 所示。

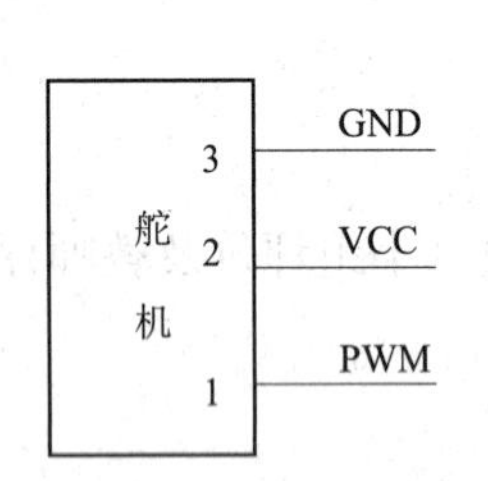

图 9.43　舵机接线图

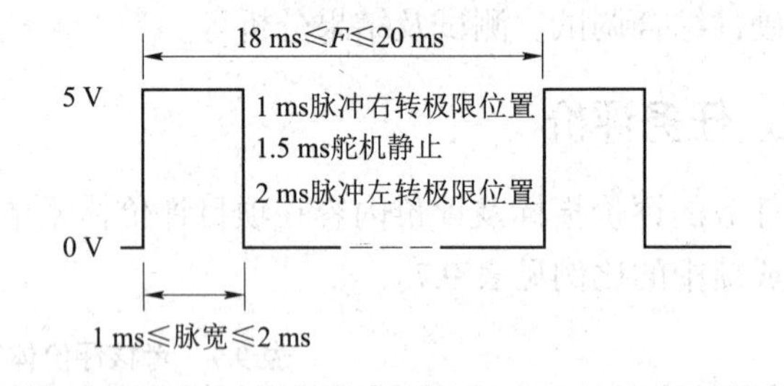

图 9.44　舵机的控制要求

单片机系统实现对舵机输出转角的控制，必须首先完成两个任务：首先是产生基本的 PWM 周期信号，本设计是产生 20 ms 的周期信号；其次是脉宽的调整，即单片机模拟 PWM 信号的输出，并且调整占空比。

舵机控制一般需要一个 20 ms 左右的时基脉冲，该脉冲的高电平部分一般为 0.5 ~ 2.5 ms 范围的角度控制脉冲部分。以 180° 角度伺服为例，那么对应的控制关系如下：

0.5 ms--------------0° ;

1.0 ms--------------45° ;

1.5 ms--------------90° ;

2.0 ms---------------135°；

2.5 ms---------------180°。

说明：

（1）上面部分还是成线形关系的，$Y=90X-45$（X 单位是 ms，Y 单位是度数）。

（2）上面所说的 0°、45° 等是指度，45° 位置是什么意思呢？若舵机停在 0° 位置，下载 45° 位置程序后则舵机停在 45°，即顺时针走了 45°，若当时舵机在 135° 位置，则反转 90° 到 45° 位置。所以舵机不存在正转反转问题，这点非常重要。

（3）若想转动到 45° 位置，要一直产生 1.0 ms 的高电平［PA0=1; Delay（1 ms）; PA0=0; Delay（20 ms）］，要不停地产生这个高低电平，产生 PWM 脉冲。

【例 9.3】按键控制舵机电路原理图如图 9.45 所示。编写程序：通过按键控制舵机的左转和右转，舵机工作周期为 20 ms。

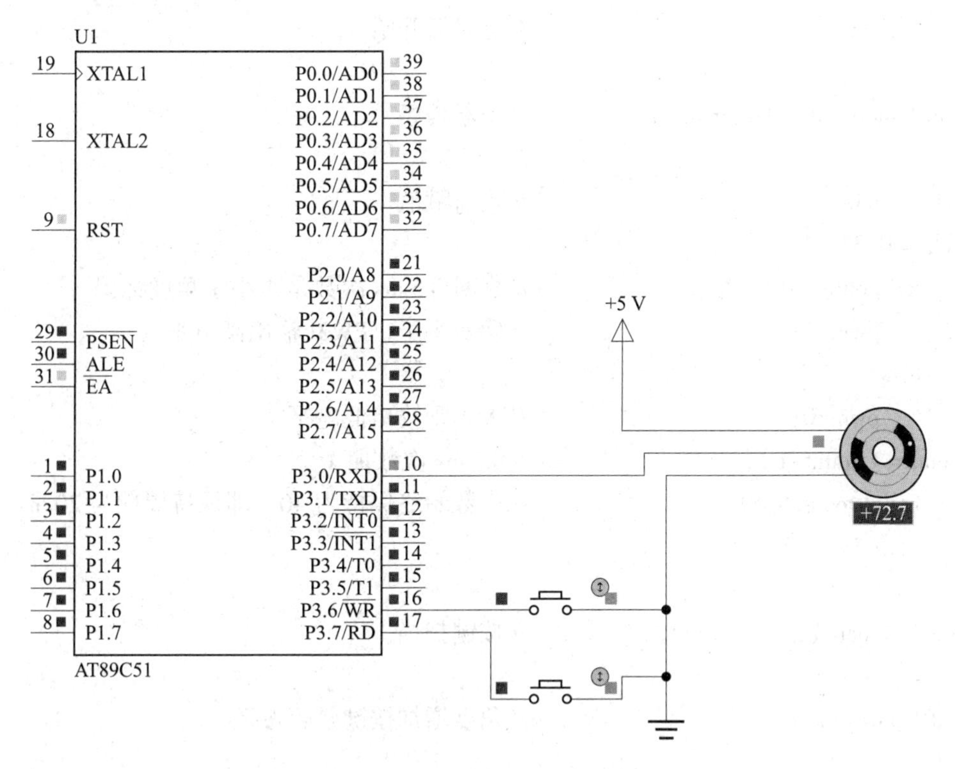

图 9.45　按键控制舵机电路原理图

C 语言源程序如下：

```
#include "reg51.h"
unsigned char count;            // 0.5 ms 次数标识
sbit pwm =P3^0 ;                // PWM 信号输出
sbit jia =P3^7;                 // 角度增加按键检测 I/O 口
sbit jan =P3^6;                 // 角度减少按键检测 I/O 口
unsigned char jd;               // 角度标识
void delay（unsigned char i）   // 延时
```

```
{
  unsigned char j，k;
  for（j=i; j>0; j--）
     for（k=125; k>0; k--）;
}
void Time0_Init（）                      // 定时器初始化
{
TMOD = 0x01;                            // 定时器 0 工作在方式 1
IE  = 0x82;
TH0  = 0xfe;
TL0  = 0x33;                            // 11.059 2 MHz 晶振，0.5 ms
     TR0=1;                             // 定时器开始
}
void Time0_Int（）interrupt 1           // 中断程序
{
TH0  = 0xfe;                            // 重新赋值
TL0  = 0x33;
     if（count< jd）                    // 判断 0.5 ms 次数是否小于角度标识
         pwm=1;                         // 确实小于，PWM 输出高电平
     else
         pwm=0;                         // 大于则输出低电平
 count=（count+1）;                     // 0.5 ms 次数加 1
     count=count%40;                    // 次数始终保持为 40，即保持周期为 20 ms
}

void keyscan（）                        // 按键扫描
{
  if（jia==0）                          // 角度增加按键是否按下
  {
     delay（10）;                       // 按下延时，消抖
     if（jia==0）                       // 确实按下
       {
        jd++;                           // 角度标识加 1
        count=0;                        // 按键按下 则 20 ms 周期重新开始
        if（jd==6）
            jd=5;                       // 已经是 180°，则保持
        while（jia==0）;                // 等待按键放开
       }
```

```
    }
    if（jan==0）              // 角度减小按键是否按下
    {
        delay（10）;
        if（jan==0）
          {
            jd--;             // 角度标识减 1
          count=0;
          if（jd==0）
              jd=1;           // 已经是 0°，则保持
          while（jan==0）;
        }
    }
}
void main（ ）
{
jd=1;
count=0;
Time0_Init（ ）;
while（1）
{
    keyscan（ ）;            // 按键扫描
}
}
```

【习题训练】

1. 简述单片机 PWM 控制直流电机的工作原理。
2. 若增加避障功能，在原任务基础上编程。

参 考 文 献

[1] 童诗白，华成英. 模拟电子技术基础［M］. 4 版. 北京：高等教育出版社，2007.

[2] 张友桥，毕绍光. 电子产品组装与检验［M］. 北京：高等教育出版社，2009.

[3] 张毅刚，彭喜源，谭晓昀，等. MCS-51 单片机应用设计［M］. 哈尔滨：哈尔滨工业大学出版社，1997.

[4] 林丽君，黎小桃. 单片机原理及应用［M］. 南昌：江西高校出版社，2010.

[5] 马忠梅. 单片机 C 语言应用程序设计［M］. 北京：北京航空航天大学出版社，2007.

[6] 周润景，张丽娜，刘印群. Proteus 入门实用教程［M］. 北京：机械工业出版社，2007.

[7] 李学礼. 基于 Proteus 的 8051 单片机实例教程［M］. 北京：电子工业出版社，2008.

[8] 彭伟. 单片机 C 语言程序设计实例 100 例——基于 8051+Proteus 仿真［M］. 北京：电子工业出版社，2011.

[9] 陈海松. 单片机应用技能项目化教程［M］. 北京：电子工业出版社，2012.

[10] 王文海. 单片机应用与实践项目化教程［M］. 北京：化学工业出版社，2010.

[11] 石长华. 51 系列单片机项目实践［M］. 北京：机械工业出版社，2010.

[12] 张齐，朱宁西. 单片机系统设计与开发——基于 Proteus 仿真和 C 语言编程［M］. 北京：机械工业出版社，2008.

[13] 李全利. 单片机原理及接口技术［M］. 北京：高等教育出版社，2009.